Comprendre l'amélioration des plantes

Enjeux, méthodes, objectifs
et critères de sélection

Comprendre l'amélioration des plantes

Enjeux, méthodes, objectifs et critères de sélection

André Gallais

Éditions Quæ
c/o Inra, RD 10, 78026 Versailles Cedex

Collection Synthèses

Restaurer la nature pour atténuer les impacts du développement
Analyse des mesures compensatoires pour la biodiversité
H. Levrel, N. Frascaria-Lacoste, J. Hay, G. Martin, S. Pioch
2015, 320 p.

La reproduction animale et humaine
M. Saint-Dizier, S. Chastant-Maillard, coord.
2014, 752 p.

Une ville verte
Les rôles du végétal en ville
M. Musy, coord.
2014, 200 p.

Ingénierie écologique
Action par et/ou pour le vivant ?
F. Rey, F. Gosselin, A. Doré, coord.
2014, 174 p.

Plancton marin et pesticides : quels liens ?
G. Arzul, F. Quiniou, coord.
2014, 124 p.

Éditions Quæ
RD 10
78026 Versailles Cedex, France

www.quae.com

Table des matières

TROISIÈME PARTIE. OBJECTIFS ET CRITÈRES DE SÉLECTION

Avant-propos

Le but de l'agriculture d'aujourd'hui est de produire suffisamment, en quantité et en qualité, pour mieux nourrir les hommes, en utilisant le minimum d'intrants (engrais, pesticides, eau) et en respectant au mieux l'environnement, tout en permettant à l'agriculteur de vivre de son activité. Les populations non améliorées des plantes cultivées ne répondent pas à ces exigences car en général elles ne permettent qu'une assez faible production, sont mal adaptées aux conditions de culture, peuvent être sensibles aux maladies, et n'ont pas les qualités requises pour les diverses utilisations des produits des récoltes. Le but de l'amélioration génétique des plantes est alors de corriger ces défauts.

L'amélioration génétique des plantes peut donc être définie comme la science et l'art de la création de nouvelles populations, appelées variétés, répondant de mieux en mieux aux besoins de l'homme, y compris au respect de l'environnement. D'un point de vue génétique, il s'agit de réunir dans une même plante ou dans un groupe de plantes, constituant la variété, le maximum de gènes favorables pour les caractères recherchés. Cela se réalise par la combinaison des systèmes de reproduction sexuée (autofécondation et croisement), de la sélection des meilleures[1] plantes et, aujourd'hui, des biotechnologies. En amélioration des plantes, une variété est une population de plantes développée par le sélectionneur, ayant des caractéristiques bien définies, apportant un progrès sur certains caractères, et reproductible.

L'amélioration génétique des plantes a commencé avec leur domestication, forme de sélection à la fois naturelle et humaine, plus ou moins consciente, qui a adapté les plantes sauvages à leur culture et les a rendues dépendantes de l'homme. Cette forme de sélection s'est poursuivie jusqu'au milieu du XIXe siècle. À partir du début du XXe siècle, la découverte des bases et des lois de la génétique a ouvert l'ère de la sélection dirigée vers des objectifs précis, avec de véritables méthodes d'amélioration génétique. Aujourd'hui, les outils issus des biotechnologies permettent d'augmenter l'efficacité de ces méthodes grâce à une meilleure utilisation de la variabilité génétique, avec souvent un gain de temps dans la création de la variété.

Un programme d'amélioration des plantes doit donc réunir simultanément trois types d'éléments. D'abord, il faut choisir le matériel de départ qui sera soumis au processus d'amélioration. De la variabilité génétique ainsi réunie dépendront en partie les progrès qui pourront être réalisés, puisque l'amélioration des plantes ré-associe les allèles[2] présents aux différents locus dans les ressources génétiques

---

1. Celles supposées, après évaluation, être porteuses des gènes favorables pour les caractères recherchés.
2. Un allèle est une des différentes versions possibles d'un même gène à un locus (voir annexe).

et sélectionne parmi les nouvelles associations obtenues. Cette variabilité génétique peut toutefois être accrue par l'utilisation de certains outils comme la mutagénèse et la transgénèse. Ensuite, il faut avoir défini les objectifs de sélection, les caractères à améliorer et les critères retenus pour les évaluer. Enfin, il faut des outils et des méthodes pour utiliser la variabilité génétique en vue de répondre aux objectifs fixés.

Dans cet ouvrage, nous présentons d'abord, dans une première partie, le cadre général de l'amélioration des plantes, sa justification, son organisation et son importance économique. Quels sont les facteurs qui ont conduit à l'organisation actuelle de la filière Semences et plants en France, organisation qui se retrouve dans de nombreux pays du monde disposant d'une agriculture assez développée ? Cette organisation est-elle dépendante des types d'agricultures ? Quelle peut être la place de la sélection dite participative, essentiellement conduite par les agriculteurs ?

Puis, dans une deuxième partie consacrée aux méthodes et outils à la disposition du sélectionneur, nous voulons montrer comment l'amélioration des plantes modifie les informations génétiques qu'elles portent, pour créer des variétés plus productives et mieux adaptées au milieu et à la demande de l'homme (agriculteur, consommateur ou industriel) ou de la société (pour protéger l'environnement, notamment). Nous présentons donc de façon assez concise les différents types d'outils à la disposition du sélectionneur et leur mise en œuvre dans les méthodes de sélection et de création de variétés[3].

Dans une troisième partie, plus substantielle, nous développons les principaux objectifs de sélection et montrons comment, en sélectionnant sur certains critères, on peut les atteindre. Sont plus particulièrement considérés le rendement en grain ou le rendement en biomasse d'une autre partie de la plante, l'adaptation au milieu, et notamment la résistance aux maladies et aux insectes, la valorisation de la fumure azotée, l'économie de l'eau et enfin les problèmes de qualité propres à chaque espèce (qualité du blé pour la boulangerie, qualité des orges brassicoles, qualité des huiles de colza, qualité des fruits et légumes...). Nous considérons aussi les demandes particulières de certains types d'agricultures à faibles niveaux d'intrants, comme l'agriculture biologique.

En guise de conclusion à cet ouvrage nous présentons un bilan de l'amélioration des plantes tant au niveau de l'efficacité des outils mis en œuvre que de l'amélioration de différents types de caractères.

Nous pensons ainsi répondre à de nombreuses questions que la société pose sur l'amélioration des plantes, ses enjeux socio-économiques, l'organisation de la filière Semences et plants, les méthodes, les outils et les objectifs d'amélioration.

À une époque où certains agronomes ou associations remettent en cause l'intérêt de l'amélioration des plantes, l'accusant d'être contre nature, car faisant appel aux biotechnologies, et la rendant même responsable de l'intensification de l'agriculture

---

3. Cette présentation est faite de façon simplifiée et résumée. Le lecteur qui voudrait approfondir plus pourra se référer à nos derniers ouvrages, *Méthodes de création de variétés en amélioration des plantes* (Gallais, 2011) et *De la domestication à la transgénèse. Évolution des outils pour l'amélioration des plantes* (Gallais, 2013a).

et de ses coûts environnementaux, l'ouvrage veut rappeler ou montrer deux points essentiels :
– depuis la domestication, l'amélioration des plantes a toujours été du génie génétique ; avec les outils actuels, elle devient seulement de plus en plus dirigée ;
– elle a répondu et continue à répondre aux demandes de la société, de l'agriculteur jusqu'au consommateur, en passant par le transformateur ; elle a déjà beaucoup apporté et peut encore beaucoup apporter, en particulier pour le développement d'une agriculture durable.

Dans tout l'ouvrage, l'expression « amélioration des plantes » est utilisée, bien qu'évidemment il ne s'agisse pas d'une amélioration dans l'absolu, mais toujours pour des caractères et des conditions de culture donnés. C'est l'équivalent en anglais de *plant improvement*, mais en anglais il y a aussi, plus couramment, *plant breeding*, comme il y a *animal breeding* ; de même en allemand il y a *Pflanzenzüchtung*, qui ne se traduit pas par amélioration des plantes. *Breeding* en anglais, ou *Züchtung* en allemand, n'ont en effet pas le sens direct d'amélioration, mais plutôt d'élevage, ce qui est peut-être moins ambigu, car cela fait appel à la fois à la génétique des organismes et aux conditions environnementales de leur développement. La langue française, comme celle d'autres pays latins (Italie, Espagne), n'a pas intégré ce sens, bien que l'on parle d'élevage des plants, chez un pépiniériste.

Cet ouvrage est volontairement rédigé en termes assez simples, pour être accessible à un large public : aux étudiants en biologie, à tous les professionnels de la filière des semences et de l'amélioration des plantes, aux jeunes chercheurs et enseignants en agronomie, physiologie végétale, santé des plantes, génétique et amélioration des plantes, et à toute personne ayant un minimum de connaissances en biologie et se posant des questions sur le pourquoi et le comment de l'amélioration des plantes et sur les grands enjeux en cause.

Remerciements

J'exprime d'abord toute ma gratitude à Henri Feyt, qui a bien voulu accepter la lourde tâche de relire avec beaucoup d'attention l'ensemble du texte et m'a apporté des commentaires très précieux sur le fond et la forme.

Tous mes remerciements vont aussi aux différents spécialistes des sujets abordés dans les première et troisième parties, qui ont bien voulu relire les développements relevant de leurs compétences et me faire part de remarques ou compléments qui m'ont été très utiles :
– Philippe Gracien et Philippe Silhol, pour la filière Semences et plants ;
– Bernard Le Buanec, pour l'agriculture biologique ;
– Gilles Trouche, pour la sélection participative ;
– Marie-Hélène Jeuffroy, pour l'amélioration du rendement ;
– Claude Pope de Valavieille et Valérie Geffroy, pour la résistance aux maladies, et Hervé Lecoq, plus spécifiquement pour les résistances transgéniques aux virus ;
– Antoine Dedryver et Bernard Mauchamp, pour la résistance aux insectes ;
– Jean-Louis Prioul et Michel Zivy, pour la tolérance à la sécheresse ;
– Jacques Le Gouis, pour l'amélioration de la valorisation de l'azote chez le blé tendre ;
– Michel Renard et Gérard Pascal, pour la qualité des huiles ;
– Gérard Branlard et Michel Rousset, pour la qualité boulangère du blé tendre ;
– Louis Jestin, pour la qualité brassicole de l'orge ;
– Mathilde Causse, pour la qualité des fruits et légumes, en particulier de la tomate.

Bien sûr, si malgré ces relectures, il reste quelques erreurs, j'en assume l'entière responsabilité.

Je tiens encore à remercier Jean-François Morot-Gaudry pour ses réponses à mes questions sur la photosynthèse, Maryse Brancourt pour la figure 8.2, Hervé Escriou pour la figure 11.3, Jacques Le Gouis pour la figure 10.1, François-Xavier Oury pour la figure 11.2, Bernard Saugier pour le calcul du rendement potentiel présenté dans l'encadré 6.2 et ses réponses à mes questions, et Maxime Trottet pour des informations sur l'amélioration de la résistance aux maladies du blé tendre.

Enfin, j'exprime toute ma reconnaissance à Paule Lacroix qui, au nom des éditions Quæ, a fait bien plus que corriger le texte sur la forme en m'apportant des réflexions et des références sur le fond de certaines questions, qui m'ont été très utiles.

Qu'est-ce que l'amélioration des plantes ?

Chapitre 1

Pourquoi améliorer
les plantes ?

L'homme a commencé à cultiver les plantes il y a 10 000 ans environ. Suite à de profonds changements climatiques qui ont eu lieu à cette époque, parce que ses activités de cueillette, chasse et pêche n'étaient plus suffisantes pour le nourrir, il est passé de l'état nomade à l'état sédentaire, et a commencé à récolter les produits issus des plantes qu'il avait semées. Pour les espèces choisies, l'alternance du semis et de la récolte pendant de nombreux cycles a alors entraîné leur adaptation à la culture (Gallais, 2013a). C'est ce que l'on appelle la domestication des plantes. Elle constitue une sélection, à la fois par les conditions de culture, par les conditions de récolte et par les choix de l'homme qui a retenu et ressemé les plantes les plus adaptées à ses goûts et ses besoins. C'est bien la première forme de sélection opérée par l'homme pour mieux se nourrir, même si elle n'était pas toujours consciente.

Depuis cette période, le but de l'agriculture a toujours été de produire suffisamment, tant sur le plan quantitatif que sur le plan qualitatif, afin de mieux nourrir l'homme. Dans les pays à agriculture développée, celle-ci s'est intensifiée après la deuxième guerre mondiale grâce à l'utilisation d'engrais azotés de synthèse, au développement de la mécanisation et au recours aux fongicides, insecticides et désherbants. En France, en particulier, cette intensification a été encouragée par la politique agricole, car il fallait assurer notre autosuffisance alimentaire. Nous verrons que l'objectif a été parfaitement atteint et que la France est même devenue exportatrice de productions agricoles. Cependant, cette intensification a eu un coût environnemental. Aujourd'hui, le but de l'agriculture est aussi de limiter les intrants (engrais, pesticides, eau) afin de mieux respecter l'environnement.

Le problème est que les populations végétales naturelles, ou celles résultant de la domestication, ne permettent pas de répondre à toutes ces exigences. L'amélioration génétique des plantes vise alors au développement de populations, appelées variétés, qui soient, selon les espèces et les situations, plus productives, plus résistantes aux maladies et aux insectes, valorisent mieux l'eau et l'azote, soient mieux adaptées aux milieux de culture ou conditions d'utilisation (incluant la mécanisation) et possèdent de meilleures qualités (nutritionnelle, technologique…). Il s'agit de réunir dans une même variété le maximum de caractères, et donc de gènes, favorables pour les objectifs recherchés.

▸▸ Différentes contributions de l'amélioration des plantes

Augmentation de la disponibilité alimentaire

L'agriculture doit être suffisamment productive afin de nourrir la population de la planète, qui ne cesse de croître. Globalement, au niveau mondial, la production agricole a heureusement augmenté un peu plus vite que le nombre de personnes à nourrir. Ainsi, selon les données de la FAO[4], essentiellement grâce à l'augmentation des rendements, la production en calories disponibles pour l'alimentation humaine a été multipliée par 3 entre 1961 et 2011 alors que la population de la planète a été multipliée par 2,3 (passant de 3,1 à 7 milliards) (figure 1.1). Pour les trois céréales majeures réunies (blé, riz, maïs) la production totale en calories a même été multipliée par 3,6 (mais il y a des usages non alimentaires de cette production). Il en est résulté une augmentation du nombre de calories par personne apportées par ces céréales, et une diminution de l'importance des famines. Cependant, cette augmentation a été insuffisante, car si le pourcentage de personnes sous-alimentées en énergie a diminué, en valeur absolue ce n'est pas aussi net ; dans les années 1960, il y avait de l'ordre d'un milliard de personnes sous-alimentées en énergie, et aujourd'hui on estime ce nombre à encore 850 millions, ce qui est une diminution assez faible. De plus, maintenant, il semble y avoir un ralentissement dans la progression du nombre de calories disponibles par personne.

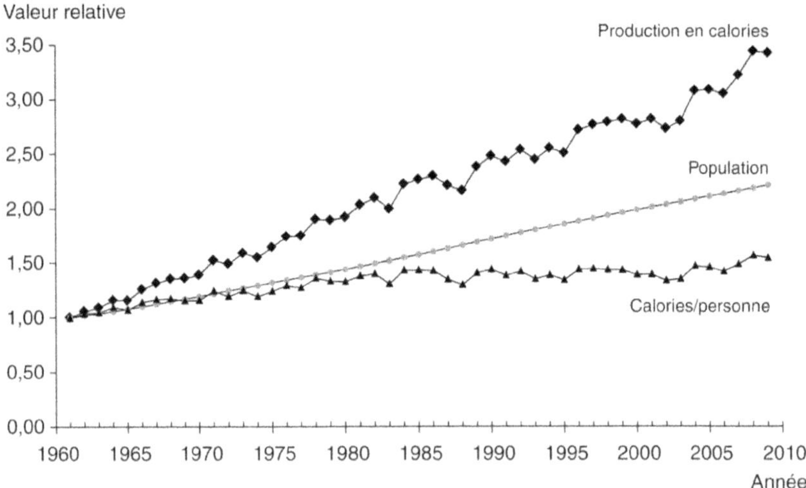

Figure 1.1. Pour l'ensemble des trois grandes céréales qui nourrissent le monde (blé, riz, maïs), évolution relative de la production en calories, comparée à l'évolution de la population mondiale.

Les courbes ont été établies d'après les données de la FAO (FAOstat) ; les valeurs des trois paramètres étudiés sont exprimées en proportion de leur valeur en 1961. Il ne s'agit pas de ce qui est disponible pour l'alimentation humaine, mais de la production totale de calories. Cela inclut donc aussi tous les usages autres, en particulier l'alimentation animale et maintenant les biocarburants.

---

4. *Food and Agriculture Organization.*

Pourtant, la population mondiale va encore fortement augmenter et passer de 7,2 milliards d'hommes en 2013 à 9,6 milliards en 2050. Pour satisfaire la demande de l'humanité, en tenant compte des changements des modes alimentaires (augmentation de la consommation de viande dans les pays qui n'en consomment que peu aujourd'hui), selon la FAO, il faut augmenter d'au moins 60 % la quantité des produits agricoles disponibles, entre 2005 et 2050[5].

Compte tenu de l'abandon de terres agricoles pour perte de fertilité (érosion des sols, salinisation, sécheresse...), de l'aménagement des territoires et de la nécessité de préserver le plus possible les espaces naturels, tels que les forêts et les pâturages permanents, la FAO prévoit qu'entre 2005 et 2050 l'augmentation de la surface en terres arables, de suffisamment bonne qualité, sera limitée à environ 110 millions d'hectares (soit 7 % des surfaces cultivées dans les années 2005, ce qui est dans le prolongement de l'évolution passée) (Alexandratos et Bruinsma, 2012 ; Neveu, 2014). D'autres approches sont un peu plus optimistes et estiment que, hors les surfaces consacrées aux biocarburants, 350 à 400 millions d'hectares supplémentaires (20 à 25 % des surfaces cultivées actuelles) pourraient être cultivés (Paillard *et al.*, 2011). On reste encore assez loin des 930 millions d'hectares qui seraient nécessaires, en supposant qu'il n'y ait pas d'augmentation des rendements, pas de diminution des pertes de production, pas de changement des modes de consommation et pas d'augmentation de la disponibilité en calories par personne, qui pourtant est actuellement insuffisante.

De plus, ces raisonnements ne tiennent pas compte des conséquences du changement climatique, qui risque d'accélérer l'abandon de certaines surfaces ; cependant, celui-ci pourrait être plus ou moins compensé par la mise en culture de nouvelles surfaces. Enfin, ne sont évidemment pas considérés les facteurs géopolitiques, l'absence ou la défaillance des politiques agricoles dans les pays qui ont le plus besoin d'augmenter leur production, qui peuvent encore aggraver la situation.

Puisque la superficie cultivée semble ne pas pouvoir être augmentée de façon assez significative, une augmentation de 60 % de la disponibilité alimentaire passe donc par deux grandes voies complémentaires : d'une part, la limitation des pertes de production et des pertes post-récolte et, d'autre part, l'augmentation de la production par unité de surface cultivée.

Réduction des pertes de production

D'abord, il faut réduire fortement les pertes de production après la récolte ainsi que le gaspillage à la consommation, l'ensemble étant estimé à environ 30 % de la quantité récoltée. Ces pertes peuvent être diminuées, surtout celles survenant au cours du stockage dans les pays en développement, mais la solution ne relève guère de l'amélioration des plantes. Le gaspillage alimentaire dans les pays développés peut sans doute être réduit. L'amélioration des plantes peut y contribuer, et y contribue, par exemple grâce à des variétés de légumes-feuilles ou de légumes-racines dont la

---

5. La FAO avait d'abord annoncé un chiffre de 70 % puis a revu son calcul (Alexandratos et Bruinsma, 2012). Ses estimations supposent toutefois que la quantité de produits agricoles utilisés pour la production de biocarburants reste stable entre 2020 et 2050, ce qui n'est pas certain.

partie consommée est plus saine, des variétés de pomme de terre dont le tubercule est sain et ne noircit pas à la cuisson, des variétés produisant des fruits sans traces de maladies (ni dégâts d'insectes) et se conservant bien (p. 171), mais cette réduction relève avant tout d'un changement dans notre mode de vie.

Il y a aussi les pertes de potentiel de production dues aux agresseurs des cultures (insectes, maladies, adventices), qui en moyenne atteignent environ 45 %. La seule suppression de ces pertes de potentiel et des autres pertes évoquées ci-dessus résoudrait pratiquement le problème de la disponibilité alimentaire. La lutte contre les insectes et les maladies, qui provoquent environ 30 % des pertes de potentiel de production, peut relever de l'utilisation de pesticides, mais cela induit un risque de pollutions environnementales et pose le problème de l'accès à ces produits dans les pays en développement. Les pratiques culturales, en particulier les rotations, voire les associations d'espèces, peuvent contribuer à limiter les dégâts des agresseurs des cultures. Mais il y aura toujours des risques importants de dégâts dus aux insectes dans les zones favorables à leur développement, en particulier dans les zones tropicales ou intertropicales. La protection la plus sûre et la meilleure pour une agriculture durable est la résistance, ou la tolérance, d'origine génétique qui peut être apportée par l'amélioration des plantes.

Les accidents climatiques, tout comme les agresseurs des cultures, peuvent être aussi à l'origine de pertes de rendement ainsi qu'à des variations importantes de production d'une année à l'autre. Il faut donc des variétés adaptées aux basses températures, pour éviter les dégâts dus au froid mais aussi pour avoir une croissance suffisante à température fraîche, et également des variétés adaptées aux hautes températures et à la sécheresse. En France et ailleurs en Europe, ces caractères ont été améliorés chez de nombreuses plantes cultivées. Globalement, les variétés modernes sont mieux adaptées au milieu physique et à ses variations. Ainsi, grâce à une adaptation aux basses températures, la culture du maïs, plante d'origine tropicale, a pu se développer au nord de la Loire à partir des années 1955-1960. Quelles que soient les espèces de grande culture, on peut dire que les variétés modernes sont plus rustiques, c'est-à-dire mieux adaptées à des conditions défavorables (p. 203). Aujourd'hui, à cause du réchauffement climatique, il faut développer des variétés qui soient encore mieux adaptées au risque de températures élevées et plus tolérantes au stress hydrique (p. 147).

Augmentation du potentiel de production

L'augmentation de la disponibilité alimentaire doit aussi passer par une augmentation de la production par unité de surface. Elle peut être atteinte de deux façons complémentaires : par le développement de techniques culturales impliquant l'utilisation optimale des intrants, mais aussi par l'augmentation du potentiel génétique de production, qui correspond en fait à l'augmentation de l'efficacité d'utilisation des intrants par la plante. Cette augmentation du potentiel de production sera un élément favorable, même s'il y a des dégâts dus aux insectes, aux maladies ou à des accidents climatiques. Selon la FAO, au moins 80 % de l'augmentation de la disponibilité alimentaire nécessaire entre les années 2000 et 2050 devront venir, comme cela a déjà été le cas par le passé, de l'accroissement des rendements, par la combinaison des voies agronomiques et génétiques. La voie génétique est une voie essentielle pour que l'on puisse continuer à produire plus sans nécessairement augmenter les intrants.

Grâce à une véritable dialectique entre l'amélioration des plantes et l'amélioration des techniques culturales, l'augmentation des rendements des plantes de grande culture en France a été spectaculaire de 1950 à 1990 : les rendements du blé ont été multipliés par quatre et ceux du maïs, par plus de quatre (figure 1.2). Une part importante de ce progrès est due à l'amélioration des plantes (entre 35 et 50 %, pour le blé, et jusqu'à 70 ou 80 %, pour le maïs, bien qu'il soit difficile de séparer les effets des différentes sources de progrès). L'objectif d'augmentation de la production, fixé après la deuxième guerre mondiale, a été parfaitement atteint en France. Cependant, aujourd'hui, le ralentissement dans la progression des rendements est très net, particulièrement en France pour le blé (figure 1.2), et s'observe aussi au niveau mondial. Sont en cause la réduction des intrants, ou une limite dans leur disponibilité, l'évolution de la fertilité des sols (en Asie, en particulier, on peut noter une détérioration de la fertilité des sols et l'accumulation de toxines dans les rizières de culture intensive), le changement climatique (Cassman *et al.*, 2010 ; Lobell *et al.*, 2011), et un progrès génétique de plus en plus coûteux à obtenir, car demandant des méthodes de plus en plus sophistiquées (Gallais *et al.*, 2010 et Gallais, 2012).

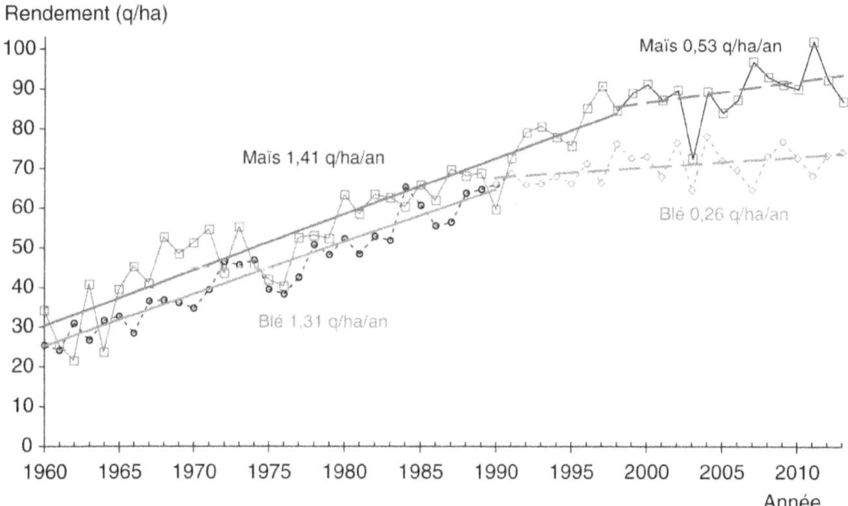

Figure 1.2. Évolution des rendements du blé tendre et du maïs, en France, depuis 1960.

Les rendements du blé semblent désormais plafonner (Gallais *et al.*, 2010) et ceux du maïs montrent une nette inflexion (Gallais, 2012). On peut remarquer deux phases, à savoir une progression, à une vitesse assez élevée, jusque dans les années 1990 pour le blé tendre et jusqu'en 2000 pour le maïs, puis un ralentissement.

Afin d'obtenir une amélioration génétique des plantes cultivées à une vitesse suffisamment élevée pour répondre à la demande, y compris au niveau mondial, le sélectionneur doit alors mettre en œuvre tous les outils et méthodes à sa disposition, y compris ceux issus de la génomique et des biotechnologies afin d'utiliser au mieux la variabilité génétique (chapitre 4).

Respect de l'environnement

En France, comme dans de nombreux pays développés, l'intensification de l'agriculture a eu un coût environnemental, en provoquant par exemple la pollution de certaines nappes phréatiques par des nitrates, voire par des pesticides, et une réduction de la biodiversité dans les agrosystèmes. Aujourd'hui, la préservation de l'environnement, notamment dans les pays à agriculture développée, passe par une meilleure utilisation des intrants comme les engrais et les pesticides, voire par leur réduction, par une bonne valorisation de l'eau, par des économies d'énergie et par l'utilisation de systèmes de culture préservant mieux la biodiversité, par le biais de la remise en place de haies et l'installation de bandes enherbées autour des parcelles, par exemple. L'amélioration génétique des plantes peut aussi contribuer à cette préservation de l'environnement.

Économies de pesticides

Pour diminuer l'impact environnemental de l'agriculture, il faut limiter l'utilisation de pesticides. En France, le plan Ecophyto 2018[6] s'était donné comme objectif une réduction de 50 % des quantités utilisées en 2008, si possible avant 2018. En 2014, face aux difficultés rencontrées, cet objectif a été repoussé à 2025.

Cette réduction de l'usage des pesticides demande évidemment une optimisation de l'utilisation de tous les produits phytosanitaires, des fongicides et des insecticides en particulier, avec la mise en place de réseaux d'épidémiosurveillance pour ne traiter qu'en cas de besoin. Dans ce cadre, il faut souligner l'intérêt des rotations et des associations inter- et intraspécifiques. Mais, combinée à la mise en œuvre de ces bonnes pratiques culturales, l'amélioration des plantes, par la mise au point de variétés tolérantes ou résistantes aux maladies ou aux insectes, peut permettre de mieux atteindre l'objectif (chapitre 7). Le changement climatique va encore augmenter la pression des agresseurs et renforce la nécessité d'obtenir de telles variétés.

En France, et dans de nombreux autres pays à agriculture développée, la résistance aux maladies a toujours été un critère de sélection pris en considération, et des progrès importants ont été réalisés sur différentes espèces. Ainsi, pour le blé tendre en France, 30 % du progrès en rendement obtenu en l'absence de traitements fongicides sont dus à l'amélioration de la résistance aux maladies (figure 11.2, p. 204). Chez les fruits et les légumes, de nombreux gènes de résistance ont été introduits par croisement. Les variétés obtenues, résistantes aux maladies, entraînent des économies de fongicides et respectent donc mieux l'environnement ; elles permettent aussi d'avoir des produits plus sains, contenant par exemple moins de mycotoxines et moins de résidus de produits phytosanitaires. L'objectif est d'avoir des résistances durables, c'est-à-dire stables dans le temps, non facilement contournées par des mutations de l'agent pathogène (p. 133). Des systèmes de culture avec rotations peuvent favoriser cette durabilité. Mais l'amélioration des plantes peut encore beaucoup apporter.

Pour diminuer l'utilisation d'herbicides, il apparaît aussi possible de mettre au point des variétés qui toléreront mieux la présence d'adventices, voire même seront

---

6. Décidé au Grenelle de l'environnement à la fin 2007.

compétitives à leur égard ou empêcheront leur développement (ce qui est indispensable en agriculture biologique)[7].

Meilleure utilisation de la fumure azotée

Pour limiter les pertes de nitrates dans le milieu, des solutions agronomiques ont été mises en œuvre, par un pilotage plus optimal de la fumure azotée (fractionnement des doses d'azote et apports en fonction des besoins de la plante, pour la culture du blé, par exemple). L'amélioration des plantes a aussi apporté sa contribution (chapitre 8). Les variétés actuelles de blé ou de maïs absorbent en effet mieux l'azote apporté (ce qui limite les pertes de nitrates) et le métabolisent mieux. Grâce à la combinaison des techniques culturales et de l'amélioration génétique, la fumure azotée de la betterave sucrière a pu être pratiquement divisée par deux en 50 ans, sans que cela soit aux dépens du rendement (figure 11.3, p. 205). Avec des outils plus adaptés (sélection assistée par marqueurs et sélection génomique, voire transgénèse), il est possible de mettre au point des variétés encore plus efficaces pour la nutrition azotée. D'autres améliorations pourraient être obtenues à long terme puisque la fixation de l'azote de l'air par les plantes naturellement non fixatrices est en cours d'exploration (p. 168).

Meilleure utilisation de l'eau

L'eau est une ressource à utiliser au mieux. La pression sur cette ressource devient en effet de plus en plus forte, d'une part, à cause de l'augmentation des besoins (pour l'agriculture elle-même, mais aussi pour la consommation humaine et l'industrie) et, d'autre part, à cause du changement climatique. Il faut donc mieux utiliser l'eau d'irrigation. Cela passe par la mise au point de variétés plus économes en eau. Nous verrons (chapitre 8) que les variétés modernes sont plus économes en eau, ou plutôt qu'elles produisent plus pour une même quantité d'eau prélevée. Avec la mise en œuvre des outils issus de la génomique, voire des biotechnologies, il doit être possible de créer des variétés encore plus efficaces.

Économies d'énergie

L'agriculture consomme de l'énergie (fioul, gaz, électricité), directement, car elle est largement mécanisée, mais aussi indirectement, car de l'énergie est nécessaire à la fabrication et au transport des engrais, aliments, phytosanitaires et matériels. Les engrais azotés sont des intrants particulièrement coûteux en énergie. Ainsi, en France, pour la culture de blé tendre ou de colza, la part de l'énergie consommée correspondant aux fertilisants azotés est comprise entre 58 et 63 %. Pour des raisons environnementales, il faut donc favoriser des systèmes de culture économes en énergie, notamment en créant des variétés de plantes demandant moins d'intrants et moins d'interventions mécanisées (nécessitant un nombre réduit d'applications

---

7. Notre but n'est pas de mentionner ici toutes les méthodes de contrôle des adventices dans une culture, mais il est évident que l'utilisation des rotations est également nécessaire pour éviter le développement de résistance à une molécule herbicide.

de produits phytosanitaires, par exemple). Indirectement, cela permettra aussi de diminuer les charges des exploitations, qui sont liées au coût de l'énergie.

Préservation de la biodiversité

La durabilité de l'agriculture passe par la préservation de la biodiversité dans les paysages agricoles. Il faut réussir à obtenir simultanément l'augmentation des rendements (produire plus), une meilleure utilisation des intrants (produire avec moins), et la réduction des impacts négatifs sur l'environnement (produire mieux). Des systèmes de culture favorisant la biodiversité peuvent être mis en œuvre grâce à la culture d'espèces variées et à l'utilisation d'interactions positives possibles entre les éléments du système (par exemple, les associations inter- et intraspécifiques, les rotations avec légumineuses, les relations d'allélopathie[8], l'association entre agriculture et élevage). L'amélioration des plantes a beaucoup contribué, et peut encore contribuer, à ce point, par l'amélioration de toute une gamme d'espèces et, pour chaque espèce, par la mise à la disposition de l'agriculteur d'une gamme de variétés, adaptées à différentes conditions et différents objectifs (p. 191).

Qualité des produits

La qualité des produits de l'agriculture est évidemment très importante à considérer. Elle dépend de l'utilisation des plantes, selon qu'elles sont destinées à la consommation humaine ou animale, ou à une transformation industrielle. L'amélioration des plantes a porté, et porte toujours, selon les espèces et leurs utilisations, sur différents types de qualité des produits : qualités technologique, nutritionnelle, ou organoleptique (chapitre 9). Elle a conduit, par exemple, à des variétés de colza donnant une huile sans acide érucique (dangereux pour le cœur) et des tourteaux sans glucosinolates (goîtrigènes pour les bovins les consommant), à des variétés de blé adaptées à différents types de panification, à des variétés de plantes fourragères plus digestibles pour les animaux... Pour les fruits et les légumes, des progrès importants peuvent encore être faits sur le plan de la qualité gustative et nutritionnelle, mais leur valorisation nécessitera la modification des circuits de commercialisation (p. 190).

Autres exemples d'adaptation des plantes au mode de culture

L'amélioration des plantes contribue largement au développement de variétés adaptées à leur mode de culture. L'adaptation peut passer, nous l'avons vu, par une meilleure résistance aux agresseurs, ou par l'économie en engrais azotés et en eau. Il peut s'agir aussi d'une adaptation des variétés à la mécanisation. L'exemple le plus clair est celui de la betterave. Sans la mise au point de variétés monogermes[9], la

---

8. Effet d'une plante d'une espèce sur une plante d'une autre espèce, par l'intermédiaire de substances chimiques exsudées par les racines, ou volatilisées, ou libérées par décomposition des résidus des plantes.
9. Avant l'introduction du gène de monogermie, ce sont des glomérules de plusieurs graines qui étaient semés, il fallait alors démarier manuellement les plantes pour avoir des plantes isolées, ce qui était très coûteux en main d'œuvre. La segmentation mécanique des glomérules a cependant été une solution de transition.

culture de la betterave sucrière, qui demandait beaucoup de main d'œuvre, aurait complètement disparu. Cette modification, en permettant un semis de précision, qui a été combiné à la mise au point du désherbage chimique, a en effet permis la mécanisation de la culture. Celle-ci a bénéficié au confort de l'agriculteur, mais aussi à la baisse des coûts de production, et permet à la betterave à sucre de garder une certaine compétitivité par rapport à la canne à sucre. Les plantes cultivées en agriculture biologique constituent un autre exemple d'une adaptation nécessaire à la mécanisation, car ce mode de culture, ne faisant pas appel au désherbage chimique, demande des variétés plus faciles à désherber mécaniquement (p. 194).

▸▸ Impact du changement climatique sur l'agriculture et sur les objectifs de sélection

Malgré des discussions parfois polémiques sur le sujet, le changement climatique est malheureusement une réalité pour l'agriculture dans de nombreux pays du monde, notamment en Europe. Ainsi, entre 1980 et 2013, la température moyenne de l'air à la surface des terres a augmenté de 0,7-0,8 °C (données du rapport du GIEC[10] de 2013). En France, pendant la même période, cette augmentation a été de 1,1 °C ; entre 1983 et 2008, en Ile-de-France, la température moyenne pendant la phase de végétation des plantes de grande culture (entre le 10 mai et le 10 juillet) a augmenté d'environ 1,8 °C (Gallais *et al.*, 2010). À l'échelle de la planète, une augmentation de 2 à 6 °C de la température annuelle moyenne, variable selon les divers scénarios élaborés, est attendue d'ici la fin du XXIe siècle. Des phases de réchauffement ont déjà eu lieu par le passé mais, aujourd'hui, il s'agit d'un réchauffement rapide, largement lié aux activités humaines. Ce phénomène, de moins en moins contesté, est dû à un effet de serre, qui est notamment la conséquence d'une forte augmentation de la teneur en gaz carbonique (CO_2). Les scénarios prévoient entre 540 et 970 ppm de CO_2 dans l'atmosphère à la fin du XXIe siècle, à comparer avec 280 ppm avant la révolution industrielle et 380 ppm dans les années 2010.

Des changements de caractéristiques climatiques, associés à l'augmentation de la température moyenne, sont attendus. D'abord, il y aurait plus de risques de températures élevées en été et une augmentation de la fréquence des canicules. D'une façon plus générale, il pourrait y avoir une accentuation de la variabilité climatique, se traduisant par des phénomènes météorologiques extrêmes ; cependant, les chercheurs ne sont pas affirmatifs sur l'augmentation de la fréquence des phénomènes violents tels que les tempêtes (Laval, 2014). En ce qui concerne la pluviométrie, les prévisions ne sont pas claires. En Europe, on attend toutefois une pluviométrie globalement moins abondante en zone méditerranéenne, et plutôt un accroissement dans les régions du Nord en hiver.

L'agriculture est, et sera, nécessairement beaucoup affectée, avec des aspects positifs et des aspects négatifs. Parmi les effets positifs, on peut souligner l'allongement de la durée du cycle de végétation, car des semis précoces de variétés plus tardives sont

---

10. Groupe d'experts intergouvernemental sur l'évolution du climat.

possibles pour les plantes semées au printemps[11], d'où il résulte plus d'énergie captée, et donc plus de biomasse produite. L'enrichissement en gaz carbonique devrait avoir un effet positif sur la photosynthèse pour les plantes ayant une photosynthèse de type C3 (céréales, betterave, tournesol..., voir p. 122). Le réchauffement climatique bénéficierait aux plantes ayant une photosynthèse en C4, comme le maïs et le sorgho.

Parmi les effets négatifs, on attend en particulier plus de pertes d'eau par évapotranspiration, et donc plus de risques de sécheresse, mais aussi plus de risques d'échaudage, dû à de fortes températures pendant la phase de remplissage du grain, pour les céréales à paille (et même pour le maïs). On attend aussi plus de maladies et plus d'attaques par les insectes. D'autres effets négatifs sont sans doute à attendre. Ainsi, la teneur en protéines des céréales pourrait diminuer, et pas seulement à cause d'une augmentation de la photosynthèse, conduisant à une dilution des protéines, mais aussi à cause d'une certaine inhibition de l'assimilation des nitrates (Bloom *et al.*, 2014).

Une conséquence importante des changements climatiques sur l'agriculture est, et sera encore plus, le déplacement des zones de culture des espèces, voire la modification de l'intérêt de telle ou telle espèce. Par exemple, le sorgho, qui en France était jusqu'aux années 2000 essentiellement cantonné au Sud (et cultivé beaucoup plus en Espagne), pourrait devenir une plante intéressante pour des régions plus au nord et y remplacer partiellement le maïs, à condition toutefois que l'on investisse suffisamment dans l'amélioration de cette espèce[12]. À l'intérieur de chacune des différentes espèces cultivées, il faudra donc des variétés adaptées à tous les changements attendus.

Mais il ne suffit pas pour l'agriculture d'avoir des espèces et des variétés adaptées au changement climatique. Sachant qu'elle contribue actuellement, en 2014, pour environ 24 % aux émissions mondiales[13] de gaz à effet de serre responsables du réchauffement climatique (incluant, outre le gaz carbonique, le méthane et le protoxyde d'azote, deux gaz dont les émissions sont majoritairement liées à l'agriculture), elle doit aussi diminuer ses émissions, par des modifications des pratiques agricoles et des systèmes de culture. Cela demande la mise au point de variétés plus adaptées aux nouveaux systèmes de culture économes en intrants. Ainsi, la culture d'associations interspécifiques (p. 128) et le développement de la culture sans labour demandent, ou peuvent demander, des variétés particulières.

▸▸ Effet du changement de contexte économique

De 1950 à 1980, l'objectif de l'agriculture française était simple ; il fallait d'abord atteindre l'autosuffisance alimentaire. L'efficience de l'agriculture était alors essentiellement appréciée par des critères économiques, et l'optimum économique d'une

---

11. Ainsi, au nord de la Loire, le maïs est semé de l'ordre de trois semaines plus tôt qu'il y a 20 ans, mais on sème des variétés plus tardives, plus productives. Pour la betterave à sucre, cela permet d'allonger la période d'accumulation des sucres dans la racine.

12. Qui n'a pas fait l'objet d'une sélection intense dans notre pays et qui, par rapport aux variétés actuelles de maïs, a un important handicap de rendement (20 à 25 % de moins).

13. Et pour 20 % aux émissions françaises (chiffres donnés au forum international Agriculture et climat, le 20 février 2015, à Paris).

culture correspondait en général au maximum de son rendement. Il fallait donc sélectionner des variétés permettant d'atteindre cet objectif, en combinaison avec l'utilisation de certains intrants, en particulier les fongicides et les engrais azotés. L'amélioration des plantes et l'agronomie ont contribué à la mise au point d'itinéraires techniques à forts niveaux d'intrants, en réponse à une demande.

Aujourd'hui, à cause de l'augmentation des coûts de production, l'optimum économique ne correspond plus nécessairement au maximum de rendement. Il est dépendant du prix de vente des produits récoltés et il est de plus en plus sensible au coût des intrants. Quand les prix de vente des céréales étaient très bas, comme dans les années 2000, pour préserver la marge bénéficiaire de l'agriculteur, et donc diminuer le montant des charges, il fallait des variétés économes en intrants, ce qui rejoignait l'objectif de la préservation de l'environnement. Cependant, depuis la crise alimentaire de 2007, les prix des céréales ont fortement augmenté[14], même s'ils varient d'une année à l'autre. Les économistes parlent de volatilité des prix. Lorsqu'ils sont élevés, il redevient à nouveau intéressant pour l'agriculteur de produire avec le maximum d'intrants. Cependant, même dans ce cadre, le rôle de l'amélioration des plantes est toujours de proposer des variétés productives, mais économes en intrants ou les valorisant bien.

▶▶ Conclusion : le rendement n'est pas le seul but de la sélection

Aujourd'hui, l'amélioration des plantes est donc face à un défi, puisqu'elle doit permettre de continuer à produire plus, tout en respectant l'environnement et en tenant compte de l'impact du changement climatique, sans oublier les aspects qualitatifs des productions. D'une façon plus générale, l'amélioration des plantes contribue, ou peut contribuer, à créer des variétés de plantes répondant de mieux en mieux aux diverses demandes de l'homme, qu'il soit agriculteur, consommateur ou industriel. Elle ne fait que prolonger ce qui a commencé à la domestication. L'augmentation de rendement n'est donc pas son seul objectif.

Cependant, pour le producteur, le rendement sera toujours un élément essentiel de son revenu. On peut donc comprendre l'importance attachée à ce paramètre, même s'il doit être pondéré par la qualité. Un problème se pose pour les espèces les plus cultivées qui nourrissent le monde. En effet, compte tenu de la liaison souvent négative entre rendement et qualité, la prise en compte de la qualité peut ralentir (et ce, parfois fortement) le progrès sur le rendement. Comme l'urgence est de produire plus, pour nourrir 9,6 milliards d'habitants sur la planète vers 2050, il est probable que pour certaines espèces l'amélioration de la qualité de la production sera plus ou moins sacrifiée, au moins dans un premier temps… mais cela dépendra des espèces, des pays et de la mise en œuvre des nouveaux outils de la sélection, qui devrait permettre de mieux combiner rendement et qualité.

---

14. Sans toutefois retrouver leur valeur de 1985, exprimée en monnaie constante.

Chapitre 2

Qu'est-ce qu'une variété en amélioration des plantes ?

L'amélioration des plantes se traduit par la création de populations végétales améliorées, appelées variétés. Dans le domaine de la sélection végétale, une variété est une population avec des caractéristiques agronomiques bien définies, créée pour que la production qui en est issue réponde mieux à des demandes des utilisateurs (agriculteurs, industriels, consommateurs) et de la société (concernant l'environnement). Elle est le résultat d'une sélection dite créatrice, mettant en œuvre des méthodes et des outils permettant d'associer le maximum de gènes favorables[15] chez les individus qui la composent. Du point de vue génétique, une variété peut être définie comme une population artificielle à base génétique[16] plus ou moins étroite, voire réduite à un génotype, de caractéristiques agronomiques assez bien définies, et reproductible :
– c'est une population, au sens d'un ensemble d'individus plus ou moins apparentés ;
– elle est artificielle, puisque l'homme intervient dans sa création, par le processus de sélection, et dans son maintien ;
– une variété moderne a souvent une base génétique étroite, c'est-à-dire qu'elle est constituée à partir d'un petit nombre de génotypes fondateurs, voire à partir d'un seul, ce qui se traduit par une faible ou très faible variabilité génétique interne ;
– elle est reproductible, et sa reproductibilité est un caractère essentiel ; sous un nom de variété l'utilisateur doit retrouver une population ayant toujours les mêmes caractéristiques, sinon la notion de variété ne servirait à rien puisqu'il n'y aurait pas d'optimisation possible des itinéraires techniques ou des procédés de transformation industrielle des productions agricoles ;
– enfin, une variété a des caractères agronomiques bien définis, en plus de ses caractères d'identification.

▸▸ Différents types de variétés

Cinq grands types de variétés peuvent être distingués :
– les variétés-populations ;
– les variétés lignées ;

---

15. Pour les caractères recherchés.
16. De façon simplifiée, la base génétique d'une variété représente sa diversité génétique interne.

– les variétés hybrides ;
– les variétés synthétiques ;
– les clones.

Les méthodes de création des variétés-populations, des lignées et des hybrides sont détaillées dans le chapitre 5.

Variétés-populations

Les variétés-populations sont formées par la multiplication en masse d'une population naturelle ou d'une population artificielle, c'est-à-dire développée par l'homme. Il peut y avoir, dans certaines situations, sélection par l'agriculteur au passage d'une génération à une autre. Ce sont des variétés évolutives.

Les variétés-populations constituent le premier type de variétés créé dans les pays ayant aujourd'hui une agriculture développée. Il a existé dans ces pays pendant assez longtemps, pour les espèces allogames[17]. Ainsi en France, des populations de maïs ont été cultivées jusqu'en 1950 ou 1955. Ce type de variétés se rencontrait aussi à cette époque chez les légumineuses fourragères pérennes (luzerne, trèfle violet, trèfle blanc). Chez ces plantes allogames, il a ensuite pratiquement disparu, pour être remplacé par des variétés hybrides ou des variétés synthétiques. Il existe cependant encore chez certaines plantes légumières allogames (carotte, radis, oignon, chou...). Chez les plantes autogames[18], les variétés-populations ont existé dans les pays développés jusqu'au début du XXe siècle ; dans ce cas, il s'agissait d'un mélange de génotypes homozygotes[19]. Elles ont disparu suite au développement de la sélection généalogique (sur descendances) à l'intérieur des populations, qui a conduit à des variétés lignées pures. En revanche, pour les deux types d'espèces, allogames ou autogames, les variétés-populations demeurent fréquentes dans les pays dont l'agriculture est peu développée et dépourvue d'une filière Semences.

Dans le contexte d'une agriculture plus intensifiée, quel que soit le type de plantes, l'hétérogénéité génétique des variétés-populations ne permet pas de bonnes performances, mais elle procure une assez bonne régularité de comportement dans des milieux variés et variables.

Les variétés-populations permettent en théorie l'auto-approvisionnement[20] en semences par l'agriculteur, même pour les plantes à fécondation croisée. En effet, si cette fécondation croisée se faisait en panmixie, c'est-à-dire au hasard, en l'absence de sélection naturelle ou artificielle, et sans mutation, la composition de la population pourrait être considérée comme stable d'une génération à l'autre. Cependant, avec ce type de variétés, les conditions idéales pour la panmixie ne sont pratiquement jamais réunies et les risques de déviation par rapport à ce qui est attendu sont très forts, surtout si les variétés sont multipliées en dehors de leur milieu d'origine.

---

17. Espèces pour lesquelles la fécondation est croisée (entre deux gamètes issus d'individus différents).
18. Espèces pour lesquelles le mode naturel de fécondation est l'autofécondation (entre deux gamètes issus d'un même individu).
19. Un génotype est dit homozygote à un locus si c'est un même allèle qui occupe ce locus sur chacun des chromosomes homologues constituant le génome.
20. L'agriculteur utilise comme semences une partie des grains qu'il a lui-même récoltés.

Variétés lignées

Les variétés lignées sont, en théorie, formées d'un seul génotype homozygote à tous les locus, qui par autofécondation donne donc des descendants tous homozygotes, identiques entre eux et identiques à ceux de la génération précédente (figure 2.1). C'est le type de variétés le plus classique chez les plantes autogames (blé, orge, avoine, pois, soja...), chez lesquelles la dépression de consanguinité est faible. Mais il est aussi (ou a été) développé chez des espèces semi-allogames comme le colza. Les variétés lignées sont très homogènes et reproductibles. Leur base génétique étroite permet d'obtenir de bonnes performances. Pour limiter les risques pathologiques présentés par une population génétiquement homogène, de céréale par exemple, les associations, dans un même champ, de quelques lignées résistantes à différentes souches d'un pathogène peuvent avoir un intérêt (p. 137).

Pour les plantes autogames, c'est un type de variétés qui permet à l'agriculteur de s'auto-approvisionner en semences, au moins sur une ou deux générations, car le taux de fécondation croisée est en général faible, ce qui limite le risque d'hybridation avec des plantes de variétés différentes qui seraient cultivées à proximité. Cependant, cet auto-approvisionnement n'est pas sans risque du point de vue de la qualité sanitaire et germinative des semences et il pose le problème du financement du progrès génétique. C'est pour résoudre ce problème qu'une taxe sur l'auto-approvisionnement a été mise en œuvre en France, dans le cadre de la législation européenne, d'abord pour le blé tendre, puis a été étendue à d'autres espèces de céréales (p. 27).

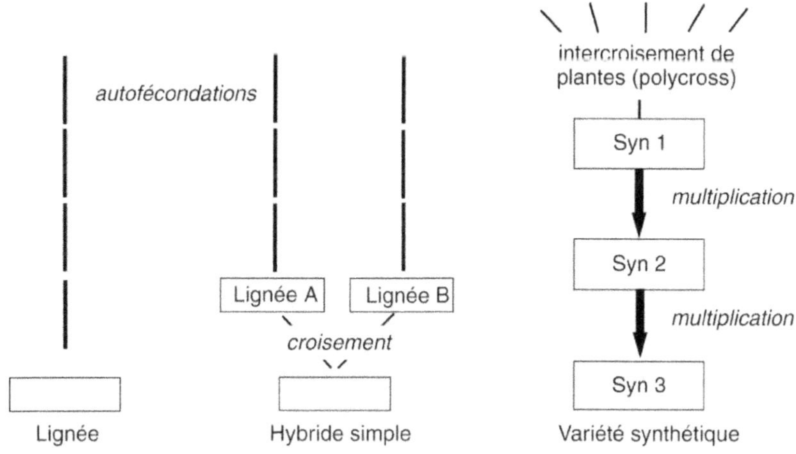

Figure 2.1. Trois des types de variétés chez les plantes à reproduction sexuée.

Un trait gras représente une reproduction en autofécondation (pour la production des lignées). Pour une variété synthétique, la première génération, appelée Syn 1, résulte de l'intercroisement naturel (le plus souvent selon un dispositif de *polycross*) d'un nombre limité de plantes sélectionnées. Les générations suivantes, Syn 2, Syn 3 (qui est souvent la génération commercialisée) et éventuellement Syn 4, sont obtenues par multiplication en fécondation libre, en isolement.

Variétés hybrides

Les variétés hybrides résultent du croisement contrôlé de deux constituants (les parents), qui peuvent être de nature variée : des clones, comme chez l'asperge ; des lignées, comme chez certaines plantes annuelles allogames (maïs, tournesol) ou autogames (blé, orge) ; ou des familles plus ou moins complexes (populations), comme chez la betterave sucrière en France dans les années 1970 à 1990. La base génétique la plus étroite possible pour un hybride est obtenue par le croisement de deux lignées, puisqu'elle correspond à la production d'un seul génotype. Dans ce cas, on parle le plus souvent d'hybride simple, ou d'hybride F_1[21] (figure 2.1). Le croisement d'un hybride simple avec une lignée donne un hybride trois-voies et le croisement de deux hybrides simples, un hybride double.

C'est l'hybride simple, entre lignées[22], qui permet d'utiliser au maximum la variation génétique de la valeur des croisements. Ce type d'hybride est parfaitement reproductible et génétiquement homogène, dans la mesure où ses parents, deux lignées pures, sont maintenus. Il impose pratiquement le renouvellement des semences puisque, si l'agriculteur ressème les grains qu'il a récoltés, chez les plantes allogames il perd 25 à 30 % en rendement à la récolte suivante, du fait d'une dépression de consanguinité (due au croisement entre plantes sœurs) et obtient une population plus ou moins hétérogène. Cette quasi-nécessité de renouveler les semences résout donc d'une certaine façon le financement du progrès génétique pour les variétés hybrides (p. 39).

Les variétés hybrides sont justifiées par rapport aux lignées pures dès que la dépression due à la consanguinité est suffisamment importante pour ne pas permettre la sélection de lignées meilleures que les meilleurs hybrides, ce qui est très souvent le cas chez les plantes à fécondation croisée, chez lesquelles la dépression de consanguinité est en général assez forte. De plus, ce type de variétés permet d'utiliser tous les effets génétiques explicatifs de l'hétérosis[23]. Même sans parler d'hétérosis, l'hybride est le moyen le plus rapide pour réunir dans un même génotype des gènes dominants favorables présents chez les parents et contrôlant des caractères différents. Par exemple, si l'on suppose qu'il existe chez un parent cinq locus de résistance à des agents pathogènes, chacun étant occupé par un allèle dominant, et chez l'autre parent cinq autres locus de résistance à d'autres agents pathogènes, chacun étant également occupé par un allèle dominant, l'hybride, obtenu en une seule génération, sera résistant aux dix agents pathogènes. Si, en revanche, par autofécondation à partir de cet hybride, on voulait créer une lignée homozygote pour les dix gènes de résistance, la probabilité d'obtenir une telle lignée serait très faible[24]. C'est ce qui justifie les variétés F_1 de la tomate, plante autogame chez laquelle il existe de nombreux gènes dominants de résistance aux maladies.

Chez les plantes allogames, les hybrides sont justifiés par rapport aux variétés-populations. En effet, leur rendement est supérieur de 15 à 25 % à celui des populations

---

21. F_1 représente la génération issue d'un croisement.

22. Dans cet ouvrage, si la nature de l'hybride n'est pas précisée, c'est qu'il s'agit d'un hybride simple, entre lignées.

23. À savoir la dominance favorable, la superdominance, et l'épistasie (voir annexe).

24. Elle serait de l'ordre de 0,001 si au lieu de pratiquer des autofécondations on procédait par haplodiploïdisation de l'hybride, hétérozygote aux dix locus, pour construire une lignée.

dont ils sont, ou pourraient être, issus. C'est cette supériorité, et leur homogénéité intravariétale, qui a fait qu'en France, après la deuxième guerre mondiale, les hybrides de maïs ont été préférés aux populations par les agriculteurs.

Le facteur limitant du développement des variétés hybrides est le contrôle de l'hybridation à grande échelle, qui doit pouvoir être réalisé à des coûts économiquement acceptables. Les principaux moyens de contrôle possibles sont la castration manuelle, la castration chimique, la modification du sexe (chez les cucurbitacées comme le concombre) et la castration génétique (Gallais, 2009a).

Variétés synthétiques

Développées chez les plantes à fécondation croisée, les variétés synthétiques sont des populations artificielles résultant de la multiplication en fécondation libre, pendant un nombre déterminé de générations (trois à quatre), de la descendance de l'intercroisement naturel d'un nombre limité de constituants (figure 2.1). La première étape, celle d'intercroisement, est appelée la synthèse. Chez les plantes pérennes, comme les graminées fourragères, les constituants de départ sont souvent des clones. À la différence de ce qui se passe pour les variétés-populations, c'est toujours la même génération qui est commercialisée.

C'est le type de variétés le plus répandu chez les graminées et les légumineuses fourragères allogames chez lesquelles il n'est pas possible de développer des variétés hybrides de façon économique. Structures génétiquement hétérogènes, bien que plus homogènes que des variétés-populations traditionnelles, elles ne permettent pas d'atteindre les performances des variétés hybrides simples, mais elles ont un comportement plus régulier. Elles présentent un intérêt pour les pays dans lesquels l'agriculture est peu intensifiée et le secteur des semences encore peu développé, car la production de semences d'une variété synthétique est plus simple que celle de semences d'une variété hybride. Avec ce type de variétés, l'agriculteur peut en théorie s'auto-approvisionner en semences, mais les risques d'évolution, par l'action de la sélection naturelle au cours des générations de multiplication, sont forts. Ainsi, une variété précoce de dactyle (graminée fourragère pérenne) peut devenir tardive, ou inversement, lorsqu'elle est multipliée à la ferme.

Variétés-clones

Les variétés-clones sont obtenues par multiplication végétative (clonage) d'un seul individu, dont le génotype est reproduit à l'identique en multiples exemplaires. Au sein d'une variété-clone l'homogénéité génétique est donc totale. C'est le type de variétés le plus répandu chez les plantes à multiplication végétative (pomme de terre, ail, arbres fruitiers, vigne, arbustes ornementaux…). Il faut aussi y inclure les variétés apomictiques, c'est-à-dire celles obtenues par apomixie, une multiplication sous forme de graines, sans fécondation, qui reproduit à l'identique le génotype de la plante-mère et qui est donc l'équivalent d'une multiplication végétative. Des variétés apomictiques sont produites, par exemple, pour une graminée fourragère,

Panicum maximum, cultivée en Afrique et en Amérique du Sud, et pour le pâturin des prés, poussant sous nos latitudes.

La création de graines artificielles, par enrobage ou « encapsulage » d'embryons somatiques[25], serait une voie pour étendre les variétés-clones, même chez les espèces où l'on produit traditionnellement des lignées ou des hybrides. Mais cela se heurte à des difficultés importantes, telles que la déshydratation des embryons et leur mise en dormance. Aujourd'hui, les progrès importants réalisés dans les techniques de multiplication végétative ont surtout un impact sur la production de plants d'espèces qui se multiplient végétativement sans trop de difficultés et qui se plantent (le fraisier, le bananier, le caféier, le palmier à huile, ou différents conifères, dont le sapin de Noël, par exemple).

C'est un type de variétés qui permet d'exploiter très facilement la variabilité génétique, et dont l'homogénéité génétique permet d'atteindre les performances maximales dans un milieu donné. Comme pour les variétés lignées, le risque pathologique, lié à l'homogénéité intravariétale, existe ; on peut donc aussi envisager des associations de clones pour limiter le risque de sélection naturelle d'un agent pathogène virulent. Du point de vue de l'agriculteur, l'auto-approvisionnement en plants est possible et assez facile, comme dans le cas de la pomme de terre, mais il y a un risque fort d'infection des plants par des virus, ce qui peut compromettre les performances attendues.

▸▸ Pourquoi une réglementation sur les semences et les variétés ?

Dans tous les pays ayant une agriculture assez développée, il existe une réglementation sur les semences, qui a deux buts essentiels. Par l'inscription de la variété à un catalogue officiel et par la certification des semences, elle cherche d'abord à faire en sorte que l'agriculteur puisse disposer de semences conduisant à des plantes qui présentent les caractéristiques génétiques attendues, mais aussi de semences de bonne qualité, germinative et sanitaire. Ensuite, par la protection des variétés, elle permet à l'obtenteur d'une variété de pouvoir amortir ses investissements.

Une variété et des semences certifiées sont une garantie pour l'agriculteur

Inscription au catalogue des variétés

Pour être commercialisée en France ou dans l'Union européenne (UE), une variété doit être inscrite au catalogue officiel, français ou européen, des espèces et variétés ; l'inscription à un catalogue national d'un pays de l'UE entraîne l'inscription au catalogue européen, qui est formé par l'addition des catalogues nationaux. En France, c'est le CTPS (Comité technique permanent de la sélection des plantes cultivées,

---

25. Embryons obtenus à partir de culture *in vitro* de cellules somatiques, dans un milieu favorable à l'embryogenèse.

organisme rattaché au ministère en charge de l'agriculture) qui est chargé de l'inscription des variétés au catalogue. Dans tous les pays de l'UE, pour être inscrite sur un catalogue national, une variété doit répondre aux critères suivants :
– elle doit être distincte, homogène et stable ; la distinction (D) de toute autre variété existante prouve le caractère nouveau de la variété ; l'homogénéité (H) est à la fois dans l'intérêt de l'utilisateur et dans celui de l'obtenteur, pour la protection de la variété, et la stabilité (S) garantit que les semences qui seront commercialisées sous un nom donné ont bien les caractéristiques génétiques de la variété de départ, telle qu'elle a été inscrite au catalogue ; les épreuves dites de DHS, subies par une variété soumise à l'inscription, portent sur des caractères faciles à identifier, à savoir des caractères morphologiques ou des caractères quantitatifs peu influencés par le milieu (la précocité, par exemple) ; le critère d'homogénéité pour l'inscription ne signifie pas homogénéité génétique totale, il signifie seulement que l'hétérogénéité doit être limitée, surtout pour des caractères faciles à observer (la précocité de floraison, par exemple) ; nous discutons plus loin de l'intérêt de l'homogénéité génétique pour l'utilisateur (p. 28) ;
– une variété d'une espèce de grande culture doit apporter un progrès significatif sur certains caractères agronomiques ou technologiques ; ce progrès est évalué dans le cadre d'expérimentations sur la valeur agronomique, technologique et environnementale[26] (VATE) par rapport à des témoins, généralement constitués par les variétés les plus cultivées du moment ; il n'y a pas d'étude de valeur agronomique et technologique pour les autres espèces (fruitières, légumières, ou ornementales) ;
– enfin, une variété doit posséder une dénomination, obéissant à tout un ensemble de règles ayant pour objet de préserver le consommateur de tout risque de confusions ou de revendications illégitimes de qualités.

En France, les épreuves de distinction, homogénéité et stabilité, ainsi que les épreuves de valeur agronomique et technologique propres aux espèces de grande culture, sont réalisées par le Groupe d'étude et de contrôle des variétés et des semences (Géves), groupement d'intérêt public entre le ministère chargé de l'agriculture, l'Inra et le Groupement national interprofessionnel des semences et plants (Gnis).

Certification des semences et des plants et sélection conservatrice en France

L'obtenteur d'une variété dépose un prototype en vue de l'inscription au catalogue. Si cette variété est inscrite, il faut ensuite la produire à grande échelle, pendant toute sa période de vie commerciale. Pour cela, l'obtenteur doit mettre en place un schéma de production qui est déclaré au Service officiel de contrôle et de certification (SOC). Ce service technique du Gnis, rattaché au ministère de l'Agriculture, est chargé de s'assurer, en relation avec la Direction générale de la concurrence, de la consommation et de la répression des fraudes (DGCCRF), que ce qui est commercialisé sous un nom donné a les mêmes caractéristiques que ce qui a été déposé comme prototype au moment de l'inscription au catalogue. Ce n'est qu'à

---

26. La prise en compte de la valeur environnementale se traduit par exemple par des études plus précises de résistance aux maladies, de rendement avec ou sans fongicides, de rendement avec fumure azotée normale ou avec fumure azotée réduite.

cette condition que la notion de variété a un sens. L'ensemble des opérations mises en œuvre au cours du maintien et de la production de la variété, pour obtenir cette garantie, constitue ce qui est appelé la sélection conservatrice (par opposition à la sélection créatrice, qui correspond à tout le processus de création variétale).

Pour une variété reproduite par voie sexuée, les causes de perte de certaines caractéristiques sont en effet multiples. Ce sont les mutations géniques, qui, même si elles sont rares, peuvent toujours se produire, les hybridations incontrôlées (survenant même chez les plantes autogames), les mélanges accidentels de graines, la perte aléatoire de gènes[27], et la sélection naturelle au cours des générations de multiplication (en particulier dans le cas des variétés synthétiques et des variétés-populations). La dégénérescence due à des virus touche surtout les plantes à multiplication végétative.

Pour limiter ces risques d'évolution des caractéristiques d'une variété, le sélectionneur doit maintenir le matériel de départ, tandis que le SOC est chargé du contrôle de la production de la variété à partir de ce matériel de départ, selon le schéma déposé par l'obtenteur. La multiplication de la variété se fait souvent chez des agriculteurs, que l'on dénomme agriculteurs-multiplicateurs. Trois catégories de semences ou de plants sont définies :
– le matériel de départ entretenu par l'obtenteur, sous sa responsabilité ;
– les semences (ou plants) de base, qui précèdent la semence commerciale certifiée ; elles sont issues du matériel de départ (ou de semences de prébase issues de ce matériel), et sont produites chez l'obtenteur ou chez des agriculteurs-multiplicateurs ;
– les semences (ou plants) certifiées, qui dérivent des semences de base ; elles correspondent aux semences commerciales et sont produites chez des agriculteurs-multiplicateurs.

Le SOC contrôle, ou fait contrôler, les semences de base et les semences certifiées (voire les semences de prébase). Il vérifie la filiation des lots de semences ainsi que la pureté spécifique et variétale des descendances issues de ces lots ; les graines doivent être de la même espèce et de la même variété, avec des taux très élevés (supérieurs à 99 %), dépendant de l'espèce et de la génération ; les lots non conformes sont éliminés. Les lots doivent être produits dans des conditions d'isolement dépendant de la génération et de l'espèce considérées. Cette organisation s'applique à tous les types de variétés.

Le SOC certifie aussi la qualité sanitaire et germinative des semences de la variété. Pour l'utilisateur, les semences certifiées d'une variété sont donc une assurance de qualité. Elles sont le véritable véhicule du progrès génétique. Sans semences de qualité, le progrès agronomique ne peut pas être maximal, et l'effort d'amélioration est mal valorisé.

Une variété est une invention qui doit être protégée

Une variété est une véritable invention, qui peut avoir demandé des investissements importants. Il faut donc que son exploitation commerciale soit protégée, à la fois par rapport à une utilisation par les autres obtenteurs et par rapport à

---

27. Qui peut se produire lorsqu'une population d'effectifs faibles est multipliée.

l'auto-approvisionnement par les agriculteurs, pour permettre à l'obtenteur d'amortir ses investissements dans la création variétale. Pour protéger ce type d'invention, un système spécifique a été mis au point dans le cadre d'une convention internationale gérée par une organisation intergouvernementale, l'Union internationale pour la protection des obtentions végétales (Upov). Ce système est actuellement en vigueur sur tout le territoire de l'Union européenne et au total dans plus de 70 pays à travers le monde. Il tient compte des particularités propres aux obtentions végétales et délivre un titre de protection, le certificat d'obtention végétale (COV).

Le certificat d'obtention végétale, à la manière d'un brevet, permet d'abord à l'obtenteur (inventeur) de maîtriser l'exploitation commerciale de sa variété (choisir ses partenaires, négocier des licences, percevoir des royalties) et de se protéger contre d'éventuels contrefacteurs, et ceci, pour une durée limitée (20 ou 25 ans, selon les espèces). Par contre, à la différence du brevet industriel qui est appliqué à la protection des obtentions végétales dans certains pays (États-Unis, Canada, Australie, Japon), mais pas dans les pays de l'Europe, il permet l'utilisation libre du matériel protégé dans les programmes de sélection d'un autre obtenteur. En d'autres termes, la variété protégée d'un obtenteur est libre d'accès, en tant que ressource génétique, pour toute personne (jardinier amateur, agriculteur, établissement de sélection...) souhaitant débuter un programme de sélection avec ce matériel.

La protection des obtentions végétales a également un impact sur les agriculteurs. Avec la législation européenne de 1994 sur les semences, sur laquelle la loi française s'est alignée à partir de décembre 2011, l'auto-approvisionnement en semences de variétés protégées par un certificat d'obtention végétale est maintenant autorisé en France pour 34 espèces (décret français paru le 1er août 2014). Cependant, pour huit de ces espèces (blé tendre, blé dur, orge, avoine, seigle, triticale, riz et épeautre), cette autorisation comporte une contrepartie financière demandée à l'agriculteur. Le principe est de taxer les agriculteurs qui s'auto-approvisionnent en semences, dans le but de permettre à l'obtenteur d'amortir ses investissements (p. 39) ; cette taxe permet aussi un certain financement de la recherche publique[28]. En France, elle est appelée contribution volontaire obligatoire (CVO).

Pour des raisons de simplification dans l'encaissement de la CVO, tout agriculteur qui cultive les céréales concernées par le décret doit s'acquitter de la taxe au moment où il vend sa récolte à un organisme stockeur ; on reverse ensuite une grande partie de cette taxe aux agriculteurs qui ont acheté des semences certifiées. En 2014, la taxe était de 0,70 euros par tonne de blé tendre vendue. À noter que les petits agriculteurs (ceux qui cultivent les céréales concernées sur une surface inférieure à celle qui serait nécessaire pour produire 92 t de grain) sont exemptés de la CVO et peuvent donc sans contrepartie ressemer les graines produites sur leur exploitation à partir de variétés inscrites au catalogue.

Compte-tenu des débats sur le sujet, et des fausses informations qui circulent, il est important de souligner que dans l'Union européenne et, plus largement, dans tous les pays membres de l'Upov les règles qui précèdent s'appliquent aussi aux variétés transgéniques et aux variétés portant des gènes obtenus par mutation artificielle.

---

28. 85 % de la taxe retournent aux établissements obtenteurs et 15 % sont affectés à des programmes de recherche associant obligatoirement recherche publique et recherche privée.

Les variétés transgéniques d'un obtenteur peuvent donc être utilisées comme ressource génétique par tout autre obtenteur, tant que le transgène lui-même (qui est breveté) n'est pas utilisé ; il faut donc l'éliminer du produit final, ce qui est très facile[29]. L'utilisation du transgène nécessite l'accord du propriétaire du brevet sur le transgène. De même, l'agriculteur peut s'auto-approvisionner en semences d'une variété portant des transgènes ou des gènes obtenus par mutagénèse artificielle, selon les mêmes règles que pour une variété normale.

En France, c'est le Comité pour la protection des obtentions végétales (CPOV) qui est chargé des études nécessaires à la délivrance du titre de protection. L'obtenteur d'une variété peut déposer d'emblée une demande de protection pour l'ensemble des territoires de l'Union européenne, en s'adressant à l'Office communautaire des variétés végétales (OCVV). Pour être protégeable, une variété nouvelle doit être, comme pour l'inscription au catalogue, reconnue distincte, homogène et stable et doit posséder une dénomination. Les notions de valeur agronomique et technologique n'interviennent pas pour la protection.

▶▶ Pourquoi des variétés homogènes ?

Homogénéisation des populations cultivées

La domestication des plantes a conduit au choix d'un nombre limité d'espèces cultivées[30]. Puis, à l'intérieur d'une espèce, le nombre de populations cultivées différenciées a diminué au cours du temps, conséquence d'abord des échanges de semences qui pouvaient se faire au sein d'un village (favorisant les populations végétales qui donnaient le meilleur résultat) puis du commerce même de ces semences, apparu très tôt. Ainsi, vers l'an 800 (sous Charlemagne), on trouve des capitulaires recommandant aux agriculteurs le renouvellement des semences et leur achat sur le marché (Boulaine, 1992).

Au XIXe siècle, grâce aux travaux de Louis Lévêque de Vilmorin, est apparue la sélection dirigée, à l'intérieur de chaque population cultivée, en vue d'en améliorer les performances. Louis Lévêque de Vilmorin, dès 1856, a en effet été le premier à établir que pour un caractère complexe, comme le rendement en grain, la valeur de la descendance d'une plante renseignait sur la valeur génétique de cette plante, ce qui a été à la base de la sélection dite généalogique. L'application de ce mode de sélection aux populations de plantes autogames a entraîné immédiatement un rétrécissement de la base génétique des variétés de ce type de plantes, puisque chaque variété a été restreinte à un génotype homozygote à tous ses locus, constituant une lignée pure (p. 102). Ainsi, depuis le début du XXe siècle, les variétés de céréales

---

29. Si le matériel de départ est hémizygote pour le transgène (c'est-à-dire si le transgène est présent en un seul exemplaire dans son génome), il suffit, par autofécondation, de récupérer des plantes non transgéniques. Si les plantes possèdent plusieurs (deux, dans le cas de plantes diploïdes) exemplaires du transgène, il faut par croisement réaliser une plante hémizygote puis pratiquer une autofécondation pour faire apparaître des plantes non transgéniques.

30. Sur environ 250 000 espèces végétales, seulement une dizaine d'espèces contribuent de façon significative à nourrir le monde aujourd'hui.

autogames (blé, orge, avoine) sont des lignées pures ; ce qui est cultivé aujourd'hui dans le champ d'un agriculteur est l'équivalent d'un seul génotype[31].

Chez les plantes à fécondation croisée, dites allogames (maïs, betterave, graminées fourragères), il est impossible de développer des lignées pures de bonne valeur, compte tenu de la forte perte de vigueur en régime de consanguinité qui est une règle générale chez ces espèces (p. 67). Pour éviter cette dépression de consanguinité, deux voies ont été développées : d'une part, la création d'hybrides et, d'autre part, la création de populations synthétiques ou de variétés synthétiques.

La voie des hybrides a été ouverte par les travaux de Shull en 1908 ; nous verrons qu'elle permet de réaliser, à partir des populations de plantes allogames, ce qui était facile chez les populations de plantes autogames, à savoir la reproduction par voie sexuée du meilleur génotype, en un grand nombre d'exemplaires. Mais dans le cas des plantes allogames, la tâche est plus difficile puisque le génotype qu'il s'agit de reproduire est plus ou moins hétérozygote[32] sur l'ensemble de son génome (p. 105).

Chez les plantes allogames où le contrôle de l'hybridation n'était pas possible à grande échelle, ce sont des populations ou des variétés synthétiques qui ont été développées ; ce type de variétés est très utilisé chez les plantes fourragères allogames. Une variété synthétique est une population artificielle fondée à partir d'un nombre limité de plantes ou de familles. Ce nombre restreint de fondateurs conduit là aussi à une homogénéisation génétique de ce qui est cultivé dans le champ de l'agriculteur, même s'il reste une variabilité intravariétale.

Dans les pays à agriculture assez productive, en réponse à l'intensification et au développement de la mécanisation, les variétés, quel que soit leur type, sont ainsi devenues beaucoup plus homogènes et reproductibles, et elles possèdent des caractéristiques bien définies. En moins d'un siècle, pour le maïs et les céréales à paille, on est passé des variétés-populations hétérogènes à des variétés génétiquement homogènes, réduites à un génotype (lignées pures, hybrides simples). Chez les autres espèces à multiplication sexuée, on observe la même évolution, conduisant à des lignées pures chez les plantes autogames et à des hybrides chez les plantes allogames, lorsqu'il est possible de contrôler l'hybridation à grande échelle. Ainsi chez la betterave, plante allogame, les variétés-populations ont d'abord été remplacées par des hybrides entre populations hétérogènes, auxquels se substituent aujourd'hui des variétés hybrides entre lignées pures, analogues aux variétés de maïs. Les hybrides se développent même chez certaines espèces autogames (p. 22). Chez les plantes à multiplication végétative (la pomme de terre, par exemple), par multiplication des meilleures plantes, la sélection a très vite conduit à des variétés réduites à un seul génotype, donc très homogènes.

---

31. En fait, en l'absence d'un renouvellement fréquent des semences, jusque dans les années 1960 ou 1970, ce qui était semé par l'agriculteur correspondait souvent à plusieurs génotypes. Cela était dû à l'apparition de mutations spontanées et, surtout, à l'existence d'un taux très faible, mais non nul, de fécondation croisée chez les plantes autogames, permettant aux individus de la lignée de s'hybrider avec des individus d'autres variétés cultivées à proximité.
32. Un génotype est dit hétérozygote à un locus s'il y a au moins deux allèles différents présents à ce locus, sur les chromosomes homologues constituant le génome.

Depuis la domestication, on observe donc une réduction continue de la diversité dans le champ de l'agriculteur, puisqu'il y a moins d'espèces cultivées, de moins en moins de populations cultivées par espèce, et des populations de plus en plus homogènes. Cependant nous verrons que depuis la création de variétés à base génétique étroite, et surtout à partir de 1950, la diversité génétique des variétés à la disposition de l'agriculteur, en France, en Europe et aux États-Unis, n'a en général que peu diminué (p. 210).

Intérêt de l'homogénéité d'une variété

C'est essentiellement la recherche des meilleures performances, pour le rendement et la qualité, qui a conduit à favoriser les populations assez homogènes, à base génétique étroite. Du point de vue du rendement, dans un milieu donné, une population hétérogène, formée d'un mélange de génotypes, a généralement[33] une performance moyenne inférieure à la valeur de ses meilleurs constituants (tableau 2.1). Donc, dans un milieu donné, si l'on recherche les meilleures performances pour des caractères agronomiques, il faut des variétés ayant un génotype homogène bien défini, adapté aux conditions de culture et d'utilisation. Cette réduction de la base génétique de chaque variété est à l'origine des progrès spectaculaires de rendement observés de 1950 à 1990, pour de nombreuses espèces de grande culture. Elle est aussi à l'origine de l'amélioration de la résistance aux maladies, de la qualité... En fait, la création de variétés à base étroite est un moyen d'augmenter rapidement la fréquence des gènes favorables au sein de la population cultivée, plus rapidement que par l'amélioration des populations à base génétique large. Il en résulte donc un progrès génétique plus rapide qu'avec des populations à base génétique large.

Tableau 2.1. Intérêt théorique comparé des cultures de variétés génétiquement homogènes et des associations, ou mélanges, de génotypes.

Performance	Variété A	Variété B	Association A + B	Variété C adaptée à M1 et M2
En condition M1	100	80	90	100
En condition M2	80	100	90	100
Mélange des deux conditions[(1)]	< 100	< 100	90	100

La variété A est supposée plus adaptée aux conditions de culture M1, la variété B, aux conditions M2. La variété C est supposée réunir les gènes d'adaptation aux deux conditions de culture. On suppose que dans un milieu donné la performance de l'association, en égales proportions de A et de B, est égale à la moyenne des performances des deux variétés dans ce milieu (il n'y a pas d'effet de compétition). La variété homogène C associe donc productivité et régularité de comportement selon les milieux, alors que l'association (mélange) A + B permet la régularité de comportement mais fait perdre en productivité. [(1)] Champ présentant des zones de fertilité différente, par exemple.

L'homogénéisation intravariétale était également nécessaire pour la mécanisation de la culture et la standardisation des produits. Une population homogène permet

---

33. Sauf cas, très rares, de coopération entre génotypes.

en effet de mieux standardiser les diverses opérations culturales, d'intervenir à un stade précis, optimal, pour toutes les plantes, ce qui peut contribuer à réduire les coûts de production ; par exemple, l'homogénéité dans le rythme de développement est nécessaire pour le pilotage de la fumure azotée, mais aussi pour tous les traitements et la récolte. L'utilisateur des produits de la récolte lui-même, l'industriel ou le consommateur, demande un produit standardisé. Cela permet à l'industriel d'optimiser les procédés de transformation, d'où un produit final de meilleure qualité, voire moins coûteux, apprécié du consommateur. Pour les fruits et les légumes, l'homogénéité est même un critère de qualité esthétique.

Enfin, une certaine homogénéité génétique de chaque variété est nécessaire pour des questions réglementaires (p. 24). Nous avons vu qu'une variété doit être distincte, homogène et stable, afin que l'agriculteur, sous un nom de variété, retrouve toujours les mêmes caractéristiques. Des variétés génétiquement hétérogènes sont en effet plus difficiles à distinguer les unes des autres et présentent plus de risques d'évolution. Ces caractéristiques de distinction, d'homogénéité et de stabilité sont aussi nécessaires pour la protection de l'innovation que représente une variété.

Cependant, par rapport à la culture de populations plus hétérogènes, la culture d'une variété génétiquement homogène présente certains risques. Cela peut être un risque pathologique, dû à une pression de sélection plus forte sur les parasites, qui peut conduire à un contournement des résistances (p. 135), ou un risque de sensibilité à un accident climatique de toute la culture, s'il y a coïncidence d'un stade sensible de la plante et d'un facteur climatique défavorable. D'une façon plus générale, une population constituée d'un mélange de génotypes aura un comportement plus régulier dans des milieux variés et variables qu'une variété génétiquement homogène qui ne serait pas adaptée à des conditions de culture variées (variété A ou variété B du tableau 2.1). Il peut donc apparaître une opposition entre la régularité de la production et un bon niveau de productivité.

Une solution pour associer, chez une variété homogène, une certaine régularité de production et une bonne productivité est d'abord de réunir dans un même génotype le maximum de gènes d'adaptation à différents milieux, comme cela est illustré par le tableau 2.1 (cas de la variété C). Ainsi, en conséquence de ce travail d'amélioration, les variétés modernes ont un comportement plus régulier dans différents milieux que les variétés anciennes (p. 203).

Une autre solution, complémentaire, consiste à associer un nombre limité de variétés productives, chacune étant génétiquement homogène et ayant toutes un même rythme de développement. L'intérêt de telles associations pour limiter le développement des maladies, et donc l'utilisation de fongicides, a été montré chez le blé et l'orge (p. 137). Cependant, les industriels (meuniers, malteurs) ne sont pas favorables à cette pratique car les différentes variétés associées n'ont pas nécessairement les mêmes qualités technologiques. Il serait même possible de rechercher des situations de coopération entre génotypes d'une association bien que celles-ci soient rares (p. 127).

Homogénéité des variétés et degrés d'intensification de l'agriculture

Suite à la réduction des intrants liée à des aspects économiques et à une volonté de mieux respecter l'environnement, on peut s'interroger sur l'intérêt de populations homogènes, la plus grande régularité de comportement dans des milieux variés et variables apportée par l'hétérogénéité génétique des populations cultivées pouvant devenir un avantage décisif. Nous avons déjà signalé l'intérêt des associations de génotypes, chez les céréales à paille, pour limiter le développement des maladies qui pourraient survenir plus fréquemment si l'apport en produits phytosanitaires est réduit. Mais qu'en est-il des rendements moyens des cultures de variétés-populations ou de mélanges génétiquement hétérogènes par rapport à ceux des cultures de variétés génétiquement homogènes, en distinguant bien les aspects de régularité de la production dans différents milieux et ceux de la production quantitative ? Quelques faits et expériences apportent des éléments de réponse (Gallais, 2010).

Deux observations

En France, pour les plantes autogames, et pour le blé en particulier, le passage des populations (mélanges de lignées) aux lignées pures s'est produit dès le début du XXe siècle, à une époque où les intrants étaient à un très bas niveau. C'est dans ces conditions que l'agriculteur a pu apprécier l'apport des lignées pures et leur intérêt économique par rapport aux variétés-populations locales, en dehors de toute pression des obtenteurs privés, qui n'étaient pas très développés à cette époque (p. 44).

De même, pour le maïs, le passage des populations aux hybrides, après la deuxième guerre mondiale, s'est fait à une époque où les intrants étaient encore très faibles (fumure minérale azotée très limitée, d'environ 50 kg/ha, à laquelle s'ajoutait une fumure organique, ne permettant pas toutefois des rendements de plus de 25 à 35 q/ha) et où les établissements privés sélectionnant le maïs n'étaient pas encore très développés. Ceux-ci ne peuvent donc pas être tenus comme seuls responsables du développement des hybrides. En fait, dans les conditions de culture de l'époque, à niveau de fertilisation constant, les rendements des hybrides franco-américains[34] sont apparus nettement supérieurs à ceux des populations (et également à ceux des premiers hybrides américains, mal adaptés aux conditions françaises...), et les agriculteurs les ont choisis pour cela, et aussi pour leur aspect très homogène (Cauderon[35], communication personnelle). Comme ils produisaient plus, ils consommaient plus d'azote que les variétés-populations ; mais, à production égale, ils n'étaient pas plus exigeants en azote ; au contraire, comme les hybrides d'aujourd'hui, ils présentaient une plus grande efficacité du métabolisme azoté (moins d'azote utilisé par kg de matière sèche produit).

Ces deux observations montrent que, dans nos conditions environnementales, même si la réduction des intrants était telle qu'elle divise les rendements par 3, voire par

---

34. Issus du croisement de lignées françaises et de lignées américaines.

35. André Cauderon, directeur de recherche à l'Inra, a été en France le « père » des hybrides de maïs précoces.

3,5, de sorte que l'on retrouverait les rendements d'il y a 60 ans (figure 1.2, p. 11), les structures variétales réduites à un génotype (hybride simple ou lignée) conserveraient un intérêt.

Une expérience

Une expérience avec le sorgho au Kenya apporte d'autres informations et permet de considérer la régularité de la production selon le niveau de productivité lié à la fertilité des sols, au stress hydrique et à la fumure azotée (Haussmann *et al.*, 2000). Différentes structures variétales (lignées pures, mélanges de lignées, hybrides simples, mélanges d'hybrides simples, variétés-populations locales) ont été étudiées dans huit environnements (différents sites, différentes périodes) plus ou moins favorables. Tous types de populations confondus, le rendement moyen en grain a varié d'un facteur dix entre l'environnement le plus défavorable (stress hydrique très fort durant pratiquement tout le cycle de végétation) et un environnement très favorable. Pour un environnement donné, le classement des rendements des différentes structures a pratiquement toujours été le même :

mélanges d'hybrides ~ *hybrides purs* ≥ *variétés-populations locales* > *mélanges de lignées* ~ *lignées pures*

Les lignées, cultivées seules ou en mélange, ont toujours un rendement inférieur à celui des autres structures variétales, ce qui est dû en partie à la dépression de consanguinité.

Dans des conditions de culture qui ne divisent le rendement que par deux, ou moins, l'avantage des hybrides par rapport aux populations locales est assez net. Dans des conditions très défavorables à la production, les différences entre hybrides, ou mélange d'hybrides, et populations locales sont très faibles. Les conditions défavorables, comme attendu, tendent à écraser les différences entre types de structures variétales. Du point de vue de la régularité de production, les hybrides, les mélanges d'hybrides et les populations locales sont au même niveau ; tous ces types de populations voient leur rendement nettement affecté par les conditions environnementales. Les populations locales ne présentent donc pas d'avantage, alors qu'elles cumulent pourtant deux facteurs potentiellement favorables à la régularité de la production, à savoir leur hétérogénéité génétique et leur adaptation au milieu, acquise sous l'effet de la sélection naturelle.

Conclusion sur l'intérêt de l'homogénéité intravariétale

Il apparaît donc que la diminution des intrants ne remet pas fondamentalement en cause l'intérêt des variétés homogènes[36]. La réduction des fongicides est bien un exemple où la diminution des intrants entraîne un avantage de l'hétérogénéité génétique, mais celle-ci est obtenue par des associations raisonnées de plusieurs variétés homogènes, et non par l'utilisation de n'importe quelle population ou mélange.

---

36. À noter que dans une étude réalisée en Allemagne sur la féverole, il est apparu que les agriculteurs biologiques eux-mêmes préféraient les variétés homogènes (Ghaouti *et al.*, 2008).

Du point de vue agronomique, l'intérêt de l'hétérogénéité d'une population est moins lié au niveau d'intrants qu'à la variation des conditions environnementales (c'est le cas avec les maladies). Dans la plupart des conditions agro-climatiques de l'agriculture française, voire européenne, les variétés homogènes gardent un avantage dans une grande gamme de niveaux d'intrants. En revanche, dans des milieux où les productions sont très faibles (à cause d'une faible fertilité des sols ou d'un très faible niveau d'intrants) les populations hétérogènes peuvent présenter un intérêt pour assurer à la fois une production moyenne correcte et une plus grande régularité des performances (la sécurité d'obtenir une production). De plus, dans ces conditions, du point de vue économique, le produit brut est faible ; pour maintenir une marge suffisante à l'agriculteur, il faut donc des semences peu coûteuses, d'où, dans ce cas, l'intérêt de populations reproduites par l'agriculteur.

Les variétés-populations ou les variétés synthétiques, chez les plantes allogames, et les populations issues de la multiplication pendant plusieurs générations de la descendance d'un croisement ou de composites[37], chez les autogames, pourraient alors être une solution, mais il se pose le problème de savoir qui paiera le progrès génétique. Les établissements de sélection privés n'investiront pas, ou peu, dans ce type de populations puisqu'ils ne pourraient pas amortir leurs investissements du fait que ces types de variétés permettraient l'auto-approvisionnement par les agriculteurs. La sélection participative (par les agriculteurs, en relation ou non avec un organisme de recherche) peut être une solution (p. 49).

---

37. Populations obtenues par intercroisement de plusieurs lignées et multipliées pendant plusieurs générations.

Chapitre 3

Aspects socio-économiques
et organisation de la sélection

▸▸ Cadre général

Importance économique du secteur des semences et des plants

Au niveau mondial, le marché des semences et des plants, hors semences de ferme, générait un chiffre d'affaires de 45 milliards de dollars en 2012 (dont 62 % par les grands groupes internationaux). Ce marché, malgré son importance pour l'agriculture, est petit par rapport à celui d'autres secteurs ; son chiffre d'affaires est l'équivalent du marché des produits phytosanitaires, de l'ordre de trois fois plus faible que celui des engrais et beaucoup plus faible que celui des industries d'aval liées à l'agroalimentaire.

Les semences de ferme[38] représenteraient une valeur de 15 milliards de dollars, soit 26 % de la valeur commerciale totale des semences. Elles sont surtout présentes dans les pays à agriculture peu développée, ne disposant pas d'une filière des semences, mais elles sont aussi utilisées dans les pays ayant une agriculture développée, pour les espèces où les variétés hybrides n'existent pas ou très peu. Ainsi, aux États-Unis, dans les années 2010, l'auto-approvisionnement en semences concernait environ 60 % des surfaces en blé ; en France, même si le taux d'auto-approvisionnement a beaucoup diminué depuis les années 1950, en 2013, il était encore de 43 % pour le blé tendre et de 32 % pour l'orge (figure 3.1).

Les semences des variétés transgéniques représentaient en 2013 15,6 milliards de dollars (35 % du chiffre d'affaires total des entreprises semencières).

En France, le chiffre d'affaires du secteur des semences était de 3,2 milliards d'euros en 2013 (l'ensemble maïs et sorgho y contribuant pour 35 %, les espèces potagères et florales, pour 19 %, les céréales à paille, pour 13 %). La France est, en valeur, le premier pays producteur de semences en Europe. Les exportations (pour une valeur de 1,4 milliard de dollars) représentent 44 % du chiffre d'affaires du secteur

---

38. Ces semences sont celles utilisées par l'agriculteur pour son auto-approvisionnement ; issues au départ d'une variété inscrite au catalogue, elles sont reproduites par l'agriculteur pendant une ou plusieurs générations.

(et 40 % de la valeur de ces exportations sont dus au maïs) ; c'est l'équivalent du prix actuel de vingt Airbus A320 (Bonny, 2012). La France, en 2012-2013, a été le deuxième exportateur mondial de semences, derrière les Pays-Bas et devant les États-Unis.

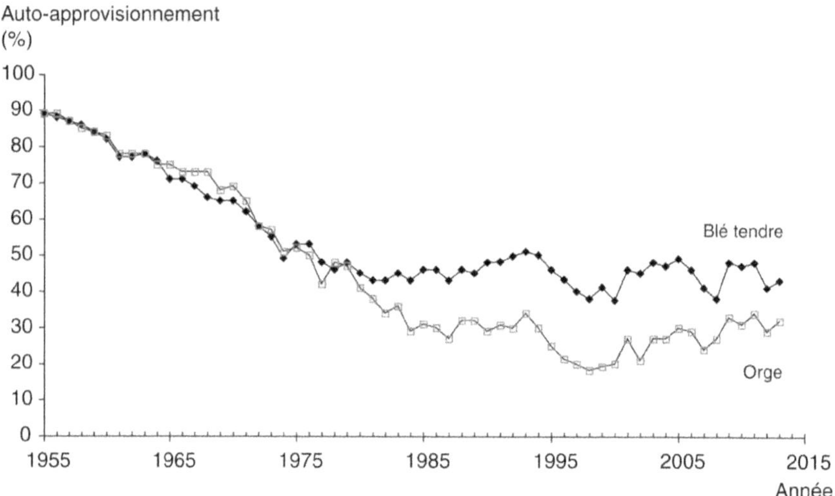

Figure 3.1. Importance de l'auto-approvisionnement en semences, en France, pour le blé et l'orge. Les pourcentages estimés portent sur les surfaces ensemencées.

Séparation des métiers d'agriculteur et de sélectionneur

Évolution des méthodes de sélection

Au début du processus de domestication des plantes, chaque agriculteur était également sélectionneur et producteur de semences pour lui-même. Même s'il y a eu par la suite des échanges de semences entre agriculteurs d'un même village et si certains agriculteurs étaient plus spécialisés que d'autres dans la production de semences, cette situation, où les deux métiers étaient confondus, a duré longtemps, jusqu'à l'apparition d'une sélection plus dirigée, suite aux travaux de Louis de Vilmorin au milieu du XIXe siècle sur le blé et la betterave sucrière et ceux de Shull au début du XXe siècle sur le maïs. À ce moment-là, des entreprises ou des organismes plus spécialisés dans la sélection ont vu le jour. Cependant en Europe, la sélection des céréales autogames est restée longtemps l'œuvre d'agriculteurs-sélectionneurs. En France, André Pichot est l'un des derniers représentants de ces agriculteurs-sélectionneurs ; la dernière variété de blé qu'il a créée, Fidel (un blé barbu !), a été inscrite au catalogue officiel des variétés en 1978. Aujourd'hui, cela n'est plus possible. En effet, le progrès génétique facile à réaliser a déjà été obtenu et, pour apporter un progrès génétique supplémentaire, toujours attendu par l'agriculteur, il faut des investissements importants, qui ne peuvent être faits que par des entreprises spécialisées, ou éventuellement par la recherche publique.

Pour les plantes allogames, la sélection massale[39], conduisant à des variétés-populations, qui était autrefois conduite par les agriculteurs, est en général peu efficace pour des caractères complexes, comme le rendement, très influencés par le milieu (p. 98). Pour améliorer de façon plus significative de tels caractères, même sans développer des variétés à base étroite, il faut mettre en place des méthodes de sélection basées sur l'étude des descendances, réaliser des essais avec des répétitions et dans différents lieux afin de contrôler l'effet du milieu. Conduire des essais avec des milliers de petites parcelles demande des équipements particuliers, de plus en plus sophistiqués.

Pour les plantes de grande culture déjà assez fortement sélectionnées, que ce soient des plantes allogames ou des plantes autogames, aujourd'hui, le progrès génétique ne peut donc être apporté qu'avec des méthodes qui ne sont pas facilement à la portée de l'agriculteur, en particulier les biotechnologies et la génomique.

Avantages de la séparation des métiers d'agriculteur et de sélectionneur

La division du travail, au sens du partage des tâches de nature assez différente, est source de productivité si elle n'est pas trop poussée à l'extrême. C'est bien ainsi que la société a progressé. Au néolithique, lorsque l'homme est passé de l'état nomade, où il était chasseur-cueilleur, à l'état sédentaire, il fabriquait lui-même tout ce dont il avait besoin, et en particulier ses outils pour la chasse, la pêche, l'agriculture, le transport… Mais des spécialisations sont vite apparues. La production de semences a résisté à cette spécialisation, plus que d'autres secteurs, bien que très tôt (sous Charlemagne, donc vers l'an 800) on note des ventes de semences par certains agriculteurs, plus producteurs de semences que les autres (Boulaine, 1992). Le processus de spécialisation s'est accéléré entre 1930 et 1950 aux États-Unis et en Europe.

Aux États-Unis, parallèlement à l'apparition des hybrides de maïs, la séparation des métiers de sélectionneur et d'agriculteur s'est imposée relativement rapidement, avec l'appui du pouvoir politique, entraînant le développement de toute une industrie semencière sur la période de 1930 à 1940. *Alors qu'en 1931 il semblait encore envisageable pour les agriculteurs de produire leurs propres semences hybrides avec les lignées des universités, dès les années 1940, l'idée était complètement abandonnée*, note Fitzgerald (1986). L'impulsion donnée par le développement des variétés hybrides de maïs a de fait bénéficié à toute l'industrie semencière, qui s'est diversifiée au-delà du maïs, aux États-Unis à partir des années 1940, mais aussi en France et dans les autres pays européens à partir de la seconde moitié de la décennie 1950-1959.

Les semences désormais produites par l'industrie doivent respecter des normes de qualité génétique (pureté), de qualité germinative et de qualité sanitaire ; elles sont même souvent vendues traitées, enrobées de fongicides ou d'insecticides, grâce à des procédés très sophistiqués difficilement à la portée de l'agriculteur. Elles sont devenues le véhicule du progrès génétique ; sans la grande exigence de qualité sur les semences des premiers hybrides précoces développés en France entre 1955 et 1960, la culture du maïs hybride ne se serait sans doute pas aussi facilement imposée à l'époque (Cauderon, communication personnelle).

---

39. Récolte en masse (en mélange) des grains des plantes sélectionnées pour leur aspect (leur phénotype).

La séparation des métiers d'agriculteur et de sélectionneur s'est imposée en France et dans différents autres pays européens. La sélection est devenue centralisée ; toutes les opérations de sélection et de développement des variétés se réalisent sous l'entière responsabilité d'un établissement de sélection, public ou privé. Mais, aujourd'hui, les agriculteurs mettant en œuvre une agriculture à très bas niveaux d'intrants (l'agriculture biologique, en particulier) cherchent à développer une sélection dite participative, les associant de façon très étroite aux programmes de sélection, souvent en collaboration avec un institut public de recherche (p. 50). Cette nouvelle organisation veut répondre au fait que la sélection centralisée, souvent réalisée par des établissements privés, ne crée pas toujours des variétés adaptées aux besoins de ces agriculteurs. Elle est mise en œuvre dans différents pays en développement depuis plusieurs dizaines d'années.

Financement du progrès génétique

Nécessité d'un paiement du progrès génétique

Les entreprises de sélection privées se sont développées pour apporter un progrès génétique et économique à l'agriculteur. Cependant, dans notre système d'économie libéral ou semi-libéral, elles ne peuvent le faire que si elles peuvent amortir leurs investissements dans la recherche, ce qui demande que l'agriculteur renouvelle ses semences. Les investissements des entreprises de sélection dans la recherche représentent en moyenne 10 à 15 % de leur chiffre d'affaires, ce qui est élevé par rapport à ce qui est observé pour d'autres entreprises industrielles. Pour que l'agriculteur renouvelle ses semences il faut bien sûr que les nouvelles variétés soient plus rentables à cultiver que les anciennes. En fait, tant que l'agriculteur peut disposer d'une assez large gamme de variétés parmi lesquelles il peut choisir, une innovation variétale ne peut se développer que si elle apporte un bénéfice partagé par l'agriculteur et l'obtenteur.

Cependant, l'agriculteur peut être tenté de s'auto-approvisionner en semences, car à la différence des engrais ou des pesticides, qui sont non renouvelables, les semences de plusieurs types de variétés (lignées et variétés synthétiques) peuvent être reproduites à l'identique, par simple multiplication, au moins théoriquement. En effet, pour ces types de variétés, si certaines précautions sont prises, il n'y a en théorie guère de différence génétique entre la semence (ce qui est semé), moyen de production, et la graine (ce qui est récolté), produit de consommation. Cependant, il y a des risques plus ou moins importants de perte des caractéristiques de la variété, associés à de mauvaises qualités germinative et sanitaire des semences.

Si l'auto-approvisionnement en semences est important, les entreprises de sélection privées amortiront difficilement leurs investissements de recherche ; elles abandonneront donc la sélection des espèces non rentables, voire disparaîtront. Il en résultera un ralentissement du progrès génétique, voire même un arrêt de la sélection. Si la société désire que les agriculteurs, les consommateurs, les industriels de l'agroalimentaire, et l'environnement bénéficient de l'amélioration des plantes, il faut que son financement soit assuré.

Différentes solutions de financement du progrès génétique

La garantie de qualité des semences est déjà un premier moyen de stimuler l'agriculteur à renouveler ses semences. Pour les céréales à paille, cela a été assez efficace mais n'est pas suffisant pour permettre à l'obtenteur d'amortir ses investissements.

Une deuxième solution a été mise en place avec le système de la CVO, visant à compenser les effets de l'auto-approvisionnement (p. 27). C'est une solution de compromis, négociée par les agriculteurs et les professionnels des semences, qui ne compense que partiellement le manque à gagner pour les obtenteurs sur les droits de licence. Cet accord montre toutefois que les agriculteurs désirent du progrès génétique et reconnaissent que ce progrès n'est pas gratuit.

Les variétés hybrides, lorsqu'elles sont adoptées par les agriculteurs parce qu'elles présentent des avantages agronomiques (un meilleur rendement, par exemple), sont une autre solution efficace pour financer la création variétale, du fait de la quasi-obligation pour l'agriculteur de renouveler ses semences chaque année (p. 22). Il s'agit certes d'une augmentation de la dépendance de l'agriculteur par rapport aux firmes semencières mais, en échange, il bénéficie de variétés ayant des performances supérieures. L'agriculteur accepte d'ailleurs une telle dépendance dans d'autres cas, par exemple quand il pratique des cultures industrielles (orge de brasserie, lin…) pour lesquelles il doit respecter un cahier des charges précis, avec l'obligation d'utiliser des semences de telle ou telle variété.

Quel que soit le type de variétés, une quatrième solution serait que ce soit l'État qui fasse la sélection et distribue les variétés ; ce serait alors un autre système économique, dans lequel l'État, comme dans une économie planifiée, paierait tous les investissements nécessaires à la sélection et à la création variétale. Cependant, cela n'exclurait pas pour autant le recours aux variétés hybrides car, indépendamment du système économique, ces variétés restent le moyen le plus rapide d'apporter un progrès à l'utilisateur. La Chine, qui a un système économique planifié, l'a bien compris en choisissant de développer des variétés hybrides chez le riz. Mais l'État, lui aussi, devrait « amortir » d'une façon ou d'une autre ses investissements dans la recherche et la sélection, sous forme d'impôts, de taxes à la récolte… Les hybrides seraient donc aussi pour l'État un moyen d'amortir plus rapidement ses investissements dans la recherche.

Cependant, le financement du progrès génétique par l'État n'est pas dans le sens de l'évolution du rôle de la recherche publique ; en effet, si après la deuxième guerre mondiale les États ayant une agriculture développée, en particulier la France et les autres pays d'Europe, ont bien financé la création variétale, pour répondre rapidement aux besoins de l'intensification de l'agriculture, on observe depuis un certain temps, dans la plupart de ces pays, un désengagement de la recherche publique vis-à-vis de la création variétale (voir ci-dessous).

▸▸ Acteurs de la filière Semences et plants

La filière Semences et plants comprend tous les organismes, établissements privés ou publics, qui participent au progrès génétique chez les plantes cultivées et à sa diffusion, depuis la sélection et la conception des variétés jusqu'à leur utilisation, en passant par leur développement et leur commercialisation. Elle va donc du chercheur à l'agriculteur, voire même, en aval de l'agriculteur, jusqu'aux industriels utilisateurs des productions issues de la culture des variétés. L'organisation de la filière française est schématisée à la figure 3.2.

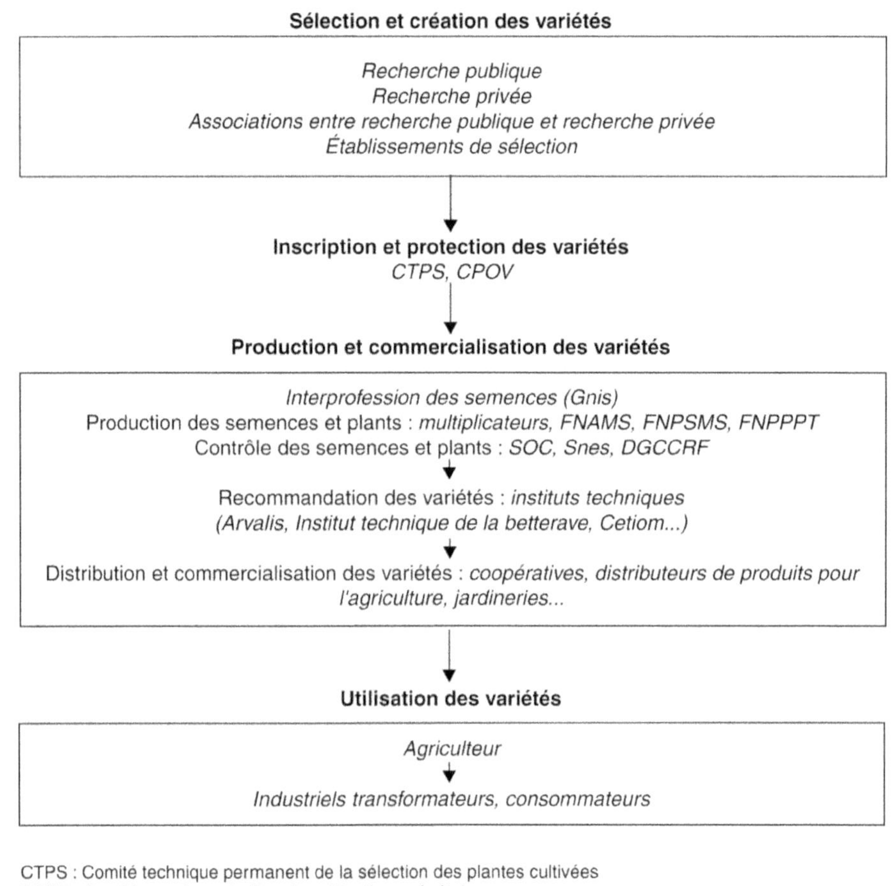

Figure 3.2. Organisation de la filière Semences et plants en France.

Le schéma n'est en réalité pas complètement linéaire, et l'agriculteur ne doit pas nécessairement être placé à la fin de la filière ; il pourrait même être placé au début, puisqu'il participe directement ou indirectement à la définition des objectifs de sélection. Il est aussi, bien souvent, associé aux études pour l'évaluation des variétés et leur recommandation.

En France, pour toutes les espèces confondues, il y avait, en 2013, 72 entreprises de sélection, 249 établissements producteurs de semences et plants, 17 800 agriculteurs-multiplicateurs et 23 000 points de vente. Les entreprises de sélection, si elles ne sont pas elles-mêmes déclarées comme producteurs de semences, délèguent à un autre établissement la production des semences de prébase (toutefois, celles-ci sont souvent produites chez l'obtenteur), des semences de base ou des semences certifiées, et l'établissement producteur passe lui-même un contrat avec des agriculteurs-multiplicateurs.

La recherche publique en amélioration des plantes

L'Inra, premier acteur majeur de la sélection en France

La recherche à la base de l'amélioration des plantes est privée ou publique. C'est la recherche fondamentale en biologie et en génétique végétales qui fait progresser les outils et les méthodes de sélection et permet de mieux établir les critères de sélection sur les caractères agronomiques. En France, à partir des années 1950, la recherche publique, et tout particulièrement l'Institut national de la recherche agronomique (Inra), a joué un très grand rôle dans la mise en place d'une amélioration des plantes débouchant sur la création de variétés. En fait, il y a eu des investissements importants dans toute la recherche agronomique pour répondre à un objectif important, celui d'augmenter la production pour permettre à la France d'atteindre son indépendance alimentaire.

De 1950 à 1980, l'Inra était fortement engagé dans la création de variétés de plantes légumières, de céréales, d'oléagineux, de betterave sucrière, de pomme de terre, de maïs, de plantes florales... On peut citer l'exemple des premiers hybrides de maïs, issus du croisement de lignées françaises et de lignées américaines, en particulier les hybrides précoces créés par l'Inra entre 1950 et 1960, qui ont permis à cette culture de s'établir au Nord de la Loire. Mais, à cette période, l'Inra a aussi préparé le développement du secteur privé, en procurant du matériel génétique (des lignées de maïs) déjà sélectionné à l'entreprise française Limagrain.

À la même période, l'Inra a cherché à mettre en place des structures pour aider les chercheurs-sélectionneurs à développer leurs variétés. Dès 1958, un service de production des semences fourragères des variétés Inra est créé. Il est rattaché en 1969 au Bureau de gestion des variétés (BGV), dont le but était d'aider à la finition de la création des variétés Inra. Puis, en 1983, en remplacement du BGV, l'Inra crée Agri-Obtentions, une filiale chargée, en plus de l'aide à la finition des obtentions Inra, de la valorisation de toutes les variétés d'espèces sélectionnées à l'Inra. La création de cette filiale a sans doute été un peu tardive par rapport à l'évolution de l'amélioration des plantes au sein de l'Inra, qui s'est engagé de plus en plus fortement en amont de la sélection, aux dépens de la création variétale (voir ci-dessous).

Parallèlement, des associations de type loi de 1901, entre recherche privée et recherche publique, se sont aussi développées pour toutes les espèces[40], pour

---

40. ProMaïs ; Pro-Sorgho ; Promosol, pour le tournesol ; ACVF (Association des créateurs de variétés fourragères) ; ACVPF (Association des créateurs de variétés potagères et florales) ; GIE (groupement d'intérêt économique) Club des 5, pour les céréales à paille...

faciliter la valorisation du matériel génétique développé par l'Inra. Ce sont aussi des lieux de discussion sur les objectifs, les critères et les méthodes de sélection.

L'abandon de la création variétale par l'Inra

Progressivement, à partir des années 1980, parallèlement au développement du secteur privé que l'institut a encouragé, et sous la pression même de ce secteur, l'Inra s'est centré beaucoup plus sur sa mission de recherche, à savoir la recherche fondamentale en génétique et les recherches sur les outils, les méthodes et les critères de sélection. Les associations développées entre l'Inra et la sélection privée se sont souvent maintenues ; leur but est toujours de faciliter la valorisation du matériel génétique développé par l'Inra ; elles jouent aussi un rôle important dans le transfert des connaissances concernant les ressources génétiques, les outils et les méthodes. Les recherches elles-mêmes dans ces domaines peuvent faire l'objet de programmes communs entre public et privé.

Le quasi-arrêt de la création variétale par la recherche publique pour les plantes de grande culture, entre les années 1990 et 2000, est essentiellement dû au fait que cette création est coûteuse, et qu'il est difficile pour un organisme d'État de mener en même temps des recherches fondamentales, pour préparer les outils de demain, et des travaux de création variétale. Compte tenu du système économique, il y a eu un partage des tâches, voulu par l'Inra. L'Inra reste encore présent dans la création variétale pour les espèces fruitières et certaines plantes ornementales, là où précisément le secteur privé ne s'est pas très développé.

Le développement de partenariats entre privé et public
pour la recherche fondamentale en France

Même pour ses recherches plus en amont de la sélection, la recherche publique française devient de plus en plus liée aux établissements de sélection privés, par différents types de partenariats : associations professionnelles diverses, groupements d'intérêts économiques, contrats de branche du ministère, programmes du fonds de soutien à l'obtention végétale (FSOV, pour le blé tendre)... À partir de 1999, s'est mis en place un partenariat entre le secteur public et le secteur privé, pour le développement de recherches très en amont de la sélection, pour améliorer la compétitivité du secteur semencier français en Europe et dans le monde et, au-delà, la compétitivité de notre agriculture. Ainsi, grâce au groupement Génoplante, un investissement important a été fait dans les outils de la biologie moléculaire, la génomique d'une plante modèle, du genre *Arabidopsis,* et la génomique de plusieurs espèces cultivées[41], concernant la détection et la cartographie de QTL[42] pour des caractères d'intérêt, la validation de gènes candidats... Depuis 2011, ce type de programme se poursuit à travers le Gis[43] Biotechnologies vertes (qui gère les programmes Investissements d'avenir), dont les objectifs, ambitieux, sont l'adaptation de l'agriculture aux changements globaux, une meilleure utilisation de l'eau et des ressources minérales, l'amélioration des

---

41. Blé, maïs, colza, tournesol, riz, pois.
42. Locus impliqués dans la variation d'un caractère quantitatif (QTL, pour *Quantitative Trait Loci*).
43. Groupement d'intérêt scientifique.

rendements et de la qualité des récoltes dans le respect de l'environnement, et l'adaptation des plantes à de nouvelles utilisations.

Le rôle actuel de la recherche publique française et des centres internationaux de recherche agronomique

Entre 1990 et 2000, la recherche publique française s'est donc beaucoup plus centrée sur son activité de recherche sur les outils, les méthodes et les critères de sélection. Elle a joué, et pourrait encore jouer, un rôle dans la création variétale pour les espèces dites orphelines, d'importance mineure, qui n'intéressent pas la sélection privée du fait d'un marché insuffisant pour amortir les investissements, et qui sont pourtant importantes pour certains territoires et pour la diversification des systèmes de culture[44]. Enfin, la recherche publique a joué, et joue toujours, un rôle important dans la collecte, la gestion et l'étude des ressources génétiques. Cependant, comme la recherche publique peut difficilement prendre en charge la sélection de toutes les espèces orphelines, nous verrons que pour ces espèces, voire pour la gestion de certaines ressources génétiques, une solution peut être trouvée dans la sélection participative (effectuée par, ou avec, les agriculteurs).

À l'échelle mondiale, les centres internationaux de recherche agronomique, comme le Cimmyt[45], l'Irri[46], l'Icrisat[47], jouent un grand rôle, non seulement dans la gestion des ressources génétiques mais aussi dans la sélection. Ils distribuent maintenant le matériel végétal qu'ils ont amélioré aux organisations locales de sélection, qu'elles soient publiques ou privées. Nous verrons qu'ils sont souvent impliqués dans des programmes de sélection participative pour les pays en développement.

Conséquences et conclusion sur l'organisation de la sélection

Même si l'Inra avait pu continuer la sélection et la création de variétés, il n'est pas évident que les semences seraient moins coûteuses pour l'agriculteur français aujourd'hui, car l'Inra, comme tout obtenteur, devrait aussi chercher à amortir ses investissements dans la création variétale. Il faut bien que quelqu'un paie le progrès génétique ; si ce n'est pas l'agriculteur, ce sera l'État, et donc la société. De plus, la sélection et la création de variétés est un métier très différent de celui de la recherche fondamentale ; en matière d'efficacité, dans notre système économique, il vaut donc mieux que les deux activités soient séparées ; l'activité de recherche est publique, et se fait avec la participation des établissements privés, tandis que l'activité de création variétale relève essentiellement du secteur privé.

En revanche, dans les pays n'ayant pas une agriculture très développée, il est beaucoup plus logique que ce soit la recherche publique qui soit au départ de programmes de sélection, pour les orienter en fonction des besoins du pays. Pour plus d'efficacité, les agriculteurs peuvent d'ailleurs être associés à ces programmes, ce qui débouche sur la sélection participative. Ensuite, au fur et à mesure que l'agriculture

---

44. Espèces telles que le seigle, l'avoine, l'épeautre, le millet, le sainfoin, ou le sarrasin.
45. *Centro internacional de mejoramiento de maiz y trigo.*
46. *International Rice Research Institute.*
47. *International Crops Research Institute for the Semi-Arid Tropics.*

progressera, une filière Semences pourra être mise en place et des entreprises privées pourront prendre le relais de la sélection publique. C'est en partie ce qui s'est passé en France après 1950. De même, dans les pays émergents, se met progressivement en place une industrie privée, accompagnant l'essor de l'agriculture, sur le modèle des pays développés.

Les entreprises de sélection privées

Les entreprises de sélection en France

En France, le secteur privé de la sélection était déjà présent avant la seconde guerre mondiale, pour certaines espèces. Ainsi, Vilmorin, une maison très ancienne qui existait déjà avant la révolution de 1789, a joué un grand rôle dans le développement de la génétique et de la sélection, en particulier pour les plantes légumières et les céréales. Pour la sélection de ces espèces, de nombreuses entreprises familiales étaient d'ailleurs impliquées avant 1945. On peut citer, à côté de Vilmorin, les établissements Florimond-Desprez, Blondeau, Momont-Hénette, Ringot et Benoist, pour les céréales, les établissements Clause et Tézier, pour les plantes légumières. Des agriculteurs avaient même le statut de sélectionneur (nous avons déjà vu l'exemple de A. Pichot, le créateur de la variété de blé Fidel en 1978, qui a eu un bon succès commercial).

C'est à partir des années 1960 que les établissements de sélection privés se sont vraiment développés, et que l'on a même vu l'installation en France de filiales d'entreprises étrangères, parallèlement au développement de l'agriculture. Comme nous l'avons déjà mentionné, le développement de la sélection privée est essentiellement dû à une nécessité de partage des tâches entre le privé et le public, pour répondre à l'augmentation des coûts de la sélection causée par la mise en œuvre de nouveaux outils plus efficaces. Mais il est évident que les réglementations mises en place sur l'inscription, la commercialisation et la protection des variétés ont accompagné et favorisé l'essor de la sélection privée. Il fallait en effet que l'agriculteur soit stimulé à renouveler ses semences et que les obtentions soient protégées pour permettre à l'obtenteur d'amortir ses investissements dans la recherche.

Depuis quelques années, en France, on assiste à une concentration des entreprises de sélection. Pour les plantes de grande culture, on peut noter une concentration plus importante des entreprises créant des variétés hybrides (maïs, tournesol) que de celles créant des variétés lignées (céréales à paille). Cette différence est due à un amortissement plus facile des investissements dans la création variétale avec les variétés hybrides qu'avec les variétés lignées. Pour le maïs, on est passé de 25 entreprises membres de Promaïs[48] en 1967 à seulement 10 en 2015, et le processus n'est sans doute pas fini. Cette concentration est due en partie au développement d'outils de sélection de plus en plus coûteux. Cependant la concentration reste globalement assez faible en France : en 2012, 11 entreprises, sur les 72 que compte le secteur, réalisaient ensemble 58 % du chiffre d'affaires des semences ; la concentration est moins marquée que celle observée au niveau mondial.

---

48. Association loi de 1901 entre l'Inra et les sélectionneurs privés exerçant une activité de sélection du maïs en France.

Les entreprises de sélection dans le monde

Au niveau mondial, la taille des entreprises de sélection montre une très grande hétérogénéité, illustrée par un rapport proche de cinq entre le chiffre d'affaires de la plus grosse entreprise (Monsanto) et le chiffre d'affaires du premier sélectionneur européen (Limagrain). Parmi les cinq premiers groupes semenciers on trouve quatre groupes agrochimiques[49] (Monsanto, Dupont-Pioneer, Syngenta et Dow AgroSciences), et cinq parmi les dix premiers (aux quatre précédents il faut ajouter BayerCropScience) (figure 3.3). Les cinq plus grosses entreprises semencières réalisaient ensemble en 2012 près de 50 % du marché mondial des semences, contre 20 % en 2000, ce qui montre une concentration importante, qui se poursuit. Monsanto dépensait en 2012 près de 1,2 milliard de dollars en recherche pour les semences et les biotechnologies végétales et Limagrain, guère plus de 0,25 milliard de dollars. L'investissement important de Monsanto est favorisé par les droits de licence sur les variétés transgéniques[50] qu'il reçoit, qui représentent près de 50 % de son budget de recherche (soit environ 75 % du budget total de l'Inra).

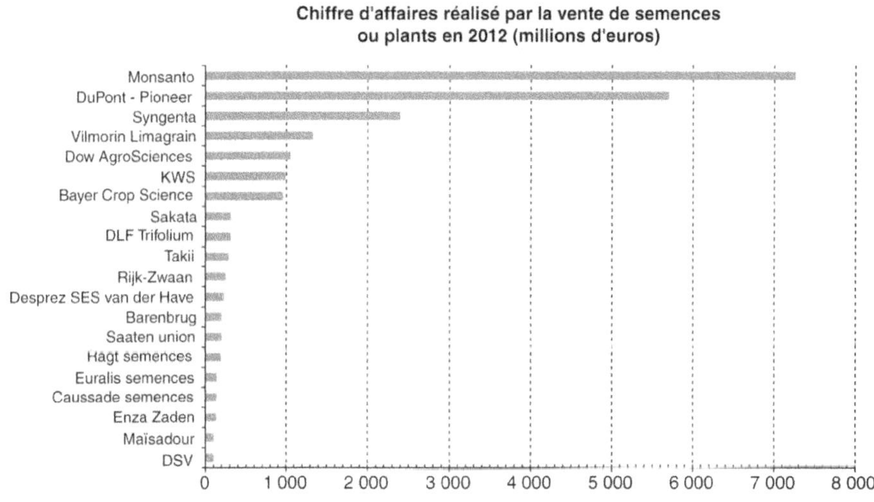

Figure 3.3. Chiffres d'affaires des principales entreprises semencières dans le monde.

La concentration des entreprises est toutefois une loi générale dans toute l'industrie et la création variétale est plutôt un secteur où la concentration a été plus lente. À côté du coût de la recherche, le développement des variétés transgéniques, pour lesquelles il faut payer les brevets associés et l'homologation, a contribué à accentuer

---

49. La combinaison entre production de semences, agrochimie (production de produits phytosanitaires) et biotechnologies est logique car les diverses activités peuvent se substituer (se substituent déjà) l'une à l'autre, l'usage des variétés transgéniques résistantes aux insectes remplaçant l'usage de produits phytosanitaires, par exemple ou, au contraire, se développer en synergie, par exemple quand la vente des variétés transgéniques tolérantes à un herbicide favorise la vente de l'herbicide en question.
50. 87 % des variétés transgéniques commercialisées dans le monde portent des transgènes brevetés par Monsanto.

la concentration des entreprises de sélection. Le coût d'homologation des variétés transgéniques est tel (environ 100 millions de dollars pour un évènement de transformation génétique) que les petites ou moyennes entreprises de sélection ne peuvent pas le payer. Il en résulte qu'en étant obligées de renoncer à créer leurs propres plantes transgéniques, ou en devant verser des droits de licence aux grosses entreprises[51], elles deviennent moins compétitives et cela accentue la domination des grands groupes sur le marché des semences. De plus, le blocage même des plantes transgéniques en Europe accentue cette concentration. Si ce phénomène continue au niveau mondial, il affectera les filières nationales des semences et risque de conduire à une perte de diversité des variétés, et même des espèces, mises à la disposition de l'agriculteur (p. 210).

Inscription et contrôle de la production des variétés en France

Comme nous l'avons déjà vu, pour être commercialisée, une variété doit être inscrite au catalogue officiel des variétés et doit être produite dans des conditions certifiées. Trois organismes jouent un rôle important dans ces étapes : le Comité technique permanent de la sélection (CTPS), pour l'inscription des variétés au catalogue officiel ; le SOC, pour la certification des semences ; et le Gnis, pour la production et la commercialisation des semences.

Rôle du Comité technique permanent de la sélection

Le CTPS est un comité consultatif mis en place par les pouvoirs publics. C'est un lieu d'échanges entre l'État (ministère en charge de l'agriculture), les groupes professionnels concernés par les variétés et les semences, et des représentants des utilisateurs (agriculteurs, industriels et consommateurs). C'est lui qui valide le règlement d'étude des variétés pour leur inscription au catalogue, études réalisées sous la responsabilité du Géves, et c'est lui qui propose l'inscription des nouvelles variétés. Ces études concernent la distinction, l'homogénéité et la stabilité des variétés et, pour certaines espèces seulement, la valeur agronomique, technologique et environnementale (il n'y a pas d'étude de ce paramètre pour les plantes légumières, les arbres fruitiers et les plantes ornementales) (p. 25).

Le CTPS, à travers les règlements d'inscription des variétés, joue un rôle important dans l'orientation et la stimulation du progrès génétique chez les différentes espèces. Il contribue aussi, par l'inscription de variétés adaptées à des utilisations différentes, au maintien d'une diversité intervariétale. Celle-ci est cependant essentiellement due à la diversité des sélectionneurs et à la diversité des objectifs de sélection (p. 209).

Rôle du Service officiel de contrôle et du Groupement national interprofessionnel des semences et plants

Après inscription d'une variété, interviennent tous les établissements et organismes qui s'occupent de sa production à grande échelle, en suivant le schéma de sélection

---

51. Pour pouvoir commercialiser, dans les pays qui acceptent les plantes transgéniques, leurs variétés contenant les transgènes des grosses entreprises.

conservatrice mis en place par les établissements de sélection. Le but de ce maillon de la filière est de faire en sorte que ce qui a été créé par l'obtenteur soit bien ce qui se retrouve chez l'agriculteur et que les semences soient de la meilleure qualité possible. La qualité de la semence (qualité germinative, qualité sanitaire, pureté génétique) est en effet essentielle pour l'expression du progrès génétique ; c'est le véritable véhicule de ce progrès. C'est le SOC, service technique du Gnis rattaché au ministère chargé de l'agriculture, qui, avec le concours des établissements de sélection, a la responsabilité des contrôles de qualité (p. 25).

Le Gnis a essentiellement pour buts d'harmoniser les relations entre tous les membres de la filière Semences par la recherche de consensus, de défendre les intérêts de cette filière, de veiller au bon approvisionnement du marché des semences (de la production jusqu'à la commercialisation) et de contribuer à améliorer la qualité des productions de semences et de plants. Il organise aussi des formations pour tous les acteurs de la filière. À l'interface entre la société et les pouvoirs publics, d'une part, et les acteurs de la filière Semences, d'autre part, il est amené à représenter ces derniers et à communiquer en leur nom sur des enjeux importants de la société tels que la biodiversité, la brevetabilité du vivant, l'agriculture durable, les biotechnologies...

Recommandation des variétés

Même si pour être inscrite au catalogue une variété d'une espèce de grande culture doit apporter un progrès par rapport à des témoins[52], le choix des variétés pour l'inscription ne peut pas être trop restrictif, pour deux raisons essentielles. D'une part, même si les études de valeur agronomique, technologique et environnementale, destinées à évaluer le progrès apporté, durent deux ans (dans le cas des plantes annuelles) ou trois ans (plantes fourragères pérennes), elles ne sont pas suffisamment longues pour estimer précisément des caractères comme le rendement ; d'autre part, une préoccupation du CTPS est de maintenir une diversité des variétés inscrites. Pour reprendre une expression de certains sélectionneurs, l'inscription est un examen, puisque la variété doit satisfaire à certains critères. Au total, aujourd'hui, plus de 4 800 variétés de plantes de grande culture sont présentes au catalogue français et 350 à 450 nouvelles variétés de ces espèces sont inscrites chaque année (une centaine par an pour le maïs, une cinquantaine pour le blé, autant pour la betterave à sucre...).

Certains instituts techniques (Arvalis, Centre technique interprofessionnel des oléagineux, Institut technique de la betterave...) ont alors mis au point des études menées après l'inscription d'une variété, qui ont pour but d'apporter une information plus large aux agriculteurs ; elles sont réalisées chez certains d'entre eux, dans des conditions plus variées que les études nécessaires à l'inscription. Il en résulte un classement des variétés selon leurs performances agronomiques et leurs qualités, qui est publié par les instituts techniques et repris dans d'autres publications à la disposition des agriculteurs, qui peuvent ainsi faire le choix des variétés qu'ils vont cultiver. Pour certaines espèces, comme la betterave sucrière, le blé tendre pour la meunerie, le blé dur pour la semoulerie, de véritables listes recommandées sont

---

52. Généralement choisis parmi les variétés de l'espèce les plus cultivées du moment.

ainsi établies, selon des critères plus sévères que les critères d'inscription au catalogue. Dans ce cas, il ne s'agit plus d'un examen mais d'un véritable concours.

▸▸ Quelle organisation de la sélection selon les types d'agricultures ?

Avant de mettre en œuvre un programme de sélection, le sélectionneur doit d'abord bien définir les objectifs et les critères de sélection, choisir les méthodes ou outils de sélection qui seront utilisés ainsi que le type de variétés qui sera développé. D'un point de vue organisationnel, la sélection et la création de variétés comprend alors en général trois grandes étapes :
– la réunion d'une variabilité génétique susceptible de pouvoir répondre aux objectifs de sélection ;
– la sélection proprement dite, avec la mise en œuvre, d'une part, des méthodes et outils retenus et, d'autre part, des critères de sélection pour atteindre les objectifs fixés ;
– le développement d'une variété plus ou moins homogène, et l'utilisation éventuelle du matériel obtenu pour un nouveau cycle de sélection.

Puis, après études, la variété expérimentale est éventuellement inscrite à un catalogue et elle peut être commercialisée. La figure 3.4 montre les grandes étapes se succédant entre le choix du matériel de départ de la sélection et la culture de la nouvelle variété chez l'agriculteur.

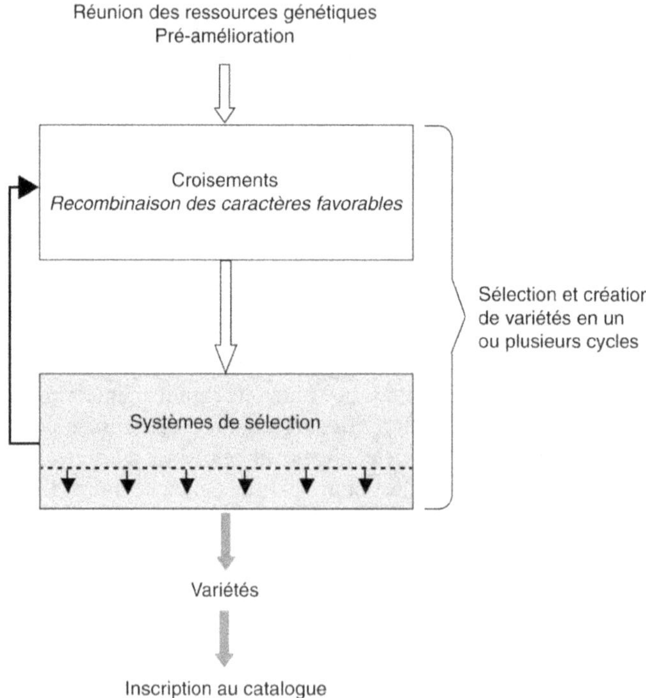

Figure 3.4. Les grandes étapes de la sélection et de la création de variétés.

La sélection peut être centralisée, si l'ensemble des étapes de sélection et de création variétale sont conduites par un établissement de sélection, privé ou public, ou participative, si les agriculteurs sont plus largement impliqués dans la sélection, tant dans la définition des objectifs de sélection et le choix des matériels de départ que dans les tests effectués au cours et/ou à la fin du processus de sélection.

Rappel de ce qu'est l'amélioration centralisée

Avec cette organisation, les opérations de sélection et de développement de la variété se réalisent sous l'entière responsabilité d'un établissement de sélection, public ou privé. Les nouvelles variétés développées peuvent appartenir à différents types, dont la base génétique est plus ou moins étroite, voire réduite à un seul génotype. Elles sont testées dans des conditions assez standardisées, mais représentatives des conditions de culture utilisées par la majorité des agriculteurs. De plus, pour être commercialisée, comme nous l'avons vu (p. 24), la variété doit être inscrite au catalogue officiel des variétés. Pour cela, elle subit des tests sous la responsabilité du CTPS. Enfin, il y a tout le système de contrôle et de certification qui permet à l'agriculteur de disposer de semences ayant des caractéristiques bien définies, conformes au type déposé par l'obtenteur. La variété est aussi protégée, ce qui permet à l'obtenteur d'amortir ses investissements dans la sélection et la création de variétés.

Cette organisation permet la mise en œuvre de toutes les méthodes et tous les outils présentés dans cet ouvrage. Elle est souvent réalisée par des établissements privés de sélection, mais pas nécessairement. Elle existe dans tous les pays ayant une agriculture et une filière Semences développées. En France, elle s'est surtout mise en place après 1950, parallèlement à l'amélioration des techniques culturales, pour augmenter la production des plantes de grande culture, en particulier. Elle a été très efficace et elle est à la base des progrès spectaculaires réalisés chez ces plantes. Cette même organisation se développe aussi dans les pays émergents, en Asie, Amérique du Sud, Afrique de l'Est et du Sud, parallèlement à l'essor de leur agriculture.

Caractéristiques de la sélection participative

But et développement actuel de la sélection participative

Par rapport à la sélection dite centralisée, l'objectif de la sélection participative est d'associer davantage les agriculteurs au processus de sélection, afin de mieux tenir compte à la fois de leurs demandes et de la variabilité des conditions de culture.

De nombreux programmes de sélection plus ou moins participative existent dans les pays en développement ayant une agriculture assez peu intensifiée ; c'est d'ailleurs dans ces pays que le concept de sélection participative a vu le jour (Ceccarelli, 2012 ; Cecarelli et Grando, 2009 ; Whitcombe et Joshi, 1996). Dans ces pays, la sélection participative pallie souvent l'absence, ou les insuffisances, d'une sélection centralisée, privée ou publique. Elle est réalisée en collaboration, soit avec la recherche publique nationale, soit avec des organismes internationaux de recherche agronomique.

Par exemple, de tels programmes sont actuellement développés dans différents pays :
avec l'aide du Cirad[53] en Afrique pour le sorgho, le mil, le cotonnier et même le bananier, et en Amérique du Sud pour le maïs ; avec l'aide de l'Icarda[54], dans différents
pays du pourtour méditerranéen (Syrie, Iran, Jordanie, Yémen, Égypte, Érythrée,
Algérie, Tunisie, Maroc) pour l'orge, le blé tendre ou le blé dur ; avec l'aide de l'Icrisat
pour le pois d'Angole et le mil en Afrique ; avec l'Irri pour le riz au Vietnam et avec
le CIAT[55] pour le haricot en Colombie et au Rwanda...

Aujourd'hui, certains programmes de sélection participative se développent aussi
dans les pays à agriculture assez intensive, notamment en France pour le blé tendre
et le blé dur en agriculture biologique, avec l'aide de l'Inra. Plusieurs programmes
existent aussi pour les plantes légumières (chou, carotte, tomate, laitue...). Il s'agit
dans ces cas de répondre à une demande d'une agriculture à bas niveaux d'intrants,
dont l'agriculture biologique est un exemple. Les agriculteurs mettant en œuvre de
tels systèmes de culture considèrent en effet que les variétés développées par la sélection centralisée ne correspondent pas à leurs attentes. Selon eux, elles ne sont pas
adaptées à leurs conditions de culture, seraient exigeantes en intrants (azote et eau),
et leurs performances manqueraient de régularité (p. 203). Il y a aussi une dimension éthique et sociale, voire politique, dans leur position. Ils souhaitent limiter leur
dépendance par rapport à l'industrie semencière et pouvoir s'auto-approvisionner
librement en semences. Ils se placent parfois dans un rejet, partiel ou total, des réglementations actuelles de la commercialisation des semences.

Pour les schémas de sélection participative en cours d'élaboration en France et en
Europe, différents problèmes ne sont pas encore résolus : le financement des frais
de sélection, y compris la mise en œuvre de différents outils, le statut du matériel
créé, sa production et les conditions de sa commercialisation.

Différents degrés de participation de l'agriculteur à la sélection

Toutes les méthodes de sélection peuvent être plus ou moins participatives ; il existe
un continuum entre une organisation où toutes les étapes décrites dans la figure 3.4
sont sous la responsabilité d'une station de sélection (c'est la sélection dite centralisée)
et une organisation où toutes les étapes peuvent être conçues et réalisées par l'agriculteur (tableau 3.1). Si les agriculteurs n'interviennent que pour évaluer les variétés
développées en station, on parle d'évaluation variétale participative. Le cas où les agriculteurs sont simplement consultés par l'organisme qui conduit la sélection, mais ne
participent pas directement aux opérations de sélection ne relève pas de la sélection
participative.

Types de variétés et méthodes de la sélection participative

En principe, tous les types de variétés peuvent être créés par sélection participative
(Lançon *et al.*, 2005). La création de variétés à base génétique étroite (lignées ou
hybrides de lignées) peut tout à fait se réaliser avec la participation systématique

---

53. Centre de coopération internationale en recherche agronomique pour le développement.
54. *International Center for Agricultural Research in the Dry Areas.*
55. *Centro internacional de agricultura tropicale.*

des agriculteurs au choix des plantes et aux essais. Dans les pays en développement, toutefois, il n'existe pas de sélection participative débouchant sur des variétés hybrides (Trouche, communication personnelle). La sélection participative fait en général appel à des schémas conduisant à des populations à base génétique assez large, assez facilement reproductibles par l'agriculteur.

Pour les plantes allogames, comme le maïs, les variétés créées en sélection participative sont donc souvent des variétés-populations. Le schéma d'amélioration le plus simple est celui de la sélection massale, dans lequel l'agriculteur choisit à la récolte les meilleures plantes pour passer à la génération suivante. Ce schéma, entièrement mis en œuvre par l'agriculteur, n'est pas un schéma de sélection participative (il correspond à la dernière colonne du tableau 3.1). Il se fait sans évaluation de familles. En moyenne, il n'est pas très efficace pour les caractères très influencés par le milieu, comme le rendement.

Tableau 3.1. Différentes modalités de participation des agriculteurs à la sélection.

| Étape | Sélection centralisée | Sélection participative | | | | Sélection par l'agriculteur-sélectionneur[6] |
		Évaluation participative	Mode 2	Mode 3	Mode 4	
Matériel de départ [1]	S	S	A	A	A	A
Croisements [2]	S	S	S	S	S	(A)
Choix des plantes [3]	S	S	S	A	A	A
Test de rendement [4]	S	S	S	S	A	(A)
Évaluation variétés [5]	S	A	A	A	A	(A)

S : opération réalisée sous la responsabilité du sélectionneur, A : opération réalisée par l'agriculteur. Seuls les schémas les plus probables sont mentionnés. [1] Choix des ressources génétiques et éventuellement pré-amélioration sur des caractères faciles à observer. [2] Réalisation des croisements de départ et gestion de la variabilité génétique. [3] Choix des plantes dans les générations dérivées des croisements, sur des caractères faciles à observer. [4] Tests de valeur agronomique sur un grand nombre de familles. [5] Tests sur un nombre limité de variétés expérimentales (moins de dix). [6] Schéma très simple, ne comprenant généralement pas de croisements, ni de tests des familles ou des variétés.

Pour une plus grande efficacité de la sélection pour ces caractères, il faut effectuer une sélection familiale ou une sélection sur descendances (p. 99), qui demandent des tests d'un grand nombre de familles ou de descendances. Ces tests sont ou seraient réalisables chez l'agriculteur dans le cadre d'une sélection participative. Dans ce cadre, l'agriculteur peut aussi choisir les plantes-mères de ces descendances (p. 109). De tels schémas demandent une collaboration avec un organisme de recherche, pour la gestion du programme, du matériel et des outils utilisés.

Pour les plantes autogames, des populations améliorées, ou des variétés-populations, peuvent être développées par sélection dans les descendances issues de croisements plus ou moins complexes ; elles sont en fait formées d'un mélange de lignées, appelé *bulk* (p. 108).

Sélection centralisée *versus* sélection participative

Quels sont les arguments en faveur de l'une ou l'autre des organisations de l'amélioration des plantes, organisation centralisée ou organisation participative ? Plusieurs critères peuvent être considérés.

Rôle des agriculteurs dans les deux modes de sélection

Si certains agriculteurs, pratiquant des cultures à bas niveaux d'intrants, demandent une plus grande participation au processus de sélection, c'est pour éviter d'avoir des variétés non adaptées à leurs conditions de culture et ne correspondant pas à leurs attentes du point de vue de la qualité des produits récoltés. Si la sélection est centralisée, il y a en effet le risque que le milieu dans lequel la sélection a été réalisée soit différent du milieu de culture chez les agriculteurs. De plus, les critères de sélection définis par le sélectionneur peuvent être différents des critères déterminant l'adoption d'une variété par les agriculteurs.

Ainsi, il y a eu au Mali des erreurs dans le développement de variétés lignées ou hybrides de sorgho sélectionnées en station centralisée, voire en dehors du pays. Ces variétés ne réagissaient pas à la photopériode comme les populations locales (Vaksmann *et al.*, 1996 ; Vaksmann *et al.*, 2008). Or la sensibilité à la photopériode est un moyen de caler le cycle de la plante sur la pluviométrie. Ces variétés modernes étaient donc inadaptées. On peut dire que cet échec a été dû à la non-prise en considération des demandes des agriculteurs. Une nouvelle sélection à partir des matériels génétiques locaux a été mise en place par le Cirad. En l'absence d'établissements de sélection, et compte tenu de la faible intensification de l'agriculture dans ce pays, elle se réalise désormais avec la participation des agriculteurs.

Si les demandes des agriculteurs sont connues, il est évident qu'elles peuvent être prises en considération pour définir les critères de sélection dans un schéma centralisé, afin de sélectionner des variétés correspondant mieux à ces attentes, ce qui est de l'intérêt des établissements de sélection s'ils veulent vendre leurs variétés. Dans les pays ayant une agriculture développée, pour améliorer le processus de sélection centralisée, on peut donc concevoir une implication plus importante des agriculteurs dans l'évaluation, dans les conditions de culture de leur exploitation, des familles ou descendances produites au cours du processus de sélection. Les variétés expérimentales pourraient également être étudiées par l'agriculteur. Nous allons voir que cela se fait déjà plus ou moins.

En France et dans les nombreux autres pays à agriculture développée, la sélection, bien que qualifiée de centralisée, n'est en effet pas complètement déconnectée des agriculteurs ; ils y participent à plusieurs échelons. D'abord, des représentants des utilisateurs des variétés font partie des instances de décision pour l'inscription des variétés ; ils sont donc associés à la sélection finale. Ils contribuent aussi à la définition des objectifs de sélection qui sont pris en considération par l'établissement de sélection. Au cours de la sélection elle-même, de nombreux essais réalisés chez les agriculteurs (sous le contrôle de l'établissement de sélection) échantillonnent leurs conditions de culture.

De plus, nous l'avons vu, les agriculteurs participent souvent à des réseaux en vue de l'élaboration de sortes de listes recommandées des variétés nouvellement inscrites au catalogue. Les essais nécessaires à l'élaboration de ces listes sont réalisés chez des agriculteurs, et donc dans des conditions de culture qui ne sont jamais très éloignées de celles rencontrées chez l'agriculteur moyen ; comme pour les études en vue de l'inscription au catalogue, ces conditions sont seulement plus homogènes, afin de permettre la mise en évidence des différences entre les diverses descendances ou familles testées, qui conditionne l'efficacité de la sélection. Différents degrés d'intensification culturale peuvent même être réalisés dans ces essais, pour voir l'adaptation des variétés à certaines techniques de culture. Cependant, il est clair que l'hétérogénéité des conditions de culture entre les différentes exploitations agricoles est moins prise en compte que dans une sélection participative, où chaque agriculteur, ou plutôt groupe d'agriculteurs, peut espérer obtenir quelques variétés étroitement adaptées à ses propres conditions de culture.

Néanmoins, les choix et les avis des agriculteurs sont ainsi pris en considération par les obtenteurs ; c'est l'intérêt de ceux-ci d'en tenir compte pour leurs programmes de sélection en cours ou à venir.

Homogénéité et rusticité des variétés

Avantage possible des populations génétiquement hétérogènes

Pour différentes raisons (efficacité, protection des variétés), la sélection centralisée favorise l'homogénéité génétique au sein de chaque variété. Une variété homogène présente-elle des risques de mauvais comportement dans des environnements marginaux, peu favorables ? Les conditions de culture chez les agriculteurs, particulièrement dans les pays où l'agriculture est peu développée, peuvent en effet être beaucoup plus variées et variables, et moins favorables, que dans les essais effectués au cours d'une sélection centralisée en station (qui peut inclure des essais chez les agriculteurs, mais dans des zones choisies, homogènes). Dans de telles conditions, on peut s'interroger à nouveau sur l'intérêt de l'homogénéité des variétés, puisque l'hétérogénéité est un facteur de régularité de comportement dans différents milieux (p. 30).

Cependant, avec une sélection centralisée comportant plusieurs lieux ou conditions d'évaluation, les variétés sont sélectionnées pour une certaine régularité de comportement et, de ce fait, elles accumulent de plus en plus de gènes d'adaptation à différentes conditions. Leur homogénéité supprime certes la part de la régularité due à l'hétérogénéité génétique mais la sélection pour l'adaptation aux milieux défavorables a été très efficace, et l'est toujours. Ainsi, chez le maïs, l'amélioration des rendements a été plus importante en conditions défavorables qu'en conditions favorables. Globalement, les variétés modernes, obtenues par sélection centralisée, bien que plus homogènes, sont plus rustiques et plus stables que les variétés anciennes (p. 203).

L'hétérogénéité génétique intravariétale, caractéristique des variétés-populations obtenues par une sélection participative chez l'agriculteur, présente un inconvénient essentiel, à savoir une plus faible productivité. Les variétés-populations sont bien à la fois adaptées aux conditions de culture de l'agriculteur et adaptables à des conditions variées, mais elles sont moins productives que les meilleures variétés génétiquement homogènes, qui, de plus, ont beaucoup gagné en régularité de comportement. En fait, comme nous l'avons vu p. 32, l'hétérogénéité génétique peut présenter un intérêt pour la productivité dans un milieu variable seulement si le niveau moyen de productivité est très faible (trois à quatre fois inférieur aux performances en conditions favorables). Dans ce cas, la sélection directe pour le rendement, qui est coûteuse, ne présente sans doute guère d'intérêt. Enfin, l'association raisonnée de variétés homogènes, déjà sélectionnées pour leur stabilité de comportement, est un moyen de gagner encore en régularité sans perdre en productivité ; cela se fait déjà pour le blé, pour ralentir le développement des maladies (des rouilles, en particulier).

Adaptations locales des variétés

Une limite de la sélection centralisée, soulignée par les défenseurs de la sélection participative, serait qu'elle favoriserait pour des raisons économiques les variétés passe-partout, à large aire d'adaptation, aux dépens des variétés présentant des adaptations locales. En France, des variétés à large aire de diffusion ont effectivement existé dans le passé, lorsqu'il s'agissait de variétés très innovantes, comme les variétés de blé Cappelle et Etoile de Choisy dans les années 1950 et la variété de maïs Inra 258 dans les années 1960, mais aujourd'hui cela n'est plus possible, du fait de la diversité des sélectionneurs et de la concurrence entre établissements de sélection. Les variétés à large aire d'adaptation peuvent cependant exister à moyen ou long terme, comme conséquence de la sélection visant à réunir de nombreux gènes d'adaptation dans un même génotype.

À court ou moyen terme, s'il existe des interactions entre le génotype et le milieu, la recherche de ces variétés freine le progrès génétique sur une large aire et les variétés conçues pour être utilisées sur une telle aire ne permettent pas les meilleures performances localement ; elles ne seront donc pas achetées par les agriculteurs. Dans ce cas, avec une sélection centralisée, nous avons vu qu'il est de l'intérêt du sélectionneur de découper le territoire de culture de l'espèce en zones, de façon à ce qu'à l'intérieur de chaque zone les interactions entre génotype et milieu soient limitées et permettent un progrès génétique important. De plus, la diversité des établissements de sélection, si elle subsiste, devrait permettre le maintien de la diversité des variétés et de leurs caractères d'adaptation à différents milieux ou usages.

Efficacité de la sélection

Il y a deux aspects à considérer : d'une part, l'efficacité de la sélection centralisée pour des performances chez l'agriculteur, en conditions beaucoup moins favorables, plus variées et variables que celles des essais du sélectionneur et, d'autre part, l'efficacité de la sélection effectuée par l'agriculteur.

Le progrès génétique espéré par la sélection en station (comportant un réseau d'essais sur plusieurs sites) risque d'être fortement atténué chez l'agriculteur. Toutefois, les gains sur les caractères d'adaptation resteront et des caractères très peu héritables, comme le rendement, pourront aussi montrer un progrès, sauf si les interactions entre génotype et milieu sont très fortes. Quant à la sélection réalisée par l'agriculteur à l'intérieur des populations, nous verrons p. 98 qu'elle peut être efficace pour les caractères peu influencés par le milieu mais qu'elle est en général peu efficace pour les caractères assez influencés par le milieu. En revanche, une sélection entre populations peut être plus efficace pour ces caractères influencés par le milieu.

Pour être efficace, une sélection pour des caractères assez influencés par le milieu, comme le rendement, demande des essais en conditions standardisées, assez homogènes, avec évaluation de descendances ou de familles dans des dispositifs avec des répétitions. De tels dispositifs sont mis en œuvre en sélection centralisée ; ils peuvent l'être aussi en sélection participative, mais plus difficilement. Ils peuvent en effet avoir un coût en temps de travail trop élevé pour l'agriculteur, et celui-ci peut n'être pas suffisamment disponible pour conduire les essais de façon optimale, ce qui conduira à diminuer l'efficacité de la sélection, à moins que l'agriculteur se spécialise et devienne lui-même sélectionneur pour d'autres agriculteurs.

Gain de temps dans le transfert du progrès génétique

Un avantage de la sélection participative pourrait être le gain de temps dans la mise à disposition de la variété pour l'agriculteur. En effet, ce mode de sélection peut éviter les études des variétés nécessaires à leur inscription au catalogue (si elles ne sont pas obligatoires). La bonne connaissance de la variété qu'a l'agriculteur constitue un deuxième avantage, qui conduit encore à un gain de temps dans la culture de la variété à grande échelle. Cependant, il est probable que le progrès génétique sur les caractères les plus complexes sera faible par unité de temps (ou même sera parfois nul) alors que par sélection centralisée, avec des essais sur plusieurs sites, il y a plus de chance d'obtenir un progrès génétique par unité de temps suffisamment important sur un ou plusieurs caractères complexes, même en tenant compte du temps nécessaire à l'inscription au catalogue des variétés, puis à l'adoption des variétés par les agriculteurs.

Garantie de qualité sur les semences

Dans le cas d'une sélection participative conduisant à une population génétiquement hétérogène, les risques d'évolution, d'une récolte à la suivante, des caractéristiques de la population sont élevés. Ils le sont particulièrement pour les espèces présentant un taux assez fort d'allogamie, à cause des risques de pollinisation par du pollen étranger à la population. L'agriculteur qui produit lui-même ses semences, ou se fournit auprès d'un autre agriculteur, n'a donc pas la garantie que sous un nom donné de variété-population, il trouvera toujours des semences de qualité lui permettant une production avec les caractéristiques attendues. Toutefois, des systèmes de maintien des variétés-populations peuvent être envisagés (ce qui revient à recréer une filière Semences).

Une variété à base génétique assez étroite (lignée ou hybride entre lignées) peut être reproduite à l'identique grâce à un système de production de semences bien encadré et contrôlé, qui fait partie intégrante de la sélection centralisée. Si ce système est repris dans le cadre de la sélection participative, la sélection participative conduisant à des variétés à base génétique étroite apporterait donc la même garantie de stabilité génétique qu'une sélection centralisée. Si la production de semences n'est pas organisée et contrôlée, les semences de lignées ou d'hybrides produites par sélection participative seront également de moins bonne qualité germinative et sanitaire que celles produites en sélection centralisée.

Renouvellement des semences

Avec les schémas les plus courants de la sélection participative, l'agriculteur peut produire lui-même ses semences, qu'elles appartiennent à une variété-population, comme c'est le cas chez les plantes allogames, ou à une lignée ou un mélange de lignées, comme c'est le cas pour les plantes autogames, mais il s'expose aux risques de mauvaise qualité des semences signalés précédemment. Se pose cependant la question de savoir qui paie le progrès génétique, c'est-à-dire le coût de la sélection, si l'auto-approvisionnement est totalement autorisé, sans contrepartie financière. On peut dire que l'agriculteur en paie une partie en participant aux opérations de sélection[56]. Pour l'autre partie, ce ne pourra être que l'État (la recherche publique nationale) ou des organismes internationaux de recherche (dans les pays en développement). Dans le cas où la sélection participative conduit à des variétés à base génétique étroite, les coûts de la sélection seront encore plus élevés, surtout si les outils de la génomique sont mis en œuvre, et il est probable qu'il faudra stimuler l'agriculteur à acheter ses semences pour bénéficier du progrès génétique. Ce renouvellement est quasi obligatoire avec les variétés hybrides ; c'est une contrainte pour l'agriculteur. Cependant, comme nous l'avons déjà souligné p. 38, il faut que quelqu'un paie ce progrès génétique. Si ce n'est pas l'agriculteur, par l'achat de ses semences, ce sera la société.

Diversité entre variétés et gestion des ressources génétiques

La diversité génétique dans un champ de l'agriculteur est évidemment plus grande si cet agriculteur cultive une variété issue de la sélection participative conduisant à des populations hétérogènes que s'il cultive une variété homogène produite par sélection centralisée. À la limite, chaque agriculteur peut améliorer sa propre population, voire plusieurs populations (cas de sélection massale), pour chaque espèce qu'il cultive. À noter toutefois que dès que les opérations de sélection sont assez coûteuses l'amélioration de plusieurs populations par espèce et par agriculteur, voire par village, n'est plus réalisable. Ainsi, dans les programmes conduits par l'Icarda sur l'orge dans différents pays du pourtour méditerranéen, il n'y a plus qu'un nombre très limité de variétés-populations (voire même une seule population) cultivées dans chaque village.

La sélection par les agriculteurs peut cependant être une contribution importante à la gestion de la diversité génétique locale. D'ailleurs, elle pourrait sans doute être plus vue comme un moyen de gestion dynamique de la diversité génétique que comme un moyen d'amélioration des plantes et de création de variétés, au moins pour les caractères peu héritables, pour lesquels elle n'est pas très efficace. La justification de la sélection participative comme gestion dynamique des ressources génétiques peut dépendre des espèces.

Pour les plantes de grande culture, le rendement est important à considérer, à côté d'autres caractères, d'adaptation au milieu ou de qualité, par exemple. Le maintien de la diversité, par le biais d'une population hétérogène par agriculteur (ou

---

56. Ce coût peut d'ailleurs être trop lourd (en temps de travail, voire en surface) pour de petits agriculteurs qui ne pourront pas avoir accès à d'autres schémas de sélection que celui de la sélection massale.

même par groupe d'agriculteurs), se fait en général aux dépens de l'amélioration du rendement. Pour ces espèces, une sélection simplifiée chez l'agriculteur (sélection massale, pour les allogames, ou constitution d'un mélange de lignées à partir de croisements, pour les autogames) pourrait donc plus être vue comme une gestion dynamique de la variabilité génétique conduisant à des ressources utilisables par le sélectionneur (p. 95) que comme une méthode d'amélioration des plantes.

Pour les plantes légumières, où le rendement est un caractère moins important que pour les plantes de grande culture[57], la sélection participative peut être un moyen de maintenir la diversité des variétés tout en exerçant une sélection sur certains caractères moins influencés par le milieu que le rendement, comme la résistance aux maladies, certains caractères d'adaptation au milieu, ou diverses caractéristiques qualitatives.

Enfin, appliquée aux espèces qualifiées de mineures, ou orphelines, une sélection participative encadrée par la recherche publique pourrait être une solution pour en réaliser une amélioration minimale et éviter la disparition de ces espèces qui peuvent présenter un intérêt pour des agricultures de niches.

Dans le cas d'une sélection centralisée, la gestion des ressources génétiques est une opération distincte de celle de la création variétale. Les deux processus ne sont pas nécessairement antagonistes. D'une part, toute sélection peut être vue comme une contribution à la gestion de la diversité génétique utile. D'autre part, il faut signaler que dans les pays où la sélection centralisée s'est développée, même pour des plantes très sélectionnées comme le blé et le maïs, il n'y a pas eu de diminution très significative de la diversité génétique des variétés à la disposition de l'agriculteur (p. 209) depuis la création de variétés à base génétique étroite (soit, pour simplifier, depuis 1950). Certes, à cause de la culture de variétés dont chacune est génétiquement homogène, la diversité présente dans une parcelle donnée a diminué, mais ce qui est important c'est que l'agriculteur ait accès à une suffisamment grande diversité des variétés. Cela aura d'autant plus de chance d'être assuré que la diversité des établissements de sélection sera assez grande, ce qui est encore le cas en France. Cette diversité, associée à une durée de vie limitée des variétés, assure une diversité génétique des plantes cultivées dans le temps et l'espace.

Conclusions sur la sélection participative

Intérêt et limites de la sélection participative selon les pays

La sélection participative conduisant à des variétés-populations essaie de répondre aux réserves faites sur le schéma de sélection centralisée, puisqu'elle cherche à développer des variétés plus adaptées à leurs conditions de culture, assez régulières dans leurs performances et permettant l'auto-approvisionnement de l'agriculteur en semences.

L'association étroite des agriculteurs à la sélection est une solution intéressante dans les pays où l'agriculture n'est pas très développée, où la mise en œuvre de

---

57. En France, le rendement n'est pas pris en considération pour l'inscription des variétés de légumes au catalogue officiel des variétés.

techniques culturales bien définies a échoué et où il n'y a pas de filière Semences réellement opérationnelle. Sur le plan agronomique, cette forme de sélection participative peut être vue comme un moyen de développement, permettant de sensibiliser simultanément l'agriculteur aux notions de variation génétique et de variétés et à l'intérêt de certaines techniques de culture. De plus, elle est souvent accompagnée d'une formation à la production de semences de qualité, et des agriculteurs peuvent se spécialiser dans la sélection et la production de semences. Il y a là une dimension sociétale de la sélection participative. Dans ces conditions, le développement de l'agriculture peut aller de pair avec la sélection participative et la gestion dynamique des ressources génétiques.

Cependant, la sélection massale réalisée par l'agriculteur est d'une efficacité limitée pour les caractères peu héritables. Pour accompagner le développement d'une agriculture plus productive, c'est une autre forme de sélection participative qu'il faut, incluant l'évaluation de nombreuses descendances ou familles en petites parcelles. Dans cette situation, la participation de l'agriculteur est au minimum à voir aux deux extrémités du processus, pour la définition des objectifs de sélection, d'une part, et pour l'évaluation des variétés, d'autre part, mais l'agriculteur peut intervenir aussi pour le choix des matériels de départ et pour les essais en cours de sélection. La sélection en elle-même, afin d'être efficace même pour les caractères les moins héritables et de permettre une utilisation optimale de la variabilité génétique, nécessite la mise en œuvre de méthodes et outils assez sophistiqués et ne peut être conduite que par, ou sous la responsabilité, des institutions ou établissements spécialisés dans la sélection des plantes.

Les outils modernes de la sélection issus de la génomique ne pourront être mis en œuvre que si le processus de sélection participative est géré, et même financé, par une institution publique, ou un groupement spécialisé au service des agriculteurs. Dans les situations où la production agricole est très faible, le progrès génétique limité apporté aux agriculteurs par les variétés-populations améliorées ne justifiera sans doute pas de tels investissements, sauf pour l'introduction (par transgénèse ou par une autre voie) de gènes particuliers, comme ceux déterminant la résistance aux insectes qui peuvent entraîner des pertes élevées de rendement.

Intérêt de la sélection participative en France

On peut se demander pour quels types d'agricultures la sélection participative conduisant à des populations génétiquement hétérogènes peut présenter un intérêt en France. Pour les plantes de grande culture, elle ne peut se justifier que pour les systèmes de culture peu intensifiés, dans les situations où les niveaux de productivité sont très inférieurs à ceux de l'agriculture intensifiée. Dans ce cas, l'accent mis sur la formation des agriculteurs et la contribution au développement de l'agriculture, signalé précédemment pour cette forme de sélection dans les pays en développement, est à prendre en considération. Cependant, dès que le niveau de production est suffisamment élevé, ce qui est le cas pour de nombreuses exploitations agricoles françaises, même parmi celles qui utilisent peu d'intrants, l'agriculture demande des variétés homogènes (qui pourront le cas échéant être cultivées en association, pour retrouver certains avantages de l'hétérogénéité génétique), ayant des caractères bien définis. Nous verrons que même l'agriculture biologique demande, ou peut bénéficier, des variétés homogènes[58], suffisamment productives (p. 193). C'est alors vers une sélection participative débouchant sur des variétés à base génétique étroite qu'il faut se tourner, ou vers une sélection centralisée.

Statut de la sélection participative par rapport à celui de la sélection centralisée

Les sélections participatives conduisant à des variétés-populations sont en fait liées à une agriculture à bas, ou très bas, niveaux d'intrants et peuvent être vues essentiellement comme une contribution à une gestion dynamique des ressources génétiques. Puisque ce type de sélection facilite l'auto-approvisionnement de l'agriculteur en semences et que la variété améliorée ne peut bénéficier d'aucune protection, il n'intéresse pas les établissements privés mais peut se dérouler en liaison avec une recherche publique. La sélection dite centralisée, conduisant le plus souvent à des variétés à base génétique étroite, n'est pas pour autant liée uniquement à l'agriculture intensive, puisqu'elle peut conduire à des variétés pour différents types d'agricultures (chapitre 10). De plus, elle peut être conduite par des établissements privés ou publics. Cependant, avec ce type d'organisation, la diversité des établissements de sélection est importante à préserver pour assurer une diversité génétique des variétés proposées à l'agriculteur.

Les exemples de sélection dite participative débouchant sur la création de variétés à base génétique étroite peuvent être en fait considérés comme des sélections centralisées gérées par des organismes publics de recherche ou des organismes internationaux de recherche agronomique, dans lesquelles la participation des agriculteurs au processus de sélection serait plus étroite que dans une sélection centralisée classique. Cette forme de sélection apparaît alors plus comme une alternative à la privatisation de la sélection que comme un mode d'organisation de la sélection et de la création de variétés.

---

58. Pour le blé en agriculture biologique, ce sont le plus souvent des variétés lignées résistantes à diverses maladies qui sont les plus cultivées, en culture pure ou en mélange.

Méthodes et outils de l'amélioration des plantes

Chapitre 4

Quels sont les outils de l'amélioration des plantes ?

D'un point de vue génétique, le but de l'amélioration des plantes est de réunir dans un même génotype ou groupe de génotypes, constituant une variété, le maximum de gènes favorables pour les caractères recherchés (figure 4.1). On peut donc dire que l'amélioration des plantes est du génie génétique. Les outils à la disposition du sélectionneur, pour la sélection et la création de variétés, se sont diversifiés au fur et à mesure du progrès des connaissances dans différents domaines, en biologie, en particulier en génétique, mais aussi en électronique, informatique, biophysique... (Gallais, 2013b). Ils peuvent être classés en deux grandes catégories :
– ceux qui permettent de mieux apprécier ou utiliser la variabilité génétique disponible ; ce sont les dispositifs d'évaluation du matériel végétal, la sélection, les systèmes de reproduction, les marqueurs moléculaires, et la sélection assistée par marqueurs ; on pourrait y ajouter les outils susceptibles d'augmenter le taux de recombinaison entre les gènes d'un même chromosome (travaux en cours sur ce sujet), qui permettront de recombiner plus facilement, au moment de la méiose, des gènes favorables situés sur des locus assez proches[59] ;
– ceux qui permettent de créer une nouvelle variabilité génétique ; ce sont le doublement du nombre chromosomique, les croisements interspécifiques, la mutagénèse et la transgénèse.

L'outil de base de l'amélioration des plantes est évidemment la sélection, combinée aux systèmes de reproduction.

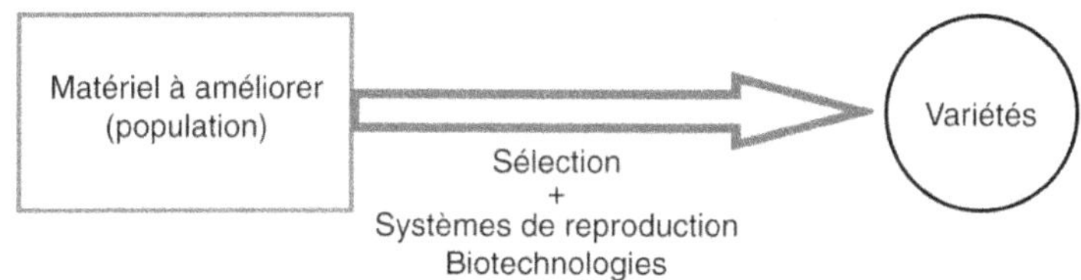

Figure 4.1. Illustration de l'amélioration des plantes comme étant la science et l'art de la création de variétés.

Par l'utilisation de la sélection, des systèmes de reproduction (croisement, autofécondation) et des biotechnologies, il s'agit de réunir et de fixer dans une même variété le maximum de gènes favorables.

---

59. Aujourd'hui, on sait augmenter le taux de recombinaison dans des zones ciblées du génome. On connaît aussi des gènes qui provoquent une augmentation générale du taux de recombinaison dans tout le génome, mais leur utilisation est difficile (Crismani *et al.*, 2012).

▸▸ Évaluation phénotypique et sélection

Sélection et conditions de son efficacité

Sélectionner, c'est choisir parmi les éléments de même nature d'un ensemble qui montrent une variation. Pour le sélectionneur de végétaux, ces éléments à choisir sont des plantes, ou des familles de plantes, obtenues par croisement ou autofécondation. Il choisit le plus souvent sur la base de caractères qu'il peut observer ou mesurer sur les plantes. Théoriquement, il devrait choisir les plantes en fonction de leur valeur génétique, mais il ne le peut pas car cette valeur est une notion abstraite, à cause des interactions, plus ou moins fortes, existant entre le milieu et le génotype d'une plante ou d'une famille de plantes. D'une façon générale, pour un caractère, ce qui est observé sur une plante, c'est-à-dire son phénotype, est le résultat des effets conjugués du génotype et du milieu. L'efficacité de la sélection sur le phénotype dépendra donc du degré de correspondance entre la valeur génotypique et la valeur phénotypique.

Pour les caractères dits qualitatifs[60], présentant une variation discontinue (la couleur des fleurs, par exemple), la correspondance entre le phénotype et le génotype est immédiate : les effets du milieu, s'ils existent, sont plus faibles que les effets du génotype. Pour les caractères quantitatifs, à variation continue, la correspondance entre le phénotype et le génotype n'est que statistique et elle est mesurée par l'héritabilité[61]. Des caractères quantitatifs peu influencés par le milieu, comme la précocité de floraison, ou la résistance aux maladies, sont dits très héritables. Inversement, des caractères très influencés par le milieu, comme le rendement, sont dits peu héritables ; ce sont souvent des caractères génétiques complexes, déterminés par un grand nombre de locus.

Une façon d'augmenter l'héritabilité, et donc l'efficacité de la sélection, est de faire appel à des répétitions du génotype étudié[62], en clonant ce génotype ou en observant des familles (issues, par exemple, de croisements ou d'autofécondations). Un des grands progrès de la sélection, qui remonte au début du xxᵉ siècle, a été le développement des tests de descendances avec des répétitions. Ces dispositifs, associés à l'analyse statistique, ont permis de mieux approcher la valeur génétique des descendances. Ainsi, sans identifier les gènes, à travers l'évaluation phénotypique de familles, le sélectionneur espère retenir les plantes qui présentent le plus de gènes favorables pour les caractères considérés.

Mécanisation et informatisation de l'expérimentation

La sélection demande l'observation d'un grand nombre de plantes et l'étude de la valeur agronomique d'un grand nombre de familles (plusieurs milliers). Jusqu'en

---

60. Voir en annexe la différence entre caractères qualitatifs et caractères quantitatifs.
61. Il s'agit ici de l'héritabilité dite au sens large, ou répétabilité, alors que l'héritabilité dite au sens étroit signifie la transmission d'une génération à une autre.
62. Pour un caractère quantitatif très affecté par le milieu, la valeur génétique d'une famille peut être définie comme la moyenne des valeurs phénotypiques d'un très grand nombre de répétitions de cette famille.

1950-1960, les pépinières de sélection, voire même les essais, étaient installés à la main ou avec des moyens mécaniques peu sophistiqués. Aujourd'hui, une grande partie des opérations liées à l'évaluation du matériel végétal sont automatisées. Grâce à l'électronique, les appareils de semis, de repiquage ou de récolte ont fait de grands progrès et permettent de traiter de façon homogène des essais comportant un très grand nombre de génotypes. De plus en plus de mesures qui autrefois ne pouvaient être effectuées qu'au laboratoire après la récolte (les teneurs des grains en matière sèche, en protéines, en huile, par exemple) sont aujourd'hui réalisées automatiquement, en cours de végétation ou en même temps que la récolte, avec des appareils disposés sur les machines de récolte.

Grâce aux connexions entre ces appareils de mesure et les systèmes informatiques de traitement de l'information, une interprétation très rapide, voire plus fiable (par la suppression des erreurs de transcription), des résultats d'essais est désormais possible. Le traitement de l'information permet aujourd'hui de prévoir de mieux en mieux la valeur des unités génétiques candidates à la sélection, en valorisant au maximum la masse d'informations recueillies.

Phénotypage à haut débit

Aujourd'hui, des méthodes d'évaluation phénotypique rapides et efficaces se développent ; on parle de phénotypage à haut débit. Il s'agit de mesurer de façon automatique et systématique, avec différents types de capteurs, toute une série de paramètres qui sont corrélés aux caractères sélectionnés, tels que des paramètres liés à la croissance (photosynthèse, respiration), à la composition chimique… Il peut s'agir de mesures faites au champ[63] ou sur des plates-formes adaptées, voire en conditions artificielles. Appliquées à des populations obtenues selon certains plans de croisement, ces démarches de phénotypage à haut débit permettent la détection des zones chromosomiques, voire des gènes, en cause pour chacun des différents caractères physiologiques étudiés et donnent ainsi une information qui peut être prise en considération dans une sélection génomique (p. 87).

▸▸ Reproduction en croisement ou en consanguinité

Les systèmes de reproduction sexuée à la disposition du sélectionneur sont essentiellement le croisement et la reproduction en consanguinité. Le croisement a deux fonctions différentes, à savoir la recombinaison de caractères au cours de la phase de sélection créatrice, et l'utilisation de la vigueur hybride au cours de la création de variétés. Dans ce dernier cas, il est surtout utilisé après une reproduction en consanguinité et nous parlons d'hybridation après consanguinité. La reproduction en consanguinité a pour but de fixer des caractères, c'est-à-dire d'amener à l'état homozygote les gènes contrôlant ces caractères, et même l'ensemble du génome, afin de créer des familles homogènes.

---

63. Avec des capteurs installés sur une rampe portée par un engin motorisé, voire même avec des capteurs installés sur des drones.

Intérêt du croisement pour la recombinaison des caractères

Dans les ressources génétiques à la disposition du sélectionneur, les gènes favorables, pour un caractère quantitatif polygénique (contrôlé par plusieurs gènes) ou pour différents caractères, sont dispersés dans différents individus (figure 4.2). Le but d'une méthode de sélection est alors de réunir le plus grand nombre de ces gènes dans un même génotype. Pour cela, le sélectionneur fait essentiellement appel au croisement suivi de sélection. En simplifiant, on peut dire que le processus d'amélioration génétique est une suite de cycles constitués chacun d'un croisement suivi d'une sélection. En effet, chez les descendants issus d'un croisement il peut y avoir à la méiose des recombinaisons entre les apports génétiques des parents (figure A, p. 214). Il devient alors possible de sélectionner, à la génération suivante, les plantes ayant réuni des gènes favorables provenant de chacun des deux parents. Ces plantes peuvent être à nouveau croisées avec des plantes issues d'un autre croisement, afin de réunir des gènes favorables issus de quatre parents ou, de façon plus générale, avec d'autres plantes supposées complémentaires dans leurs apports génétiques, et le processus continue, alternant croisement et sélection parmi les descendants des croisements. Comme le nombre de gènes à réunir dans un même génotype est très grand, il faut faire appel à de nombreux cycles de croisement suivi de sélection. On dit que la sélection est récurrente.

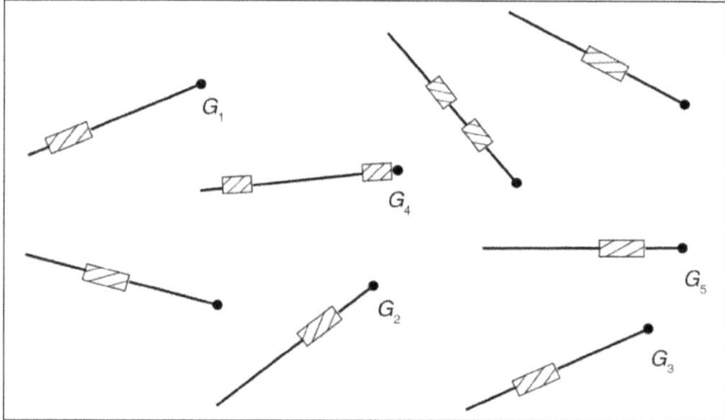

Figure 4.2. Dispersion des gènes favorables, pour un caractère polygénique ou pour différents caractères, entre différents individus d'une population végétale non améliorée.

Un trait représente le génome G_i d'une plante, et les rectangles hachurés, la position des gènes favorables. Le but de la sélection est de réunir les gènes favorables dans un même génotype ou dans un nombre restreint de génotypes, pour constituer une population de génotypes appelée variété. Il faut donc faire appel au croisement entre plantes susceptibles de se complémenter par leurs apports génétiques, par exemple G_1 x G_2, G_3 x G_5, puis sélectionner parmi les descendants de ces croisements les plantes les plus complémentaires, et à nouveau recroiser, sélectionner, etc.

Utilisation de la consanguinité

Systèmes de reproduction en consanguinité

La consanguinité est le résultat de la reproduction entre individus apparentés, c'est-à-dire entre individus qui ont au moins un ancêtre commun. Plus les individus croisés sont apparentés, plus la consanguinité développée sera forte, et plus les individus se ressembleront entre eux et présenteront des locus à l'état homozygote. Une consanguinité suffisamment prolongée se traduit par l'état homozygote sur la quasi-totalité du génome.

En amélioration des plantes, l'intérêt d'un degré élevé de consanguinité réside d'abord dans la création de variétés lignées, qui sont génétiquement homogènes et parfaitement reproductibles. Ces lignées peuvent aussi servir pour la production d'hybrides simples (résultant du croisement entre deux lignées) qui sont ainsi, eux aussi, parfaitement reproductibles. La consanguinité est aussi très utilisée en amélioration des plantes car elle augmente la variation génétique utilisable par le sélectionneur, et ceci, même pour la création de variétés hybrides.

Les systèmes de reproduction en consanguinité les plus souvent utilisés chez les plantes sont l'autofécondation, qui correspond à la reproduction d'un individu avec lui-même, et, quand cela est possible, l'haplodiploïdisation. Schématiquement, cette dernière revient à obtenir un individu à partir d'un seul gamète (donc une cellule haploïde), soit mâle, soit femelle, puis à doubler son nombre chromosomique, ce qui conduit immédiatement à un individu homozygote à tous les locus. C'est donc bien l'équivalent d'un système de reproduction en consanguinité, car il permet de passer directement d'un individu plus ou moins hétérozygote à l'ensemble des lignées homozygotes qu'il aurait été possible de dériver de cet individu par autofécondations répétées[64].

En autofécondation, le degré d'hétérozygotie est divisé par deux à chaque génération ; l'autofécondation répétée de génotypes diploïdes, hétérozygotes à un locus, notés Aa (A et a étant deux allèles possibles au locus considéré), conduit donc progressivement à une disparition du génotype hétérozygote et à une augmentation des génotypes homozygotes AA ou aa (figure 4.3), et ceci, sur l'ensemble des locus hétérozygotes du génome de départ.

Dépression due à la consanguinité

Chez l'homme, les animaux et les plantes, l'effet de la consanguinité est bien connu pour être défavorable, c'est ce que l'on appelle la dépression de consanguinité. Il est essentiellement la conséquence de l'apparition à l'état homozygote d'allèles récessifs[65] défavorables. Chez les plantes, l'importance de cet effet dépend beaucoup de leur système naturel de reproduction. La dépression de consanguinité est en effet bien plus forte chez les espèces où la fécondation croisée est le régime naturel de reproduction (espèces dites allogames) que chez les espèces qui se reproduisent naturellement en autofécondation (espèce dites autogames). Cela s'explique essentiellement par le fait que les mutations les plus fréquentes, récessives et défavorables, qui se produisent naturellement assez régulièrement[66], peuvent se maintenir masquées à l'état hétérozygote chez une espèce allogame, alors qu'elles sont éliminées assez rapidement par la sélection naturelle chez une espèce autogame[67].

---

64. En négligeant l'effet des recombinaisons entre locus, effet qui est en moyenne assez faible.
65. À un locus, un allèle est dit récessif si dans un génotype diploïde hétérozygote son effet est masqué par l'effet de l'autre allèle (alors qualifié de dominant).
66. Avec un taux faible, de l'ordre de 10^{-5} par génération.
67. L'état hétérozygote tend à disparaître suite aux autofécondations, et les mutations récessives défavorables ne peuvent pas se maintenir à l'état homozygote car elles sont éliminées par la sélection naturelle.

Il en résulte un fardeau génétique (ensemble des gènes contrôlant des tares) beaucoup plus important chez les espèces allogames que chez les espèces autogames. L'existence de ce fardeau à l'état hétérozygote chez les plantes allogames explique leur plus grande sensibilité à la consanguinité.

L'effet défavorable de la consanguinité est en général plus important pour les caractères complexes, comme le rendement en grain ou en biomasse. Cela s'explique d'abord par un effet géométrique : un caractère comme le rendement étant le produit, au sens mathématique, de plusieurs composantes, elles-mêmes affectées par la consanguinité, il est nécessairement plus affecté par la consanguinité que chacune de ses composantes[68]. Ce sont aussi les caractères les plus liés à la valeur sélective (mesurée par le nombre de descendants d'une plante sauvage dans la nature), comme le nombre de grains, et par conséquent le rendement en grain, qui sont les plus affectés[69] par la dépression de consanguinité (Gallais, 2009a).

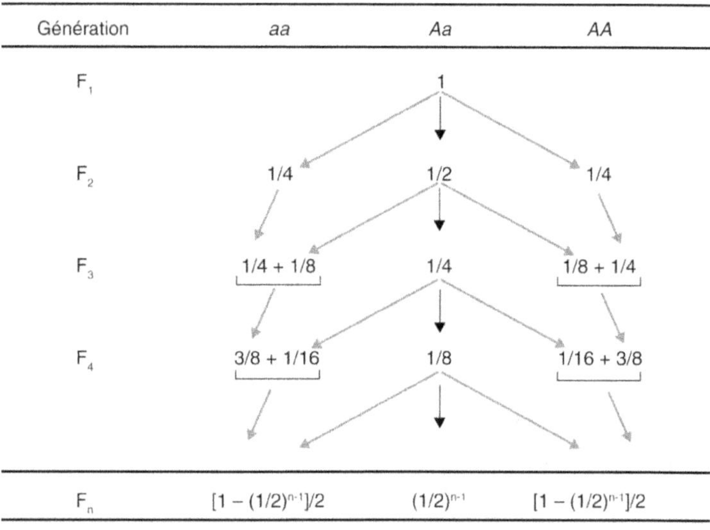

Figure 4.3. Effet de l'autofécondation sur la fréquence des différents génotypes.

A et *a* sont deux allèles possibles à un locus. À chaque génération d'autofécondation, la proportion d'hétérozygotes *Aa* est divisée par deux.

Effet de la consanguinité sur la variation génétique utilisable par le sélectionneur

Un des principaux intérêts de la consanguinité en amélioration des plantes, outre l'obtention de génotypes homozygotes, reproductibles par voie sexuée, est l'augmentation de la variation génétique qu'elle génère. La consanguinité transforme en effet

---

68. Si la valeur de chaque composante est réduite de 20 % par la consanguinité, la valeur du produit de deux composantes (surface) est réduite de 36 % et celle du produit de trois composantes (volume) est réduite de 49 %.

69. De même, chez les oiseaux, la fertilité est le caractère le plus affecté par la consanguinité.

une variabilité qualifiée de potentielle, présente chez les hétérozygotes, en variabilité qualifiée de libre, utilisable en sélection (figure 5.1, p. 97). Ainsi, à un locus, le passage de l'état hétérozygote, *Aa,* à des descendants homozygotes de deux types, *AA* et *aa,* contribue nécessairement à augmenter la variation génétique. Cela permet en particulier de faire apparaître, à un nombre plus ou moins grand de locus, des allèles favorables récessifs, qui étaient masqués à l'état hétérozygote. À partir d'un seul génotype hétérozygote pour *n* locus, l'autofécondation prolongée, sans sélection, peut faire apparaître 2^n génotypes homozygotes différents (c'est-à-dire 4 pour 2 locus, 8 pour 3 locus, 1 024 pour seulement 10 locus…). La variation entre familles étant augmentée, il est alors possible de sélectionner de meilleures familles.

Hybridation après consanguinité

Chez les espèces diploïdes[70], la dépression de consanguinité est supprimée par le croisement entre individus non apparentés. Ainsi, le croisement de deux lignées non apparentées conduit en général (surtout chez les plantes allogames) à une famille dont la valeur moyenne pour un caractère quantitatif est supérieure à la moyenne des parents. En génétique quantitative, ce gain de vigueur est appelé hétérosis. Cependant, le sélectionneur ne parle d'hétérosis que si la valeur de la F_1 est supérieure à la valeur du meilleur parent. L'hétérosis est le corollaire de la dépression de consanguinité et il s'explique par les mêmes mécanismes. Il est directement lié au degré d'hétérozygotie et résulte de la complémentation entre les apports génétiques des deux parents (voir annexe).

Pour les caractères quantitatifs, l'hybridation après consanguinité permet aussi d'augmenter la variation génétique entre les valeurs des croisements ; c'est la conséquence de l'augmentation de la variation entre les différentes lignées. L'hybridation entre lignées homozygotes permet alors de sélectionner de meilleurs croisements (F_1) que l'hybridation entre des plantes ou des familles qui ne sont pas issues d'une reproduction en consanguinité. Ce système de consanguinité suivie d'hybridation est à la base de la sélection et de la création des variétés hybrides (p. 105).

▶▶ Manipulation[71] globale des génomes

Au sens large, un génome est l'ensemble des chromosomes caractéristiques d'une espèce ; tous les individus d'une même espèce ont le même génome. De nombreuses espèces sont dites diploïdes car leur génome est formé de paires de chromosomes homologues, les chromosomes de chaque paire étant constitués par les mêmes locus. Ces chromosomes, dont l'un est issu de la mère et l'autre du père, s'apparient à la méiose (figure A, p. 214). Les gamètes d'une espèce diploïde ne possèdent qu'un seul exemplaire de chaque chromosome ; on dit qu'ils sont haploïdes, et l'ensemble de leurs chromosomes forment le génome élémentaire haploïde.

---

70. Ce ne serait pas le cas chez les espèces autopolyploïdes, où la consanguinité n'est que progressivement supprimée par hybridation (Gallais, 2011).

71. Le terme manipulation est utilisé ici dans son sens d'intervention de la main de l'homme, comme en anglais.

Cependant, une espèce apparemment diploïde peut avoir un génome formé par la juxtaposition de plusieurs génomes élémentaires diploïdes, issus d'espèces différentes ; on parle alors d'allopolyploïdie. À la méiose, seuls les chromosomes homologues d'un même génome élémentaire diploïde s'apparient ; il y a donc toujours formation de paires chromosomiques. Ainsi, le blé tendre, dont le génome est formé de trois génomes élémentaires diploïdes, est un exemple d'espèce allohexaploïde.

Il y a aussi des espèces dont le génome est formé par plus de deux exemplaires de chaque chromosome homologue ; elles sont dites autopolyploïdes. Ainsi, la luzerne et le poireau, dont le génome est formé par quatre répétitions du génome élémentaire haploïde, sont deux espèces dites autotétraploïdes. Leurs gamètes sont alors diploïdes.

Nous allons voir que le sélectionneur peut modifier les niveaux de ploïdie, soit en doublant le nombre chromosomique d'espèces diploïdes, soit en créant ou recréant des espèces allopolyploïdes, ce qui est une source de nouvelle variabilité génétique.

Doublement chromosomique en amélioration des plantes

En 1938, les équipes de Blakeslee et de Gavaudan (Blakeslee *et al.*, 1938 ; Gavaudan et Gavaudan, 1938) découvraient une substance, la colchicine, issue du bulbe de la colchique, qui permet le doublement du nombre de chromosomes d'une cellule au cours de sa division[72]. En partant d'une plante diploïde, si le doublement affecte les cellules-mères des gamètes, les gamètes seront diploïdes et pourront conduire, par autofécondation de la plante traitée, à une plante autotétraploïde, dont toutes les cellules auront quatre exemplaires de chaque chromosome. Le croisement entre une plante diploïde et une plante autotétraploïde conduit à une plante triploïde, ayant trois fois le génome élémentaire haploïde. Autotétraploïdie et triploïdie sont deux cas de polyploïdie assez utilisés en amélioration des plantes.

Utilisation de l'autotétraploïdie

Les plantes autotétraploïdes ont des cellules plus grandes que celles de l'espèce diploïde dont elles sont issues par doublement chromosomique, ce qui modifie leur morphologie et leur physiologie. Elles ont des feuilles plus grandes, se ramifient moins, sont souvent plus tardives... Les organes qu'elles forment sont moins nombreux et plus gros, leurs graines sont plus grosses. Elles sont donc la source d'une nouvelle variabilité génétique.

Le doublement du nombre chromosomique est très utilisé dans l'amélioration de certaines plantes fourragères (ray-grass, trèfle violet). Les graminées fourragères tétraploïdes, comparées à leur forme diploïde, ont des feuilles plus longues et larges, elles tallent moins, sont plus tardives, plus pérennes et plus résistantes aux maladies (rouilles). Leur teneur en eau est plus importante ; leur rendement en matière verte est supérieur de 10 à 15 %, pour un rendement en matière sèche souvent équivalent. Mais la modification essentielle, qui explique le développement des plantes autotétraploïdes,

---

72. La division cellulaire (mitose) commence normalement, les chromosomes se dupliquent, mais les cellules filles ne se séparent pas ; le résultat est donc une nouvelle cellule contenant deux fois plus de chromosomes.

est une amélioration de l'appétibilité ou de la digestibilité du fourrage. Ce caractère est dû à une teneur en glucides plus importante, du fait d'un volume cellulaire plus grand. Dans le cas du trèfle violet, les variétés autotétraploïdes sont aussi plus pérennes, du fait d'un couvert végétal moins favorable au développement de certaines maladies et d'une résistance aux nématodes plus importante. En revanche, le doublement chromosomique des graminées fourragères a un inconvénient, puisqu'il conduit à des plantes plus adaptées à la fauche (pour ensilage) qu'à la pâture.

En amélioration des plantes florales (le pétunia, par exemple) le doublement chromosomique est aussi utilisé car il permet d'avoir des fleurs plus grandes.

Utilisation de la triploïdie

La triploïdie est utilisée chez plusieurs espèces.

Chez la betterave à sucre, le doublement du nombre de chromosomes se traduit par un sillon saccharifère[73] moins profond, ce qui contribue à diminuer la « tare-terre », c'est-à-dire la quantité de terre retenue par les racines, ce qui est un avantage. Cependant, du point de vue du rendement, il semble exister un optimum pour le niveau de ploïdie, qui correspond plutôt au niveau triploïde. On a donc intérêt à produire des variétés triploïdes, ce qui a été fait à partir des années 1960. Aujourd'hui, pour des raisons de facilité et d'efficacité de la sélection, de plus en plus de variétés diploïdes sont développées.

La pastèque sans pépins est un autre exemple d'utilisation de la triploïdie. Chez cette espèce, les plantes triploïdes peuvent développer un fruit sans qu'il y ait eu fécondation, à condition qu'il y ait une stimulation par le pollen issu de plantes diploïdes. Pour la production on installe donc dans le champ de triploïdes environ 1/5 de plantes diploïdes pollinisatrices.

La triploïdie est aussi utilisée pour produire la mandarine et le citron vert sans pépins, caractère qui est très apprécié par le consommateur. La banane que nous consommons est généralement une plante triploïde, sans pépins, à la différence de ses ancêtres ; elle est apparue naturellement, mais elle est maintenant reproduite de façon artificielle par croisement entre des bananiers diploïdes et des bananiers tétraploïdes.

En amélioration des plantes florales, la triploïdie, du fait de la stérilité qui lui est souvent associée, permet d'augmenter la durée de vie des fleurs (exemple de l'œillet d'Inde).

Resynthèse d'espèces et synthèse de nouvelles espèces

Le doublement chromosomique d'hybrides F_1 entre espèces conduit à la reconstitution, appelée resynthèse, d'espèces déjà existantes ou à la synthèse de nouvelles espèces allopolyploïdes, dont le génome est formé par la juxtaposition de plusieurs génomes diploïdes (Charrier et Bernard, 1981).

---

73. La racine d'une betterave sucrière présente deux sillons longitudinaux, plus ou moins diamétralement opposés, plus ou moins profonds, correspondant chacun à une zone interne riche en sucre, et dans lesquels reste une plus ou moins grande quantité de terre, à la récolte.

Resynthèse d'espèces existantes

Plusieurs exemples de resynthèse d'espèces cultivées peuvent être donnés. Ils contribuent à l'augmentation de la variabilité génétique disponible pour le sélectionneur.

Resynthèse du colza

Le génome de colza est allotétraploïde car il est composé de deux génomes diploïdes, celui de la navette, AA[74], et celui du chou, CC. Il peut être resynthétisé, par l'hybridation du chou et de la navette ; l'hybride obtenu, de génome AC, est stérile, mais le doublement chromosomique restaure la fertilité et conduit au colza (de génome $AACC$). C'est une méthode utilisée pour récupérer une variabilité génétique qui n'est pas présente dans le colza mais qui l'est dans les deux espèces à l'origine du colza. Ainsi, grâce à cette resynthèse, on a pu trouver des colzas intéressants par leur faible teneur en acide linolénique, qui n'existaient pas dans les populations naturelles actuelles de l'espèce.

Resynthèse du cotonnier

L'espèce la plus cultivée est *Gossypium hirsutum* ; son génome, formé de deux génomes diploïdes, AA et DD, est aussi allotétraploïde. Le croisement de *Gossypium arboreum*, de génome AA, avec une autre espèce diploïde non cultivée, *Gossypium thurberi*, de génome DD, donne une F_1 stérile, de génome AD, dont le doublement chromosomique conduit au coton cultivé, *Gossypium hirsutum*.

Resynthèse du blé tendre

Le génome du blé tendre, formé de trois génomes diploïdes AA, BB et DD, est allohexaploïde. On connaît les espèces donneuses du génome A (*Triticum urartu*) et du génome D (*Triticum tauschii*), mais l'espèce donneuse du génome B n'est pas clairement identifiée. En revanche, l'espèce allotétraploïde $AABB$ est bien connue, il s'agit de *Triticum turgidum*. Il est donc possible de resynthétiser le blé tendre à partir de l'hybridation de *T. turgidum* avec l'espèce de génome DD, ce qui conduit à une F_1 de génome ABD, stérile ; le doublement de son nombre chromosomique conduit au blé tendre. Cette resynthèse a permis d'introduire chez le blé tendre des gènes de résistance aux maladies et des gènes de qualité (du gluten, par exemple) qu'il ne possédait pas auparavant. Ainsi, 15 % des croisements réalisés au Cimmyt font intervenir des blés synthétiques.

Synthèse d'espèces nouvelles

La synthèse d'espèces nouvelles, allopolyploïdes, a pu être réalisée par le croisement entre deux espèces assez voisines, suivi du doublement chromosomique. Deux exemples typiques peuvent en être donnés : le triticale et le caféier Arabusta.

Triticale (blé x seigle)

La création de cette nouvelle espèce, cultivée maintenant depuis une trentaine d'années, visait à réunir certaines qualités du grain du blé et la rusticité du seigle. Elle a d'abord été obtenue par l'hybridation entre le blé tendre et le seigle. Il existe toutefois

---

74. Un génome haploïde est représenté par une lettre majuscule ; il comprend l'ensemble des chromosomes d'un gamète d'une plante diploïde.

des barrières au croisement, dues à la présence, dans la plupart des variétés de blé, de gènes qui inhibent la croissance des tubes polliniques du seigle dans les styles du blé. Des croisements ont cependant pu être obtenus par différentes méthodes[75]. L'hybride est stérile, mais après doublement chromosomique on obtient une nouvelle espèce, fertile, le triticale.

Ces premiers triticales, octoploïdes, avaient un génome instable et ils ont dû être à nouveau croisés plusieurs fois entre eux et soumis à une sélection sur la stabilité chromosomique. Aujourd'hui, on préfère développer des triticales hexaploïdes, obtenus à partir du croisement du blé dur, allotétraploïde, et du seigle, ce qui conduit à une espèce dont le génome est plus stable et les caractéristiques agronomiques, plus intéressantes (épi plus gros). Ces formes plus stables ont été croisées avec les premiers triticales octoploïdes, ce qui a conduit aux variétés actuelles, hexaploïdes.

Caféier Arabusta (Coffea arabica x Coffea canephora)

Le caféier Arabica, de l'espèce *Coffea arabica*, donne un café de très bonne qualité, mais il est sensible aux maladies et adapté seulement aux climats tropicaux d'altitude. À l'opposé, le caféier Robusta, *Coffea canephora*, plus rustique, est adapté aux climats tropicaux plus chauds, en basse altitude, mais son grain est de moindre qualité et riche en caféine. Par l'hybridation des deux espèces, on espérait réunir les qualités des deux parents, afin d'obtenir un caféier ayant une aire d'adaptation plus large que celle de *Coffea arabica* et une qualité meilleure que celle de *Coffea canephora*. L'hybride, appelé Arabusta, *Coffea arabica* x *Coffea canephora,* a été produit après doublement chromosomique de *Coffea canephora*. Cependant, en partie du fait de son mode de propagation, par multiplication végétative, la diffusion de ce type de matériel est restée limitée.

▸▸ Substitution d'allèles et transfert de gènes

Substitution d'allèles par croisement intraspécifique

Principe du rétrocroisement phénotypique

Pour des caractères déterminés seulement par un ou deux gènes à effets forts et visibles (gènes dits majeurs), la méthode d'amélioration la plus simple sur le plan génétique consiste à remplacer, à un locus donné, un allèle défavorable, présent dans un génotype (dit receveur) ayant par ailleurs de nombreux autres gènes favorables, par un allèle favorable, donné par un génotype (dit donneur) ayant souvent par ailleurs des caractères défavorables. La transgénèse permet aujourd'hui ce remplacement de façon directe[76] (p. 79), cependant le blocage de la culture des plantes transgéniques dans de nombreux pays européens fait qu'il est toujours fait appel à la

---

75. Soit en réalisant un assez grand nombre de croisements, la barrière n'étant pas complète, quelques grains ont pu être obtenus ; soit en utilisant des lignées de blé qui n'avaient pas les gènes entraînant l'incompatibilité avec le seigle.

76. La transgénèse non ciblée, celle qui est encore la plus largement utilisée, ne permet pas de remplacer un allèle par un autre ; elle permet seulement d'introduire un nouveau gène dans le génome. Mais les progrès dans la maîtrise de la recombinaison homologue permettent aujourd'hui d'arriver à un remplacement direct, à un locus, d'un allèle par un autre.

méthode du rétrocroisement, dans laquelle le transfert est réalisé par une succession de croisements entre les plantes porteuses du gène à transférer et le parent receveur (toujours le même), que l'on qualifie donc de récurrent (figure 4.4).

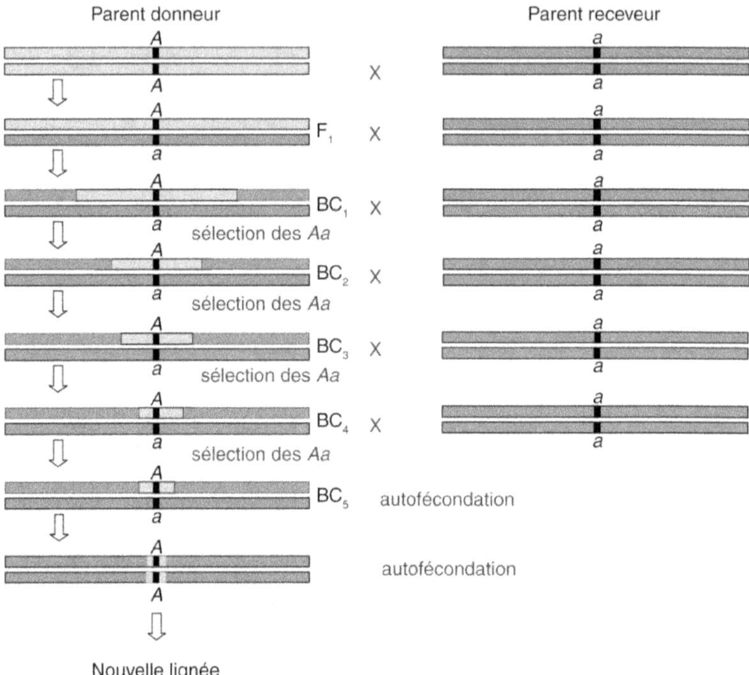

Figure 4.4. Illustration de la méthode de transfert d'un allèle dominant par la méthode du rétrocroisement.

Le but est de remplacer, à un locus, l'allèle *a* (récessif, défavorable) par l'allèle *A* (dominant, favorable). Le résultat est bien le transfert de l'allèle *A*, mais il est transféré avec tout un fragment chromosomique qui lui reste lié. BC_n représente la génération issue du $n^{ième}$ rétrocroisement (*back-cross*, en anglais).

Dans le principe du rétrocroisement, après chaque croisement avec le parent receveur, il faut sélectionner les plantes porteuses de l'allèle à introduire qui seront à nouveau croisées avec le parent receveur. La présence de l'allèle à introduire sera plus facile à détecter s'il est dominant que s'il est récessif. Dans ce dernier cas, il faudrait pratiquer une autofécondation après chaque rétrocroisement avec le parent receveur, pour faire apparaître des plantes porteuses de l'allèle transféré à l'état homozygote. L'identification de l'allèle souhaité peut être facilitée par le marquage moléculaire (p. 85). Ici, nous supposons que l'identification des plantes porteuses de l'allèle transféré peut se faire à partir du phénotype agronomique. C'est pourquoi nous parlons de rétrocroisement phénotypique.

À chaque génération de rétrocroisement, la proportion de gènes provenant du génotype receveur augmente tandis que celle provenant du génotype donneur est divisée par deux. Au bout de cinq à six générations de rétrocroisement, on peut donc considérer que le retour vers le parent récurrent est suffisant pour les chromosomes non porteurs de l'allèle transféré. En revanche, pour le chromosome porteur, autour du locus de l'allèle transféré, qui est maintenu à l'état hétérozygote au cours des cycles de rétrocroisement, c'est tout un fragment chromosomique du donneur qui est inséré en même temps que l'allèle transféré. Ce fragment peut représenter jusqu'à 30 % de la longueur du chromosome (Young et Tanksley, 1989). On termine le processus par deux générations d'autofécondation pour fixer à l'état homozygote l'allèle transféré.

Bilan de la méthode du rétrocroisement phénotypique

Le résultat de cette méthode est, à un locus, le transfert d'un allèle d'un génotype donneur dans le génotype receveur. Le bilan est le suivant :
– même dans le cas le plus favorable, celui du transfert d'un allèle dominant, la méthode est longue, puisqu'elle nécessite au moins huit générations, soit huit ans pour une plante annuelle sans accélération des générations, ou quatre ans si on peut faire deux générations par an, mais 15 à 20 ans, voire plus, pour une plante pérenne comme le pommier (pour le transfert de la résistance à la tavelure) ;
– elle est coûteuse, compte tenu de sa durée mais aussi des moyens nécessaires pour le phénotypage ; ainsi, pour évaluer de façon assez sure la résistance aux maladies ou aux insectes de chaque descendant des rétrocroisements, il faut contrôler les infections ou infestations et élever en serre ou en chambres de culture les champignons ou les insectes nécessaires ;
– elle est encore plus longue, ou plus coûteuse, s'il s'agit d'introduire un allèle récessif, du fait de l'ajout de plusieurs générations (une après chaque rétrocroisement) d'autofécondation des hétérozygotes *Aa*, pour faire apparaître et identifier les plantes homozygotes *aa* ;
– le résultat n'est pas complètement satisfaisant ; d'abord, beaucoup d'autres gènes, liés à l'allèle désiré, sont introduits avec cet allèle, ce qui peut déprécier la valeur du parent receveur et demander de nouveaux cycles de sélection pour corriger les défauts introduits (surtout lorsque le donneur est de très mauvaise valeur agronomique) ; de plus, il y a un problème d'hétérozygotie résiduelle, car certains gènes du donneur peuvent être présents sur les chromosomes non porteurs de l'allèle introduit.

L'idéal serait une technique permettant de n'introduire que l'allèle voulu, et ceci le plus rapidement possible, pour répondre en un temps le plus court possible à un problème nouveau, comme l'apparition d'une nouvelle maladie. C'est l'un des grands avantages de la mutagénèse dirigée (p. 84). L'utilisation des marqueurs moléculaires (p. 85) permet déjà d'accélérer le processus de rétrocroisement et de limiter la longueur du fragment introduit.

Transfert de gènes par croisement entre espèces différentes

Les échanges de gènes entre espèces peuvent être plus ou moins faciles, selon la distance génétique entre les espèces croisées et la nature des barrières au croisement. Si les barrières à l'échange de gènes ne sont pas trop fortes, il pourra être fait appel au rétrocroisement. Dans le cas de fortes distances génétiques (se traduisant par des hybrides létaux ou stériles), il faut mettre en œuvre des outils particuliers comme la culture d'embryons, le doublement du nombre chromosomique... Il pourra aussi être nécessaire d'avoir recours à des espèces-ponts (Jahier, 1982).

Rétrocroisement entre espèces

Le rétrocroisement est conduit comme celui effectué à l'intérieur d'une espèce, par plusieurs cycles constitués chacun d'un croisement avec l'espèce cultivée suivi de sélection. Après trois rétrocroisements et sélection pour le caractère recherché, on peut considérer que l'élimination du génome de l'espèce donneuse est suffisante pour conduire à un matériel génétique utilisable. C'est ainsi qu'on a transmis la résistance à la bactériose d'un cotonnier sauvage chez le cotonnier cultivé. De même, on a transmis à la pomme de terre plusieurs gènes de résistance aux maladies issus de pommes de terre diploïdes sauvages.

Utilisation d'espèces-ponts

Si l'espèce sauvage portant un gène intéressant est assez éloignée de l'espèce cultivée, et se croise difficilement avec elle, il est possible d'avoir recours à une espèce-pont qui se croise bien à la fois avec l'espèce sauvage et avec l'espèce cultivée. Soit A une espèce cultivée et C, l'espèce donneuse du gène. Le croisement entre A et C est stérile, mais A et C donnent des croisements fertiles avec une même espèce B, appelée espèce-pont. On fait donc le croisement entre B et C, on double le nombre de chromosomes de la F_1 obtenue, puis on croise avec l'espèce cultivée A.

Cette méthode a été utilisée avec succès chez le blé tendre, pour l'introduction de diverses résistances (au piétin-verse, aux rouilles jaune, noire et brune, et aux nématodes) provenant d'*Aegilops ventricosa* (Maïa, 1967). Un blé sauvage allotétraploïde, *Triticum carthlicum*, a été l'espèce-pont, *Aegilops ventricosa*, l'espèce donneuse de gènes, et le blé tendre, l'espèce receveuse. Après avoir croisé le blé sauvage et *Aegilops ventricosa* et doublé le nombre chromosomique de leur F_1, on croise cette F_1 avec le blé tendre, et on continue ensuite par sélection et rétrocroisement, pour ramener à un fond génétique du blé tendre. Au cours de ces rétrocroisements, il finit par se produire des recombinaisons entre certains chromosomes du blé tendre et certains chromosomes d'*Aegilops ventricosa*. Finalement ce sont deux fragments chromosomiques qui ont été simultanément introduits, l'un portant la résistance au piétin-verse et l'autre portant la résistance aux nématodes et à diverses rouilles ; ces fragments sont aujourd'hui présents dans de nombreuses variétés de blé commercialisées, dont certaines sont très utilisées en agriculture biologique.

Difficulté de recombinaison entre chromosomes homéologues

Une espèce cultivée et les espèces sauvages qui lui sont apparentées ont souvent des chromosomes dont la structure est proche. Cependant ces chromosomes ne sont pas homologues, mais sont dits homéologues, puisqu'à la méiose d'un croisement entre l'espèce sauvage et l'espèce cultivée, ils ne s'apparient pas et qu'il n'y a donc pas de recombinaisons possibles. Dans le cas du blé tendre et de ses espèces apparentées (*Aegilops ventricosa* et *Aegilops speltoïdes*, par exemple), l'absence d'appariement entre les chromosomes homéologues est due à un gène *Ph1* (*pairing homeologous*), présent chez le blé. Différents moyens sont à la disposition du généticien pour supprimer l'effet de ce gène. Il est d'abord possible d'éliminer le chromosome porteur du gène en question. On peut aussi utiliser une lignée d'*Aegilops speltoïdes* qui est capable d'inhiber le gène *Ph1,* ou utiliser un mutant récessif (qui suite à une délétion ne possède plus le gène *Ph1*) permettant les recombinaisons. Les radiations ionisantes (rayons X) ont aussi été utilisées en Grande-Bretagne ; elles provoquent des cassures de chromosomes et favorisent les translocations (déplacements) de segments chromosomiques.

Bilan des transferts de gènes issus d'espèces éloignées

De l'ordre de 95 % des variétés de tomate actuellement cultivées ont des gènes de résistance provenant d'espèces sauvages. C'est souvent la résistance aux parasites qui a été apportée par les croisements interspécifiques. Mais d'autres caractères ont également été introduits, comme la tolérance au sel et à la sécheresse, la croissance à basses températures, venant d'espèces originaires des Andes.

Chez le blé tendre, ce sont aussi essentiellement des gènes de résistance aux maladies qui ont été introduits à partir d'espèces sauvages, appartenant à des genres plus ou moins éloignés de celui du blé. On peut dire que toute variété de blé tendre d'aujourd'hui renferme des gènes de résistance venant d'espèces éloignées. Dans plusieurs variétés européennes, le chromosome 1 du génome *B* du blé a été remplacé par le chromosome 1 du génome *R* du seigle ; il y a aussi des variétés où le bras[77] long du chromosome 1 du génome *B* a été remplacé par le bras court du chromosome 1 du génome *R* du seigle. Au final, c'est en général tout un fragment chromosomique, contenant beaucoup d'autres gènes, qui a été transmis avec le gène d'intérêt, suite à des opérations plus ou moins complexes et aléatoires, qui ont demandé beaucoup de temps.

La transgénèse apporte une solution alternative à ce transfert de gènes d'une espèce à une autre.

Transgénèse

La transgénèse[78], ou transformation génétique, peut être définie de façon assez large comme l'introduction d'un gène dans le patrimoine génétique d'un organisme, par des procédés ne faisant pas appel à la reproduction sexuée. Elle exploite le fait que tous les êtres vivants, de la bactérie à l'éléphant, ont le même équipement pour passer des gènes aux protéines[79] (voir annexe). Schématiquement, on peut dire qu'un gène d'une bactérie peut s'exprimer chez l'éléphant et, réciproquement, un gène d'éléphant, chez la bactérie[80].

Dans ce qui suit, nous préférons parler de plantes transgéniques plutôt que d'organismes génétiquement modifiés (OGM), car l'expression OGM n'est pas adéquate, toute variété ayant été génétiquement modifiée par la sélection.

---

77. Un bras chromosomique correspond à la partie du chromosome située d'un côté du centromère ; un chromosome a donc deux bras.

78. Nous écrivons transgénèse et non transgenèse, car il s'agit du transfert de gènes et non de transgression de barrières de la genèse. Cette écriture a été validée par l'Académie des Sciences.

79. Le code génétique, pour passer de la séquence d'ADN aux protéines, est dit universel.

80. À condition toutefois d'éliminer dans le fragment introduit, contenant la séquence codante du gène, les séquences non codantes, correspondants aux introns, et de modifier les séquences responsables de l'expression du gène (les promoteurs).

Gènes introduits et étapes de la transgénèse

Les gènes introduits peuvent être « naturels », issus de la même espèce ou d'espèces très éloignées (voire de genres et de règnes différents), mais le plus souvent le fragment introduit résulte d'une véritable construction et comprend un promoteur (séquence qui contrôle le moment et le lieu d'expression du gène), une séquence codante et une séquence de fin de lecture, ces trois éléments pouvant être issus de différentes espèces. Cela peut donc donner au sélectionneur une variabilité génétique totalement nouvelle. L'action sur le promoteur permet de modifier l'intensité d'expression d'un gène et de le faire s'exprimer dans un tissu végétal spécifique, à un moment donné. Le choix des promoteurs était jusque-là très restreint. Aujourd'hui, des promoteurs spécifiques de tissus sont isolés chez différentes espèces et on peut même modifier ces promoteurs.

La transformation génétique a lieu *in vitro* sur un fragment d'organe (méristèmes, embryons immatures…) ou sur des cellules isolées (protoplastes[81]). Dans le premier cas, certaines cellules seront transformées, d'autres, non ; la plante qui sera régénérée sera donc chimérique[82], ce qui complique un peu l'obtention de la plante transformée. Si c'est la transformation de cellules isolées qui est choisie, toutes les cellules de la plante régénérée à partir d'une cellule transformée porteront le transgène.

Le passage par une étape de culture *in vitro* conduit à réserver le transfert des gènes par transgénèse aux génotypes d'une espèce qui régénèrent facilement une plante à partir d'une cellule ou d'un fragment de tissu. Cette étape est aujourd'hui encore le facteur limitant l'utilisation de la transgénèse pour le transfert de gènes. Ainsi, pour le maïs, ce sont des lignées ayant une bonne aptitude à la culture *in vitro* qui sont transformées, puis ces lignées servent de parent donneur pour transférer, par rétrocroisement (p. 73), le transgène à des lignées n'ayant pas l'aptitude à la culture *in vitro*.

Le transfert de gènes peut se faire de façon non ciblée ou de façon ciblée.

Transfert de gènes non ciblé

Le transfert non ciblé des gènes correspond à la première forme de transgénèse qui s'est développée et il est encore largement utilisé. Il peut se réaliser soit indirectement, par l'intermédiaire d'une bactérie, soit directement, par biolistique.

Dans le premier cas, on utilise la bactérie *Agrobacterium tumefaciens,* qui provoque une maladie, la galle du collet, sur différentes espèces végétales. Elle a la propriété remarquable de transférer une partie de son ADN, portée par un plasmide[83], dans la cellule végétale[84], pour lui faire produire les substrats aminocarbonés dont elle a besoin. À la place de l'ADN qui est naturellement transféré par la bactérie, on

---

81. Cellules débarrassées de leur paroi cellulosique.

82. C'est-à-dire qu'elle présente des secteurs transformés et d'autres, non transformés.

83. Petite molécule circulaire d'ADN, présente chez les bactéries, indépendante du génome principal, et douée d'une autonomie de réplication.

84. Par le biais de cette bactérie, des plantes transgéniques sont donc créées régulièrement dans la nature, mais la transformation ne concerne que les cellules somatiques : elle n'est donc pas transmise à la descendance de la plante.

insère le gène souhaité. On utilise pour cela des plasmides ayant perdu leur pouvoir pathogène. Ainsi, quand elle est placée en culture avec un fragment d'organe ou avec des cellules de la plante, la bactérie modifiée va transférer ce gène et l'intégrer dans le génome de la plante.

Par la technique de biolistique, des microbilles de tungstène ou d'or, enrobées de plusieurs copies de séquences de l'ADN correspondant au gène à transférer, sont projetées à grande vitesse à travers la paroi des cellules des tissus végétaux ; certaines d'entre elles pénètrent dans le noyau. Cette méthode a l'inconvénient d'introduire plus de copies du transgène que la méthode utilisant *Agrobacterium*.

Transfert de gènes ciblé

Le transfert ciblé, ou transgénèse dirigée, correspond à l'insertion d'un transgène en un site précis du génome, déterminé à l'avance. Ce progrès récent dans la technique de transgénèse a été possible par la découverte, ou la mise au point, d'enzymes qui ont la propriété de reconnaître une séquence d'ADN de 14 à 18 paires de bases de part et d'autre du point où elles couperont les deux brins de la chaîne d'ADN. Après la coupure, au cours du processus de réparation, l'insertion d'un gène dans la chaîne d'ADN au site de coupure est possible. Cette double recombinaison, dite homologue, peut se réaliser grâce à la présence, à chaque extrémité du gène à insérer, de séquences d'ADN homologues à celles situées de chaque côté du site de coupure (figure 4.5). Il faut donc introduire dans la cellule, en plus de la construction transgénique (le transgène et ses deux séquences bordantes), un plasmide d'expression transitoire[85] qui porte une séquence d'ADN codant pour l'enzyme de coupure spécifique du site. L'introduction de l'ensemble peut se faire par transfert direct, par différentes méthodes[86] *in vitro*.

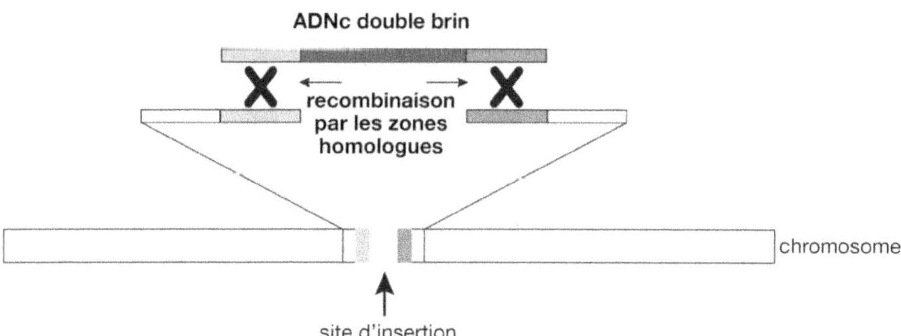

Figure 4.5. Principe de l'insertion d'un gène par transgénèse dirigée (d'après Quétier, 2011).

Une enzyme, produite par l'expression transitoire d'un gène introduit sur un plasmide en même temps que la construction transgénique, est programmée pour couper l'ADN double brin en un point donné. Grâce à ses séquences bordantes, qui permettent les recombinaisons avec l'ADN résidant, le gène que l'on souhaite transférer peut alors s'insérer au point de coupure.

---

85. Qui ne s'intègre pas dans le génome et est rapidement éliminé.
86. Par exemple par électroporation de protoplastes, les cellules débarrassées de leur paroi cellulosique étant soumises à un champ électrique, en présence de fibres de carbure de silicium enrobées par les constructions génétiques.

Détection des plantes transformées et marqueurs de sélection

Pour la détection des cellules, ou des plantes, transformées, quelle que soit la méthode de transfert, il faut un marqueur, dit marqueur de sélection, introduit en même temps que le gène d'intérêt. Les marqueurs classiquement utilisés sont la résistance à un antibiotique et la résistance à un herbicide. En présence de ces substances, en culture *in vitro*, seules les cellules qui ont intégré le gène transféré, et l'expriment, se multiplient, et on ne régénère ou ne reproduit donc que des plantes porteuses du transgène. Ces plantes sont autofécondées pour fixer le transgène à l'état homozygote. Aujourd'hui, le marqueur de sélection est éliminé, par différentes méthodes qui ne seront pas présentées ici.

Insertion et expression du gène

Avec la méthode de transgénèse non ciblée, le processus d'intégration du transgène est encore mal connu. On sait que l'intégration n'est pas complètement aléatoire. Selon le site d'insertion, le gène peut ne pas s'exprimer de la même façon. Pour limiter les risques de perturbation de la régulation des gènes, aujourd'hui, grâce au séquençage du génome de certaines espèces, on peut choisir les évènements de transformation correspondant à des insertions dans des zones du génome pauvres en gènes, ce qui revient à contrôler le site d'insertion *a posteriori*.

Y-a-t-il des risques de modification de fonctionnement du génome ? Bien qu'il ne soit pas toujours possible de prévoir avec précision comment un transgène va fonctionner dans un génome, la transgénèse ne conduit pas pour autant à la production de plantes anormales. Il faut cependant bien étudier les effets du transgène avant d'envisager son utilisation. De ce point de vue, la transgénèse, même non ciblée, est une source de variation génétique équivalente à la mutagénèse (voir ci-dessous), et il faut étudier les caractères des plantes transgéniques, pour ne retenir que les évènements de transformation conduisant aux modifications favorables attendues. C'est ce que font les sélectionneurs qui font appel à cette technique. Ainsi, tout évènement de transformation retenu est en général passé au travers de plusieurs filtres et a été soumis à plusieurs années d'observation et de sélection. Cette période d'évaluation des évènements de transformation permet aussi de ne retenir que ceux qui sont stables.

Les problèmes d'insertion sont aujourd'hui pratiquement résolus. Grâce à cette maîtrise, il est possible d'insérer, en n'importe quel point, n'importe quel gène plus ou moins modifié. Le lieu d'insertion peut donc être choisi *a priori*, de préférence dans les régions pauvres en gènes, connues grâce au séquençage du génome ; c'est pourquoi on parle de transgénèse ciblée. Il est ainsi possible d'avoir des sites d'insertion privilégiés, éventuellement situés sur des chromosomes artificiels réservés aux transgènes. La transgénèse ciblée résout en même temps le problème du nombre d'insertions ; en effet, le gène, avec les séquences bordantes choisies, n'est introduit qu'en un seul exemplaire dans le génome.

Bilan de la transgénèse du point de vue du sélectionneur

Pour le sélectionneur, la technique présente trois avantages. Tout d'abord, elle apporte une source nouvelle de variabilité, et c'est sans doute là un de ses intérêts

majeurs. En supprimant les barrières existant entre espèces, elle élargit le champ des ressources génétiques et permet, par exemple :
– d'introduire des gènes de résistance, aux maladies ou aux insectes, chez les espèces où aucun gène de résistance n'était connu (la résistance au virus de la sharka[87] chez les pruniers, par exemple) ;
– de modifier la qualité des produits, là où il n'y a pas de variabilité suffisante de la qualité (cas de l'huile de colza riche en acide laurique ou en acide linolénique, p. 176) ;
– de faire s'exprimer le gène dans l'organe souhaité, au moment voulu, avec éventuellement plus d'intensité, ou encore d'augmenter l'expression de certains gènes affectant des caractères quantitatifs et d'augmenter ainsi la valeur de ces caractères.

Par ailleurs, la transmission est précise, puisqu'on ne transfère que le gène d'intérêt, en un ou plusieurs exemplaires, alors que par les techniques de rétrocroisement on transfère en même temps plusieurs dizaines, voire centaines, d'autres gènes. Cet avantage est encore plus net quand la transgénèse est ciblée.

Enfin, la transgénèse permet parfois un gain de temps. Cela n'est pas toujours vrai avec la transgénèse non ciblée, puisque les transgènes sont souvent introduits dans des génotypes choisis parce qu'ils sont favorables au transfert (transformables par *Agrobacterium*, ou régénérant facilement), mais qui ne présentent pas nécessairement certaines autres caractéristiques souhaitées ; les transgènes doivent donc, ensuite, être introduits par rétrocroisement assisté par marqueurs dans les génotypes souhaités. Il y a toutefois gain de temps si l'introduction non ciblée porte sur des gènes d'une espèce éloignée. Si la transgénèse est ciblée, le gain de temps existe en toute situation de transfert, qu'il soit intra- ou interspécifique.

La durée nécessaire à la création d'un évènement transgénique puis à son introduction dans du matériel amélioré (y compris son homologation) peut être vue comme un inconvénient lorsqu'il s'agit de caractères qui peuvent être également améliorés par la voie conventionnelle (ne faisant pas appel à la transgénèse), qu'elle soit assistée par marqueurs ou non. En effet, pendant le temps de développement et d'introduction d'un évènement transgénique le progrès génétique continue par cette voie.

Cependant, les deux méthodes sont complémentaires car la transgénèse apporte une variabilité génétique supplémentaire, même pour les caractères pouvant être améliorés par la voie conventionnelle, tandis que cette dernière est utile pour améliorer, sur de nombreuses autres caractéristiques quantitatives, les génotypes dans lesquels sont introduits les transgènes. À terme, c'est la combinaison des deux voies qui permettra d'avoir le progrès génétique le plus élevé. C'est déjà le cas, par exemple, de l'amélioration pour la tolérance au stress hydrique. Dans ce cas particulier, la transgénèse présente l'avantage de faire appel à des mécanismes qui peuvent n'être induits qu'en cas de stress, ce qui peut diminuer l'impact négatif éventuel de ces mécanismes de tolérance.

---

87. Virus provoquant une maladie très grave pour tous les arbres fruitiers à noyaux.

Utilisation de la transgénèse en amélioration des plantes

Dans le monde, en 2014, il y avait plus de 181 millions d'hectares cultivés avec des variétés transgéniques, soit plus de six fois la surface totale cultivée en France et 12 % des surfaces totales cultivées sur la planète. On observe toujours une augmentation assez régulière des cultures transgéniques, avec environ 8 à 10 millions d'hectares de plus chaque année, dans le monde. Maintenant, les cultures transgéniques se développent également hors du continent américain, en Chine et en Inde et dans d'autres pays en développement, notamment en Afrique (Burkina Faso), mais elles ne se développent toujours pas en Europe, sauf en Espagne de façon limitée (environ 130 000 ha de maïs grain).

Les espèces concernées sont essentiellement (à 99 %) le soja, le maïs, le cotonnier et le colza (canola[88]), mais des variétés transgéniques sont aussi commercialisées pour la pomme de terre, la betterave, le riz, la papaye, les courges, l'aubergine… Des programmes sur le blé sont très avancés en Australie et en Grande-Bretagne.

Aujourd'hui, les caractères introduits par transgénèse sont essentiellement la résistance aux insectes et la tolérance aux herbicides, ou le cumul des deux. La résistance aux maladies n'est encore que rarement obtenue par transgénèse ; on peut toutefois citer la résistance à un virus (*papaya ringspot virus*) chez le papayer, qui a permis de maintenir la production de la papaye à Hawaii. Mais il apparaît une nouvelle génération de plantes transgéniques, qui sont tolérantes au stress hydrique ou valorisent bien la fumure azotée, c'est-à-dire demandent moins d'eau et moins d'azote. Dotées de ces nouvelles caractéristiques, les plantes transgéniques pourraient alors apparaître plus clairement comme un outil indispensable pour une agriculture durable, productive et respectueuse de l'environnement, en Europe. Nous en verrons différents exemples dans la troisième partie de cet ouvrage.

Conclusion sur la transgénèse

La transgénèse est à la fois un outil qui élargit considérablement la variabilité génétique à la disposition du sélectionneur, en lui permettant d'obtenir des caractères jusque-là inconnus chez une espèce, et un outil qui permet d'utiliser plus précisément cette variabilité. Cet outil permet aussi d'aller plus loin dans l'amélioration des caractères quantitatifs (pour la tolérance à la sécheresse, par exemple). Les progrès encore à venir dans la maîtrise de cette technique sont tels que les généticiens et les sélectionneurs pourront sans doute introduire tout gène d'intérêt dans n'importe quel génotype, puis contrôler son insertion et son expression.

Grâce aux études de génomique, le nombre de gènes transférables n'est plus limitant, ce qui ouvre donc des perspectives tout à fait nouvelles pour l'amélioration des plantes. Parce qu'elle peut désormais se faire de façon ciblée, la transgénèse devrait être plus facilement acceptée par la société. Mais, même dans l'état actuel de la technique, compte tenu de l'absence de risques avérés pour la santé ou pour l'environnement constatée après vingt années de développement à grande échelle des

---

88. Nom donné au Canada au colza de printemps à faible teneur en acide érucique et en glucosinolates.

plantes transgéniques, il est difficile de comprendre qu'en France et dans la plupart des pays européens le sélectionneur ne puisse pas l'utiliser pour la création variétale.

En effet, des modifications plus importantes que celles induites par la transgénèse ont été acceptées par la société. Aujourd'hui, tout le monde consomme des aliments (pain, tomates…) produits à partir de variétés d'espèces cultivées ayant reçu de nombreux gènes (essentiellement des gènes de résistance aux maladies) venant d'espèces sauvages apparentées aux espèces cultivées. Ces gènes ont été introduits par des méthodes (longues) qui, comme nous l'avons vu, relèvent du génie génétique au sens large. Certaines de ces méthodes ont conduit à introduire beaucoup plus qu'un seul gène, voire toute une partie d'un chromosome. Il en est résulté de nombreux changements, mais le sélectionneur en a tiré des lignées utilisables en agronomie. Aucun problème sanitaire particulier n'a été observé avec ces variétés… Il n'y a aucune raison scientifique pour penser qu'il y aurait un problème avec les variétés transgéniques d'aujourd'hui, qui modifient beaucoup moins le génome.

Dans les pays européens, le blocage des plantes transgéniques conduit à priver les sélectionneurs d'un outil leur permettant de créer rapidement de nouvelles variétés, apportant de nouveaux caractères très intéressants pour les agriculteurs, pour les utilisateurs des produits de ces variétés et même pour l'environnement. À terme, c'est à la fois la compétitivité de nos entreprises de sélection et la compétitivité de notre agriculture qui seront atteintes.

▶▶ Mutagénèse

Au sens large, la mutagénèse[89] désigne l'induction de nouveaux caractères par des modifications héréditaires du génome, qui peuvent être de nature très différente : changement du nombre de chromosomes (mutation génomique), délétion ou translocation de fragments chromosomiques (mutation chromosomique) et modification de la séquence des bases au sein d'un gène (mutation génique). Au sens restreint, la mutagénèse ne correspond qu'à l'induction de ces mutations géniques. C'est essentiellement le sens restreint qui est retenu dans ce qui suit.

Induction des mutations géniques

La mutagénèse peut être naturelle ou artificielle. Des facteurs du milieu, en particulier les rayons cosmiques et le rayonnement ultra-violet, peuvent induire les mutations géniques observées dans la nature. Des mutations spontanées peuvent se produire dans les cellules reproductrices, et se retrouvent donc dans la descendance d'un individu ; si, au contraire, elles concernent des cellules somatiques, elles peuvent alors affecter directement le phénotype d'une plante et peuvent être maintenues par multiplication végétative. La fréquence des mutations géniques spontanées visibles dépend des gènes. Elle est assez faible, souvent de l'ordre de 10^{-5} à 10^{-6}. C'est un phénomène qui est à l'origine d'une part importante de la variabilité génétique utilisée par le sélectionneur, celle qui vient de la variation des allèles aux locus.

---

89. L'Académie des Sciences a validé l'orthographe de mutagénèse avec deux accents.

La mutagénèse artificielle peut être provoquée par des rayonnements ionisants (rayons X, rayons gamma produits par le cobalt 60), et par des agents chimiques. Ces agents induisent les mêmes changements que les facteurs du milieu naturel, mais avec une fréquence beaucoup plus élevée (multipliée au moins par 100). L'agent chimique le plus utilisé est le MSE (méthane sulfonate d'éthyle) ; il produit en majorité des mutations ponctuelles, c'est-à-dire affectant une seule base de l'ADN (A, T, G ou C). Grâce au progrès dans les techniques de biologie moléculaire, les mutations peuvent maintenant être assez facilement détectées, ce qui permet d'utiliser des effectifs de plantes importants (plusieurs dizaines de milliers). Il est même possible de rechercher directement les allèles apparus à un locus donné.

Aujourd'hui, un autre type de mutagénèse est en cours de développement ; il s'agit d'une mutagénèse contrôlée par le changement des bases dans un gène déterminé à l'avance. Le gène peut être modifié *in vitro* (modification de la séquence des bases) et être réinséré à sa place (figure 4.6) ; il est aussi possible de modifier directement une séquence des bases de ce gène. C'est la mutagénèse dirigée.

Ce mécanisme ne laisse aucune trace moléculaire ; le résultat est celui d'une mutation ponctuelle. Cette technique est appelée à se substituer aux programmes de rétrocroisement à l'intérieur d'une espèce, qui ont pour but de remplacer un allèle défavorable par un allèle favorable, à condition que la régénération *in vitro* de plantes à partir de cellules soit maîtrisée. Elle permet de supprimer le problème de l'entraînement de gènes non désirables liés au gène transféré (p. 74) ; seul le gène désiré est introduit. Elle présente en particulier un grand intérêt pour les plantes pérennes (arbres fruitiers), où elle fera gagner un temps considérable dans le transfert d'un allèle, à un locus. Ainsi, chez le pommier, le transfert d'un allèle de résistance à la tavelure peut se réaliser par cette technique en moins de six ans[90], alors que par la voie classique du rétrocroisement il faut plus de vingt ans, avec un résultat qui n'est pas complètement satisfaisant du fait de l'introduction de gènes non désirés. La tavelure peut avoir ravagé tous les vergers avant qu'un gène de résistance connu soit introduit par cette technique du rétrocroisement !

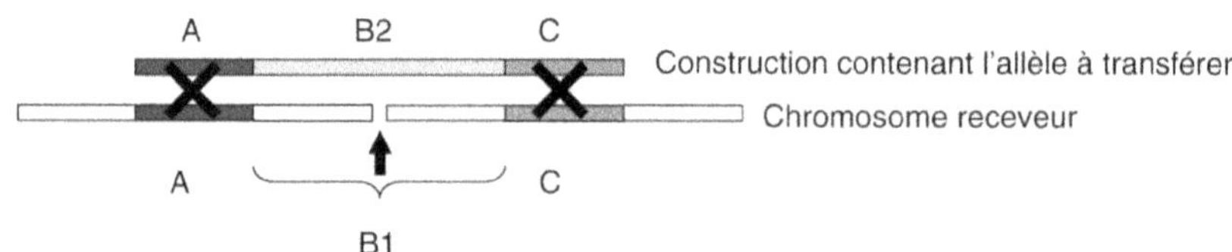

Figure 4.6. Principe du remplacement, par mutagénèse dirigée, d'un allèle par un autre, à un locus donné.

Comme pour la transgénèse ciblée, une enzyme produite par l'expression transitoire d'un gène, est programmée pour couper l'ADN double brin en un point donné, au milieu d'un locus portant l'allèle B1 à remplacer. L'allèle à insérer, B2, doit être encadré par des séquences homologues à celles qui bordent l'allèle à remplacer (A, d'un côté, C, de l'autre). La recombinaison se produit dans ces zones. Les fragments inutiles sont ensuite éliminés par les enzymes de réparation de l'ADN. Il est aussi possible par cette méthode de ne changer qu'une séquence d'ADN dans un gène.

---

90. En combinant cela à une mise à fleur du pommier en un an par une expression transitoire d'un transgène (non intégré dans le génome) (Yamagishi *et al.*, 2014).

Utilisation de la mutagénèse en amélioration des plantes

La mutagénèse est un moyen de créer une nouvelle variabilité génétique. Cela est particulièrement important lorsque la variabilité facilement disponible à l'intérieur d'une espèce est insuffisante. Globalement, dans le monde, selon l'Agence internationale de l'énergie atomique (IAEA, 2012), plusieurs milliers de variétés de plantes (environ 3 200 en 2012) présentant des caractères obtenus par mutagénèse sont commercialisées. Parmi celles-ci, 75 % sont des plantes de grande culture et 25 %, des plantes ornementales. Environ les deux tiers ont été obtenus par les agents chimiques. C'est donc un outil qui est encore assez utilisé pour générer rapidement une variabilité génétique, là où la variabilité est naturellement faible. Des exemples importants de mutations induites utilisées en amélioration des plantes peuvent être cités ; ces mutations ont conduit notamment à des nouveaux types de riz, de forme et de qualité du grain différentes, au pamplemousse sans pépins, au tournesol résistant à un herbicide (imidazolinone) ou riche en acide oléique, à des pommiers présentant un port, une ramification, une fructification, ou une couleur du fruit différents…

Le problème du statut juridique des mutants artificiels est posé aujourd'hui. Pour les opposants aux plantes transgéniques, il s'agit d'OGM cachés et ils devraient donc avoir le statut des plantes transgéniques. Pourtant, il y a une différence fondamentale entre une plante possédant un ou plusieurs gènes obtenus par mutation et une plante transgénique. Dans le premier cas on ne fait que remplacer, à un locus donné, un allèle par un autre allèle, alors que par transgénèse on introduit un locus en plus, portant généralement un gène étranger au génome receveur. Priver les sélectionneurs européens de cet outil que constitue la mutagénèse, conduirait à terme, comme pour la transgénèse, à diminuer la compétitivité de nos entreprises de sélection et la compétitivité de notre agriculture.

▸▸ Marqueurs moléculaires et sélection assistée par marqueurs

La découverte des marqueurs moléculaires du génome remonte aux années 1985 à 1990. De façon simple, un marqueur moléculaire peut être défini comme une étiquette présente à un endroit donné sur la molécule d'ADN. Comme un gène, chaque étiquette présente des variantes (ou allèles), qui diffèrent par leur séquence des bases de l'ADN, et elle peut donc ségréger.

Tous les gènes contrôlant des caractères monogéniques pourraient être des marqueurs du génome, s'ils sont faciles à observer. Cependant, ils ne présentent pas nécessairement toutes les qualités requises pour être de bons marqueurs moléculaires. D'abord, il n'est pas possible d'avoir un grand nombre de caractères monogéniques en disjonction[91] dans un même croisement ; ensuite, ces gènes peuvent affecter

---

91. On dit qu'il y a disjonction lorsque que l'on peut observer dans la descendance (obtenue par autofécondation, par exemple) d'une plante hétérozygote *Aa*, des plantes de phénotype déterminé par l'allèle *A* et des plantes de phénotype déterminé par l'allèle *a* ; des plantes de phénotype intermédiaire peuvent aussi apparaître.

le phénotype étudié, ce qui peut être un inconvénient pour la recherche des gènes impliqués dans une caractéristique donnée[92]. En revanche, il est possible d'avoir un très grand nombre de marqueurs moléculaires dans toute plante issue d'un croisement, dès que les deux parents sont assez distants génétiquement. Les progrès dans les techniques de séquençage permettent aujourd'hui d'accéder à l'emplacement d'une base de la chaîne d'ADN ; on peut savoir si elle est présente ou absente chez un individu homozygote donné, ce qui permet d'utiliser ce polymorphisme comme marqueur. Les marqueurs de ce type sont appelés marqueurs SNP (*Single Nucleotid Polymorphism*) ; ils peuvent être situés à l'intérieur même d'un gène.

Nous allons voir comment les marqueurs moléculaires permettent une sélection directe sur le génotype.

Cartographie génétique

C'est par l'étude des liaisons entre gènes que la théorie chromosomique de l'hérédité a pu être formulée par Morgan de façon précise en 1934. Pour deux caractères qualitatifs monogéniques, la démarche est assez simple. Au sein d'une F_2 obtenue par autofécondation du croisement (F_1) de deux lignées différant pour les allèles présents à deux locus, l'étude de la ségrégation conjointe des deux couples d'allèles va permettre de dire si les deux locus sont proches l'un de l'autre ou non. Si, dans les gamètes des individus de la F_1, il y a un excès de gamètes parentaux par rapport aux gamètes recombinés, c'est que les locus se trouvent sur un même chromosome et sont proches. Si les deux types de gamètes sont présents à des fréquences comparables, c'est qu'ils sont éloignés ; mais il ne sera alors pas possible de savoir si les locus sont sur un même chromosome ou s'ils se trouvent sur deux chromosomes différents.

Si l'on dispose d'un grand nombre de marqueurs, comme c'est le cas avec les marqueurs moléculaires, il devient possible de résoudre le problème. Il suffit d'étudier les liaisons deux à deux entre tous les locus des marqueurs. Comme la liaison entre deux locus donne une information sur leur proximité, si un locus 1 est lié fortement à un locus 2, lui-même lié fortement à un locus 3, mais si ce dernier est moins lié au locus 1, on en conclut que l'ordre des locus sur le chromosome est 1-2-3, et ainsi de suite avec plusieurs centaines de marqueurs. On arrive ainsi à ordonner tous les locus qui sont liés entre eux ; ils forment un groupe de liaison. Si le marquage est suffisamment dense, alors le nombre de groupes de liaison correspond au nombre de chromosomes. Cette cartographie des liaisons entre marqueurs constitue ce que l'on appelle la carte génétique, qui est à bien distinguer de la distance physique entre deux locus, qui, elle, est basée sur le nombre de bases qui les séparent.

Détection de QTL

La cartographie génétique des marqueurs moléculaires permet de rechercher des locus difficiles à détecter dans les ségrégations, et en particulier les locus impliqués

---

92. Ainsi, un gène de nanisme sera un très mauvais marqueur pour aller à la recherche d'autres gènes impliqués dans la variation de hauteur.

dans la variation d'un caractère quantitatif (locus dénommés QTL, pour *Quantitative Trait Loci*). Le principe est d'étudier la liaison entre un marqueur et un caractère, qu'il soit qualitatif ou quantitatif.

Pour un caractère qualitatif, il suffit d'étudier, dans une population adaptée à la cartographie[93], la ségrégation conjointe des allèles d'un marqueur et des allèles du gène déterminant ce caractère (résistance aux maladies, par exemple).

Pour un caractère quantitatif, on étudie toujours la liaison entre le caractère et les marqueurs (présentant chacun deux allèles, qui déterminent deux ou trois catégories de plantes – homozygotes ou hétérozygotes pour le marqueur – selon la population utilisée). Si dans une population adaptée à la cartographie les catégories de plantes pour un marqueur donné présentent, pour le caractère étudié, des valeurs moyennes significativement différentes (d'un point de vue statistique), alors on peut conclure qu'il y a dans la zone de ce marqueur un gène impliqué dans la variation du caractère. La précision étant insuffisante pour localiser précisément le locus en cause, on identifie en fait une zone chromosomique appelée QTL (bien que le QTL, au sens strict, soit en fait un locus situé dans cette zone). On peut donc faire, pour les individus issus d'un croisement donné, une cartographie des zones du génome impliquées dans la variation d'un caractère quantitatif. Pour chaque QTL, comme les populations utilisées pour sa détection sont issues d'un croisement, il y a un allèle venant d'un parent et un autre allèle venant de l'autre parent ; l'un est favorable, l'autre est défavorable. Chaque allèle est identifié par plusieurs marqueurs.

Sélection assistée par marqueurs

Les marqueurs moléculaires permettent de marquer des locus ou des fragments chromosomiques. Ils peuvent alors être utilisés pour réunir dans un même génotype le maximum de gènes ou de segments chromosomiques favorables à un caractère recherché. On parle de sélection assistée par marqueurs. Par rapport à la sélection purement phénotypique elle présente deux grandes différences :

– la « lecture » des marqueurs portés par les plantes permet d'identifier les gènes, ou les segments chromosomiques, favorables recherchés qu'elles portent, et conduit à une prédiction de la valeur de ces plantes sans qu'il soit nécessaire de les évaluer phénotypiquement ;

– les recombinaisons favorables après croisement peuvent être directement identifiées.

Deux grands types de sélection assistée par marqueurs peuvent être distingués :

– le rétrocroisement assisté par marqueurs qui vise à introduire dans un fond génétique donné un ou plusieurs gènes, ou fragments chromosomiques, favorables ; le nombre maximal de gènes, ou de fragments chromosomiques, transférables en un cycle de rétrocroisement est limité (trois à cinq) ;

---

93. C'est-à-dire une population dans laquelle l'association non au hasard des locus (déséquilibre de liaison) ne peut correspondre qu'à une liaison physique ; c'est le cas de toute population dérivée d'une F_1 (F_2, F_3, ..., lignées recombinantes, population d'haploïdes doublés, population issue d'un rétrocroisement).

– la sélection récurrente assistée par marqueurs qui vise à augmenter la fréquence des génotypes favorables, c'est-à-dire ceux accumulant le maximum de gènes, ou de fragments chromosomiques, favorables ; dans ce cas, le nombre maximal de gènes, ou fragments chromosomiques, manipulables en quelques cycles de sélection est plus important que par rétrocroisement (une dizaine, voire plus).

Rétrocroisement assisté par marqueurs

Le marquage moléculaire permet d'abord de conduire avec plus d'efficacité le rétrocroisement pour un caractère qualitatif déterminé par un seul locus, présenté p. 74. Il permet aussi le transfert de segments chromosomiques identifiés comme favorables.

Rétrocroisement assisté par marqueurs pour le remplacement d'un allèle à un locus

Le but est de remplacer, à un locus, un allèle défavorable pour un caractère par un allèle favorable. Le fait que ce locus soit marqué (c'est-à-dire très lié à un ou plusieurs marqueurs connus) supprime la différence entre rétrocroisement pour un allèle dominant et rétrocroisement pour un allèle récessif. Il supprime en même temps l'évaluation phénotypique, puisque par le génotypage (c'est-à-dire la détermination du génotype pour les marqueurs), on identifie directement les génotypes porteurs, au locus étudié, de l'allèle souhaité. Pour conduire le rétrocroisement assisté par marqueurs moléculaires, en plus du marqueur du locus étudié, il faut deux autres types de marqueurs :
– ceux qui permettent de contrôler la longueur du fragment chromosomique transféré ; pour cela, il faut des marqueurs de chaque côté du locus étudié, afin d'identifier les recombinaisons qui se produiront à proximité ; on aurait donc intérêt en théorie à prendre des marqueurs très proches du locus ; cependant, plus les marqueurs seront proches du locus, moins les recombinaisons favorables seront probables et plus il faudra étudier de plantes pour les repérer, ce qui augmentera le coût du marquage ;
– ceux qui permettent d'accélérer le retour vers le parent récurrent ; pour cela, il faut des marqueurs régulièrement répartis sur le reste du génome, au moins quatre sur chaque chromosome non porteur du locus de l'allèle transféré (figure 4.7).

Une stratégie proche de la stratégie optimale, en trois rétrocroisements, est indiquée dans l'encadré 4.1.

Selon les mêmes principes, deux, trois, ou même quatre gènes peuvent être transférés simultanément, ce qui nécessite des effectifs plus importants que pour un seul locus mais qui restent encore réalistes. Au-delà de quatre locus, les effectifs nécessaires deviennent irréalistes.

Le bilan du rétrocroisement assisté par marqueurs, par rapport au rétrocroisement phénotypique, pour le transfert d'un allèle, est positif sous différents aspects :
– il y a gain de temps ;
– le rétrocroisement pour un allèle récessif se fait de la même façon que pour un allèle dominant ;
– l'évaluation agronomique pour identifier les individus porteurs de l'allèle à transférer n'est plus nécessaire, ce qui peut contribuer à diminuer les coûts ;

Encadré 4.1. Déroulement du rétrocroisement assisté par marqueurs moléculaires.

Le rétrocroisement assisté par marqueurs démarre comme le rétrocroisement phénotypique. Au premier rétrocroisement, on identifie des plantes hétérozygotes pour le locus qui présentent une recombinaison d'un côté du locus, ce qui a pour effet de fixer (à l'état homozygote) pratiquement tout un bras chromosomique. Si plusieurs plantes présentent cet évènement favorable, alors on choisit celle ressemblant le plus au parent récurrent sur le reste du génome ; cette plante est à nouveau croisée au parent récurrent pour former le deuxième rétrocroisement. À ce stade, on identifie des plantes hétérozygotes pour le locus qui présentent une recombinaison de l'autre côté du locus. Si plusieurs plantes présentent cet évènement favorable, alors on choisit celle ressemblant le plus au parent récurrent sur le reste du génome ; cette plante est à nouveau croisée au parent récurrent pour former le troisième rétrocroisement (figure 4.7).

Dans les descendants du troisième rétrocroisement, parmi les plantes hétérozygotes pour le locus, on retient celle(s) qui ressemblent le plus au parent récurrent (celles contenant le plus possible de marqueurs de ce parent). Ces plantes sont alors autofécondées et on identifie dans leurs descendances les plantes homozygotes pour l'allèle transféré.

Ainsi, en trois rétrocroisements et une autofécondation (soit en moins de deux ans pour une plante annuelle pouvant produire deux générations par an) le transfert est réalisé, de meilleure façon que par la méthode du rétrocroisement phénotypique et probablement de façon moins coûteuse.

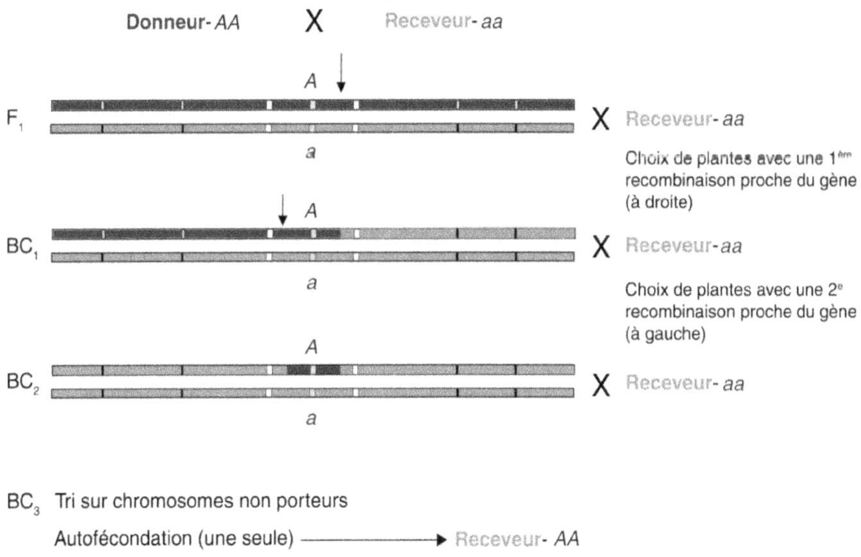

Figure 4.7. Principe du rétrocroisement assisté par marqueurs moléculaires.

Le résultat est bien le remplacement de l'allèle *a* par l'allèle *A*, plus favorable, mais on introduit encore chez le receveur, en même temps que l'allèle transféré, un fragment chromosomique du génotype donneur, plus court toutefois que celui qui aurait été transféré par rétrocroisement phénotypique.

– il en résulte un gain de précision, notamment un meilleur contrôle de la longueur du segment chromosomique issu du donneur qui est introduit dans le receveur avec l'allèle désiré ; il est plus court que celui transféré par rétrocroisement phénotypique, cependant, beaucoup d'autres gènes, pas nécessairement souhaités, sont encore introduits ; la seule solution à ce problème est la transgénèse.

Cet exemple de transfert relève d'opérations de génie génétique assez sophistiquées ; le marquage moléculaire est utilisé non seulement pour permettre l'identification des gènes, mais aussi pour contrôler leur intégration dans le génotype d'un individu donné, et pour limiter la longueur du fragment chromosomique introduit avec le gène transféré. On pourrait dire que les marqueurs moléculaires sont utilisés comme des ciseaux. La même démarche peut être utilisée pour le transfert de segments chromosomiques.

Rétrocroisement assisté par marqueurs pour le remplacement de segments chromosomiques

Avec un marquage moléculaire suffisamment dense du génome, chaque segment chromosomique d'un génotype donneur, identifié comme favorable par la détection de QTL, peut être transféré dans un génotype receveur, selon les principes du rétrocroisement génotypique décrits ci-dessus pour le remplacement d'un allèle, à un locus. Cependant, une difficulté s'ajoute, du fait qu'à chaque génération de rétrocroisement la probabilité qu'un segment chromosomique se transmette dans son intégrité est inférieure à la probabilité de transmission d'un simple locus. En effet, le segment à transférer étant assez long, il peut y avoir des recombinaisons en son sein. Au lieu d'un seul marqueur, le marqueur du gène, comme dans la situation précédente, il faudra alors avoir plusieurs marqueurs par segment (trois, par exemple, un au centre et un à chaque extrémité) et travailler sur des effectifs d'autant plus grands que le fragment à introduire sera plus long.

Plusieurs segments chromosomiques peuvent être transférés dans un même programme de rétrocroisement. Lorsque le nombre de segments à transférer est supérieur à quatre il est pratiquement impossible de les introduire simultanément car il faudrait des effectifs trop élevés. Si la conservation du fond génétique du receveur n'est pas essentielle, la sélection récurrente assistée par marqueurs est alors une solution.

Sélection récurrente assistée par marqueurs, pour des caractères quantitatifs

Le but est de réunir dans un même génotype le maximum de segments chromosomiques favorables, par plusieurs cycles de sélection suivie de croisement (figure 4.8).

Sélection récurrente sur marqueurs seuls, avec détection de QTL

Afin de maximiser l'efficacité de la sélection sur marqueurs seuls les populations d'amélioration sont de préférence les populations utilisées pour la détection de QTL. Il faut en effet d'abord détecter les liaisons entre marqueurs et QTL après génotypage et phénotypage des plantes de la population pour leur valeur propre[94] ou leur

---

94. Valeur phénotypique de plantes ou de lignées.

valeur en croisement avec un testeur, selon que l'on veut développer des lignées ou des hybrides. Pour exploiter toute l'information disponible, la première étape de la sélection se fait à la fois sur les valeurs phénotypiques et sur les marqueurs liés aux caractères sélectionnés (Gallais, 2011) ; les meilleurs génotypes sont intercroisés. La sélection sur marqueurs seuls, au sein de la population résultant de l'intercroisement, peut alors commencer.

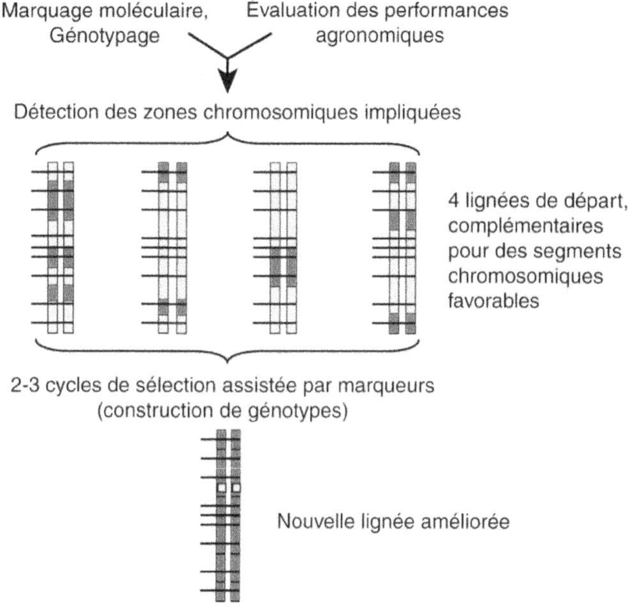

Figure 4.8. Principe de la sélection récurrente assistée par marqueurs.

Le but de cette sélection est d'augmenter, aux différents locus marqueurs, la fréquence des allèles marqueurs favorables, c'est-à-dire des allèles de marqueurs liés aux allèles favorables des QTL détectés, pour le caractère considéré. Il en résultera une augmentation de la fréquence des génotypes porteurs du maximum d'allèles favorables aux QTL détectés. À une génération quelconque de la sélection sur marqueurs seuls, la valeur d'un individu candidat à la sélection est calculée à partir des allèles marqueurs présents. Cette valeur peut être déterminée de deux façons : soit en donnant la même importance à tous les QTL, la valeur d'un génotype étant déterminée simplement par le nombre d'allèles marqueurs favorables portés par les individus, soit en considérant l'effet des QTL, la valeur d'un génotype étant déterminée par la somme des effets des QTL détectés portés par un génotype. Les plantes sélectionnées sont alors croisées entre elles et un nouveau cycle de sélection sur marqueurs seuls peut recommencer.

L'avantage de la sélection sur marqueurs seuls réside dans le fait que, une fois la détection de QTL effectuée, elle ne nécessite pas d'évaluation phénotypique ; comme la sélection porte seulement sur les marqueurs, elle peut être conduite en générations accélérées. Ainsi, pour une plante annuelle, la durée d'un cycle peut être divisée par plus de trois, voire par six, par rapport à des cycles de sélection récurrente sur descendances qui durent trois ans. Donc, même si le progrès réalisé en un cycle de sélection est nettement plus faible que celui qui serait obtenu avec une sélection phénotypique, le progrès par unité de temps peut être supérieur.

Quelques cycles de sélection récurrente sur marqueurs seuls peuvent permettre de réunir assez rapidement dans un même génotype une dizaine de segments chromosomiques favorables, ce que ne permet pas le transfert par rétrocroisement assisté par marqueurs. Cependant, après deux ou trois cycles de sélection sur marqueurs seuls, la réponse à la sélection devient faible car la variation génétique due aux QTL diminue, parce que certains sont fixés (homozygotes) et qu'il peut y avoir une recombinaison entre les QTL et leurs marqueurs. À partir du matériel amélioré, des lignées nouvelles peuvent alors être extraites, évaluées et croisées entre elles pour détecter de nouveaux QTL. Du fait de la fixation de certains QTL et du changement de fond génétique, de nouveaux QTL seront détectés, un nouveau cycle de sélection sur marqueurs seuls peut débuter, et ainsi de suite.

Sélection génomique

Les méthodes de sélection récurrente sur marqueurs seuls, basées sur la détection de QTL, ont l'inconvénient de ne pas prendre en considération les QTL à faibles effets ou les QTL assez éloignés d'un marqueur. De plus, elles demandent des populations particulières. Grâce à l'évolution des techniques et à la forte diminution du coût du marquage moléculaire, il est possible d'avoir un marquage très dense du génome (plusieurs centaines, voire milliers, de marqueurs bien répartis) de telle sorte que tout QTL a de fortes chances d'être très lié à un marqueur. Avec un tel marquage, on peut donc mieux prévoir la vraie valeur génétique ; le marquage très dense du génome fait que tout QTL, même à effet très faible, non détectable, peut contribuer aux valeurs génétiques prédites. Une autre forme de sélection sur marqueurs seuls peut alors être envisagée, c'est la sélection génomique.

Dans cette démarche, il ne devient plus indispensable de travailler avec des populations adaptées à la détection de QTL ; d'autres types de populations plus complexes, présentant plus de variabilité génétique, peuvent être utilisés, y compris des populations telles que celles utilisées en sélection récurrente phénotypique (sans marqueurs). La valeur génétique de chaque plante candidate à la sélection est calculée à partir de l'étude de la liaison statistique entre la valeur phénotypique et l'ensemble des marqueurs du génome[95]. En fait, les équations de prédiction de la valeur génétique sont établies sur une population de référence, proche de la population d'amélioration. Elles peuvent être ensuite utilisées pendant quelques cycles de sélection sur marqueurs seuls, réalisés sans évaluation phénotypique, donc très rapides. Les équations de prédiction doivent être recalculées régulièrement, et dès qu'il y a introduction de matériel nouveau qui doit donc être représenté dans la population de référence.

Testée par simulation, cette méthode apparaît nettement plus efficace par unité de temps que la sélection sur marqueurs seuls prenant en compte les effets des QTL

---

95. Mais le grand nombre de marqueurs, supérieur au nombre de plantes étudiées, rend le problème difficile à résoudre du point de vue statistique, d'où l'utilisation de méthodes particulières de régression qui ne sont pas évoquées ici.

détectés grâce aux marqueurs moléculaires. Appliquée à l'amélioration des bovins laitiers, elle a déjà accéléré le progrès génétique tout en permettant une plus grande diversité génétique des taureaux.

Apports des marqueurs moléculaires pour la sélection

Grâce au développement du marquage moléculaire, la sélection a subi une profonde transformation. Depuis le début du xxe siècle, le sélectionneur ne faisait essentiellement appel qu'aux outils de la sélection phénotypique, c'est-à-dire au croisement, à l'autofécondation, et à l'évaluation au champ. Aujourd'hui, avec les marqueurs moléculaires et la maîtrise de l'haplodiploïdisation, la sélection généalogique (p. 103) inventée par Louis de Vilmorin se trouve profondément modifiée dans ses modalités d'application. On prédit les croisements qui donneront les meilleurs individus puis, grâce à l'haplodiploïdisation, on extrait directement de ces croisements les lignées pures ; ensuite, à l'aide des marqueurs moléculaires, les lignées transgressives[96] sont identifiées directement, sans évaluation phénotypique, ce qui permet de reprendre rapidement un nouveau cycle de sélection, pour cumuler le plus rapidement possible le maximum de gènes favorables dans un même génotype.

Avec la sélection assistée par marqueurs, la sélection devient de plus en plus génotypique. La valeur des génotypes tend en effet à être appréciée par les gènes qu'ils portent et, même s'il reste l'aléa de la méiose, les réassociations d'allèles favorables présents à des locus différents sont de plus en plus dirigées, par le choix des génotypes à croiser et l'identification des recombinaisons favorables dans les descendants. Les progrès dans la génomique, avec l'identification de marqueurs directs d'allèles, accentuent cette évolution de la sélection. Ainsi, dans la sélection sur marqueurs seuls, le risque de recombinaison entre le marqueur et le QTL peut être de plus en plus éliminé. Il en résulte, ou résultera, alors une meilleure utilisation de la variabilité génétique, une « rupture » possible de certaines liaisons génétiques défavorables et, surtout, une meilleure utilisation du temps, avec la possibilité de développer des cycles de sélection sans évaluation phénotypique.

La sélection récurrente assistée par marqueurs devient ainsi une construction par récurrence des meilleurs génotypes possibles. Cependant, ce type de sélection ne diminue pas l'importance de l'évaluation phénotypique… au contraire ! En effet, une des conditions du succès de la sélection assistée par marqueurs (incluant la sélection génomique) est la précision de l'évaluation phénotypique qui sert à étudier les liaisons entre marqueurs et QTL. De plus, les méthodes d'évaluation phénotypique à haut débit qui se développent, combinées à un marquage très dense du génome, permettront de détecter des gènes impliqués dans des caractères physiologiques liés à des caractères agronomiques ; cela débouchera sur la construction de génotypes cumulant plus de gènes d'adaptation à différents milieux. Ce type d'évaluation devrait à terme donner encore plus d'efficacité à la sélection génomique.

---

96. C'est-à-dire meilleures que le meilleur parent.

Chapitre 5

Comment crée-t-on une variété ?

▸▸ Bases de la sélection créatrice

Principe des méthodes de sélection et de création d'une variété

Le processus d'amélioration génétique, dont le but est de réunir le maximum de
gènes favorables dans un même génotype ou dans un groupe de génotypes constituant la variété, peut être considéré comme une suite de cycles constitués chacun de
croisements suivis de sélection. À chaque cycle, le matériel amélioré peut être utilisé
pour développer une variété. Cependant, chez les plantes à reproduction sexuée,
la création variétale doit se faire en tenant compte du mode de reproduction des
espèces, pour éviter la dépression de consanguinité sur les caractères quantitatifs
comme le rendement. Ainsi, chez les plantes autogames on développe en général
des variétés lignées, bien que les variétés hybrides soient susceptibles d'apporter
encore un gain de rendement. Chez les plantes allogames, on développe soit des
variétés-populations ou des variétés synthétiques, soit des variétés hybrides. Chez les
plantes à multiplication végétative, il suffit de multiplier le ou les meilleurs clones.
Il faut cependant pouvoir réaliser des croisements, pour générer des populations
hétérogènes desquelles les meilleurs clones seront extraits.

Avec la sélection phénotypique, sans l'utilisation des marqueurs moléculaires, l'évaluation de la valeur génétique des plantes ou familles candidates à la sélection se fait
à travers leur valeur phénotypique (valeur propre de chaque plante ou valeur phénotypique des familles ou des descendances dérivées de chaque plante évaluée), sans
que les gènes impliqués soient identifiés. La sélection des plantes ou des familles
présentant les meilleures valeurs phénotypiques conduit en moyenne à retenir les
plantes qui ont le plus de gènes favorables et on espère que les apports génétiques
de plantes d'origines différentes croisées entre elles se complémentent. Aujourd'hui,
grâce aux marqueurs moléculaires, il est possible de détecter les plantes dont les
caractéristiques génétiques sont les plus complémentaires et de repérer dans la
descendance de leur croisement les plantes dites transgressives, c'est-à-dire portant
plus de gènes favorables que le meilleur des parents. C'est la sélection assistée par
marqueurs, qui peut être utilisée pour développer les différents types de variétés.

Ressources génétiques et matériel de départ de la sélection

Pour un sélectionneur, le potentiel d'amélioration dépend de la variation génétique
présente dans les matériels génétiques à sa disposition. Il faut donc que ces matériels

soient d'origines variées. Il peut s'agir de populations encore non sélectionnées, voire de plantes sauvages de la même espèce, mais aussi, et surtout, d'anciennes variétés qui peuvent porter des allèles intéressants, et de variétés modernes créées par des sélectionneurs concurrents. En effet, dans le cadre du système européen de protection des obtentions végétales, celles-ci peuvent être utilisées librement comme matériel de départ pour une nouvelle sélection. Les espèces proches de l'espèce sélectionnée peuvent être aussi des sources d'allèles, comme dans le cas du blé et de la tomate, mais elles sont plus difficiles à utiliser. C'est l'ensemble de ces matériels qui constituent ce que l'on appelle les ressources génétiques. Le sélectionneur consacre une partie non négligeable de ses moyens à leur gestion.

Compte tenu de l'importance de ces ressources génétiques pour l'avenir de la sélection, des institutions ont mis en place, aux échelles nationales et internationale, toute une organisation pour la conservation de la variabilité génétique des espèces sélectionnées, sous la forme de ce que l'on appelle des banques de gènes. Dans ces banques est conservé sous forme de graines un matériel très varié, résultant de prospections et comprenant aussi les variétés anciennes, ou les vieilles populations cultivées, de chaque espèce. La conservation se fait à basse température ; elle est statique, toutefois une multiplication est prévue tous les vingt ans environ. Tout sélectionneur peut faire appel à ces banques… mais le matériel, même s'il est accompagné d'une fiche indiquant son origine, est le plus souvent de valeur inconnue et doit donc être étudié, pour que son intérêt pour la sélection soit estimé. Des espèces non cultivées, proches des espèces sélectionnées, sont quelquefois incluses dans ces banques.

Au lieu d'être conservées en chambres froides sous forme de graines, les ressources génétiques pourraient aussi faire l'objet d'une gestion dynamique. Dans cette forme de gestion, des populations hétérogènes sont multipliées dans la nature, dans différentes conditions. La sélection naturelle continue donc de s'exercer sur ces populations, et le matériel s'adapte en permanence au milieu alors qu'avec les banques de gènes, si le milieu (et notamment le climat) évolue fortement, le matériel peut devenir inadapté. Il a même été montré, pour le blé tendre, que cette gestion dynamique pouvait mettre en place des systèmes polygéniques de résistance aux maladies, plus stables que les résistances monogéniques utilisées par les sélectionneurs (Le Boulc'h *et al.*, 1994). Malheureusement, cette forme de gestion est restée au stade expérimental. Cependant, nous avons vu que dans certains cas la sélection participative peut jouer le rôle de cette gestion dynamique (p. 56).

Les ressources génétiques ne sont pas toujours utilisables directement dans un programme de création variétale ; elles doivent alors faire l'objet d'une pré-amélioration, par des méthodes de sélection assez simples. Aujourd'hui, grâce aux marqueurs moléculaires du génome, les ressources génétiques peuvent être mieux gérées et mieux utilisées. On peut, par exemple, y rechercher directement des allèles intéressants.

Place des différents outils dans un schéma de sélection

Le principe d'un cycle de sélection est présenté à la figure 5.1. Le croisement crée une variabilité génétique potentielle, présente dans un génotype à l'état hétérozygote ; celle-ci peut être « libérée », c'est-à-dire rendue visible et utilisable, par reproduction des descendants du croisement, par autofécondation, par exemple. La sélection, selon les différents critères et le système de test retenus (valeur propre, valeur des descendances en autofécondation ou en croisement), permet alors d'identifier des plantes, ou des familles, montrant des recombinaisons entre les différents apports génétiques des parents du croisement. Ces plantes, ou ces familles, peuvent être utilisées directement pour développer une variété ou être à nouveau croisées pour recréer une variabilité potentielle.

Les différents outils à la disposition du sélectionneur, que nous avons vus au chapitre 4, peuvent alors être situés dans ce processus (figure 5.1). Les croisements interspécifiques, la transgénèse et la mutagénèse peuvent être utilisés pour apporter une nouvelle variabilité génétique impliquant seulement quelques gènes. L'haplo-diploïdisation peut être vue comme un système de reproduction permettant d'augmenter la variabilité génétique utilisable par le sélectionneur mais aussi comme un outil pour sortir du cycle de sélection et aboutir à la création d'une variété à base génétique étroite (lignée ou hybride simple). Les marqueurs moléculaires peuvent être utilisés à différentes étapes, pour détecter les plantes à croiser, complémentaires par leurs apports génétiques, mais aussi pour identifier dans les descendances des croisements les plantes montrant des recombinaisons entre ces apports génétiques. La multiplication végétative peut être utilisée, quand cela est possible, pour reproduire à grande échelle une plante qui semble particulièrement intéressante.

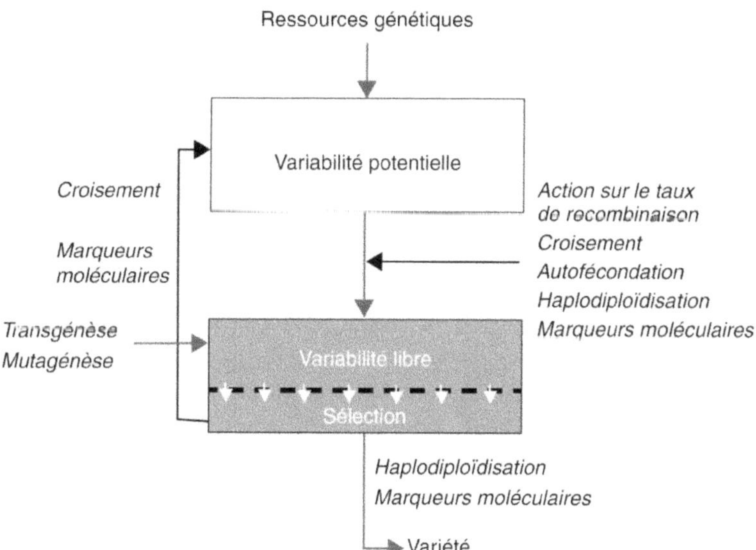

Figure 5.1. Principe d'une méthode de sélection et de création de variétés et place des outils à la disposition du sélectionneur.

Toute méthode de sélection fait d'abord appel au croisement pour tenter de réunir dans un même génotype des gènes favorables présents dans différentes plantes ; puis, par un système de tri selon les critères retenus, les meilleurs individus seront utilisés, soit pour créer une variété soit pour recréer une nouvelle variabilité par croisement. Les différents outils à la disposition du sélectionneur peuvent alors être placés à différentes étapes de ce schéma, soit pour créer une nouvelle variabilité, soit pour mieux « libérer » la variation génétique ou pour mieux l'utiliser.

Comme l'efficacité de la sélection dépend beaucoup du nombre de recombinaisons génétiques efficaces survenant par unité de temps, on a intérêt à construire des cycles courts ou à recourir à des méthodes permettant de raccourcir la durée d'un cycle. L'introduction de nouvelles ressources génétiques est nécessaire, à la fois pour augmenter le potentiel d'amélioration et pour pouvoir répondre à de nouveaux objectifs de sélection. La continuité de l'amélioration du rendement chez les espèces de grande culture est une preuve à la fois du grand nombre de gènes en cause et de l'efficacité du cumul des cycles de sélection.

Dans ce qui suit, nous allons voir comment le principe d'amélioration basé sur le croisement suivi de sélection se retrouve dans les méthodes de sélection de quelques types de variétés, à savoir les variétés-populations, les variétés lignées et les variétés hybrides[97]. Nous montrons surtout comment se fait la création de variétés par la sélection phénotypique, en soulignant où certains outils, comme l'haplodiploïdisation, les marqueurs moléculaires et la transgénèse, peuvent intervenir.

▸▸ Amélioration des populations chez les plantes allogames

Le principe de l'amélioration des variétés-populations est le plus simple. Chez les espèces à fécondation croisée, des plantes ou des familles sont sélectionnées puis intercroisées entre elles (souvent en fécondation libre) pour former la génération suivante. Il y a trois types de méthodes : la sélection massale, la sélection familiale et la sélection sur descendances.

Sélection massale

La domestication des plantes s'est poursuivie pendant de nombreuses générations, par la sélection et la récolte en mélange des meilleures plantes d'une population pour produire les semences de la génération suivante[98]. Cette sélection est dite massale car les plantes sélectionnées sont récoltées en mélange, en masse. L'agriculteur, qui joue le rôle de sélectionneur, choisit les plantes sur des critères correspondant à ses souhaits (précocité, vigueur, résistance aux maladies, morphologie, qualités...). Ainsi, aux États-Unis, cette forme élémentaire de sélection se réalisait encore au début du xxe siècle au sein des populations de maïs, au travers de « foires aux plus beaux épis ». Les progrès de rendement en grain réalisés grâce à ce type de sélection ont été très faibles. Cependant, cette sélection, souvent très locale et répétée pendant de nombreuses années, a donné naissance à des populations en

---

97. Pour plus de détails sur les méthodes et pour les autres types de variétés, le lecteur pourra se reporter à l'ouvrage *Méthodes de création de variétés en amélioration des plantes* (Gallais, 2009a).

98. Au cours de la domestication, l'homme a récolté des plantes ayant les caractères qu'il recherche (non égrenage, résistance aux maladies, type de développement, qualité du grain...). Il en a ressemé des grains et a ainsi recommencé la sélection. L'accumulation d'un grand nombre de cycles de semis et de récolte a permis de retenir des mutations à effets assez forts, qui affectent la morphologie de la plante, son type de développement, voire la qualité du grain chez les céréales.

général très bien adaptées à leur milieu de culture. Dans certains cas (plantes fourragères pérennes telles que la luzerne ou le trèfle violet), la sélection naturelle a sans doute joué un rôle aussi fort, voire plus fort, que l'intervention de l'homme.

Ce schéma est encore appliqué dans des régions du monde où se pratique une agriculture de subsistance, pour des plantes cultivées à faible densité (pour le maïs, par exemple). Réalisée par chaque agriculteur, la sélection massale peut être vue comme une forme de gestion dynamique de la variabilité génétique (p. 56). Cependant, pour une plante à fécondation croisée, se pose le problème de la pollinisation entre champs voisins ensemencés par des populations différentes. Cela peut être une source de variation génétique intéressante mais cela limite l'efficacité de la sélection.

Cette forme de sélection peut aussi être mise en œuvre par un sélectionneur. Elle se déroule comme chez l'agriculteur, à la différence près que le sélectionneur choisit un terrain homogène, ou cherche à éliminer les effets d'une hétérogénéité de fertilité du sol, afin de ne pas confondre les effets d'une telle hétérogénéité avec des effets génétiques (par exemple, une plante peut être plus vigoureuse qu'une autre simplement parce qu'elle a bénéficié de conditions micro-environnementales plus favorables). Il choisit aussi un champ isolé des cultures de la même espèce, pour limiter les pollinisations illégitimes. À noter que l'agriculteur peut, lui aussi, réaliser sa sélection en cultivant ses plantes sur un terrain le plus homogène possible, mais il lui est sans doute plus difficile de les maintenir à l'abri des pollinisations illégitimes.

C'est une méthode de sélection simple, peu coûteuse, à cycle court (un an pour une plante annuelle). Elle est très efficace (en matière de moyens et de temps) pour les caractères peu influencés par le milieu, comme la résistance à certaines maladies, la précocité de floraison ou de maturité et certains caractères de qualité. Pour les caractères peu héritables, car très influencés par le milieu, comme le rendement en grain ou en biomasse d'une partie de la plante, elle a en général une faible efficacité. De plus, la sélection ne peut se faire que dans un milieu donné et elle nécessite que l'on puisse identifier facilement les individus ; la culture se fait donc à faible densité, c'est-à-dire dans des conditions différentes des conditions de culture réelles... ce qui peut encore en limiter l'efficacité.

Cependant, son efficacité pour améliorer le rendement peut être augmentée si la sélection se fait sur certains caractères morphologiques ou physiologiques qui sont liés au rendement mais sont moins affectés que lui par le milieu[99]. De plus, comme elle permet l'étude d'un grand nombre d'individus, il est possible d'appliquer une forte intensité de sélection (c'est-à-dire une sélection sévère), ce qui peut permettre de compenser une faible efficacité attendue pour des caractères peu héritables.

Sélection familiale et sélection sur descendances

Après les travaux de Louis de Vilmorin sur le blé et la betterave à sucre, montrant l'intérêt de l'étude de la descendance d'une plante pour évaluer sa valeur génétique,

---

99. Par exemple, pour le maïs, la sélection massale de plantes sur la quantité de grains par épi ou l'aspect de l'épi (forme, dimension, aspect sain) est assez inefficace pour améliorer le rendement, mais la sélection pour le nombre d'épis (prolificité en épis) a été très efficace pour améliorer le rendement chez certaines populations, car ce caractère très lié au rendement en grain est assez héritable.

l'introduction des tests de familles a été proposée pour augmenter l'efficacité de la sélection massale pour des caractères influencés par le milieu. Ces travaux se sont développés essentiellement pour le maïs, aux États-Unis, et pour les plantes four-ragères et la betterave, en Europe scandinave. Deux grands types de méthodes de sélection ont été développés : les méthodes de sélection familiale et la sélection sur descendances.

Sélection familiale

L'une des premières méthodes de sélection récurrente développée a été la sélection familiale « un épi à la ligne ». Le principe est simple (pour les plantes allogames sélectionnées pour la production de grains) : dans une population se reproduisant en fécondation libre, les semences de chaque plante sont récoltées séparément puis, à la génération suivante, les semences issues d'une même plante sont semées sur une même ligne ; il y a donc une descendance par ligne. Il est possible de réaliser ces semis de familles en constituant des répétitions, pour mieux contrôler les effets du milieu, dans un même lieu ou dans des lieux différents. Au moment de la récolte, l'évaluation se fait d'abord par familles (les meilleures familles sont sélectionnées) puis, à l'intérieur de chacune de ces meilleures familles, les meilleures plantes peuvent être sélectionnées. Les descendances de celles-ci sont alors semées, selon le principe d'une descendance par ligne… et ainsi de suite. Cette méthode est qualifiée de sélection familiale demi-frères car les plantes d'une descendance dérivent par croisement d'une même plante-mère et constituent donc une famille de demi-frères (ou demi-sœurs).

L'inconvénient de cette méthode est que le parent mâle n'est pas contrôlé, puisque le pollen fécondant un ovule de la plante-mère peut provenir de n'importe quel individu de la population. Au sein de chaque famille, les apports génétiques de la plante-mère sélectionnée sont donc dilués, ce qui diminue l'efficacité attendue de la sélection. Pour pallier cet inconvénient, une première solution est de sélectionner sur des familles de pleins-frères, obtenues par croisement de deux plantes bien identi-fiées. Après évaluation, les meilleures familles sont croisées entre elles pour produire les familles du cycle suivant. Bien que le cycle de cette sélection soit plus long (deux ans pour une plante annuelle), c'est une méthode très efficace par unité de temps, mais plus lourde, car il faut réaliser manuellement un assez grand nombre de croise-ments. Une autre solution est de réaliser une sélection sur descendances demi-frères.

Sélection sur descendances demi-frères

Ce schéma diffère de la sélection familiale demi-frères par le fait que les plantes-mères des familles sont intercroisées entre elles pour former la génération suivante (figure 5.2). Il faut donc prévoir leur conservation, ce qui peut se réaliser par leur multiplication végétative, si elle est possible, ou par leur autofécondation. Avec cette méthode, on évalue bien ce qu'il faut améliorer, à savoir la valeur de la descendance en croisement d'une plante[100]. Cette méthode est donc attendue plus efficace en un cycle

---

100. La valeur d'une population peut en effet être considérée comme la moyenne des valeurs des descen-dances en fécondation libre des plantes de la génération précédente.

que la sélection familiale demi-frères ; cependant, la durée d'un cycle de sélection sur descendances demi-frères est plus longue, puisqu'il faut trois générations au lieu d'une, et donc le progrès génétique par unité de temps n'est pas nécessairement supérieur.

Cette forme de sélection débouche très simplement sur la création des variétés synthétiques ; il suffit d'intercroiser les cinq à dix meilleures plantes-mères et de multiplier la population obtenue pendant deux ou trois générations. En ce cas, ce sera toujours la même génération qui sera commercialisée alors qu'avec une variété-population, on avance d'une génération à chaque culture. Pour reproduire la variété synthétique, il faut un système de maintien des plantes-mères par autofécondation ou clonage.

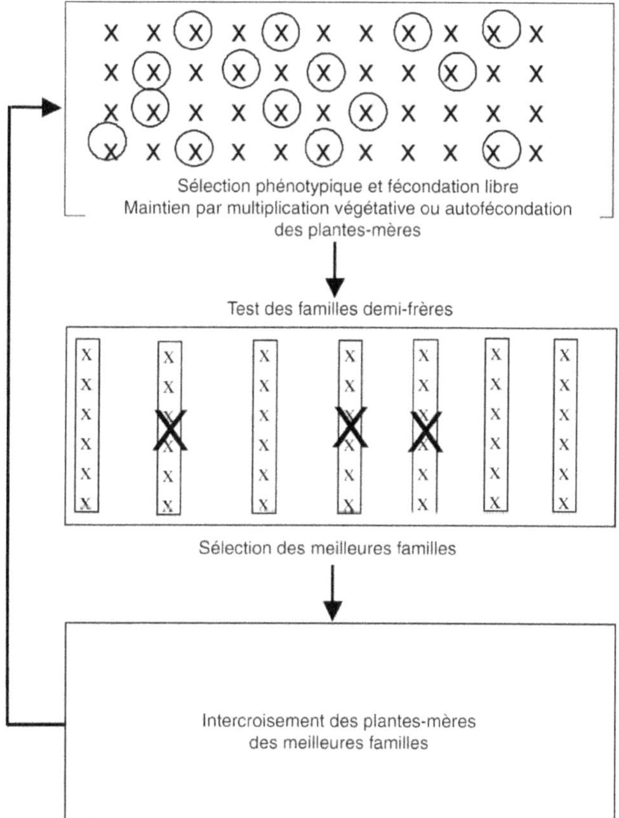

Figure 5.2. La sélection sur descendances demi-frères.

La population améliorée obtenue peut être utilisée directement comme variété-population ou comme matériel de départ pour la sélection d'une variété à base génétique étroite.

D'autres méthodes d'amélioration des populations peuvent être conçues pour préparer la création des variétés lignées ou des hybrides. Elles ne sont pas présentées ici ; nous renvoyons le lecteur à d'autres ouvrages, traitant de ce sujet (par exemple, Gallais, 2011).

Des gènes particuliers obtenus par mutagénèse ou transgénèse peuvent ou pourraient être introduits dans les populations améliorées. De même, la sélection assistée par marqueurs, comprenant la sélection génomique, peut ou pourrait être mise en œuvre pour l'amélioration des populations.

Limites des variétés-populations

Dans les pays où l'agriculture et la filière Semences sont bien développées, l'amélioration des populations telle que nous l'avons présentée ci-dessus est largement pratiquée pour les animaux domestiques mais n'a pas été beaucoup utilisée pour les végétaux, sauf pour les arbres forestiers et pour les plantes fourragères allogames, pour lesquelles elle est toujours pratiquée et conduit à la création de variétés synthétiques. Sa faible utilisation pour les plantes annuelles ou les bisannuelles tient sans doute principalement à la lenteur des progrès réalisés. De plus, elle conduit à une hétérogénéité génétique au sein de chaque population, hétérogénéité dont nous avons déjà évoqué tous les inconvénients. En revanche, elle est mise en œuvre dans certains programmes de sélection participative (p. 109).

Pour pallier les limites des variétés-populations, l'idéal serait de pouvoir reproduire facilement le meilleur génotype identifié dans une population améliorée. C'est ce qui est mis en œuvre, facilement, pour les plantes à multiplication végétative. Pour les plantes à reproduction sexuée, le problème se pose en des termes différents selon qu'il s'agit de plantes autogames ou de plantes allogames. Dans le premier cas, l'isolement du meilleur génotype homozygote peut être tenté par sélection généalogique sur la valeur en autofécondation. Dans le second cas, les variétés hybrides simples de lignées sont un moyen de reproduire le meilleur génotype d'une population ou du croisement de deux populations.

▸▸ Sélection généalogique et développement de lignées pures

Principe de la création de nouvelles lignées

La création de variétés lignées s'envisage surtout chez les plantes autogames. Du fait de l'autofécondation pendant un grand nombre de générations, une population non sélectionnée de plantes autogames est en fait formée d'un mélange de génotypes homozygotes, c'est-à-dire d'un mélange de lignées. La sélection sur descendances à l'intérieur d'une population de plantes autogames, introduite par Louis de Vilmorin (1856), conduit donc à en extraire la meilleure lignée. Ensuite, il ne peut plus y avoir de réponse à la sélection à l'intérieur d'une lignée, puisque toutes les plantes sont identiques entre elles.

Pour qu'il y ait une réponse à la sélection, il faut recréer une variabilité génétique. La solution est alors de croiser entre elles des lignées supposées complémentaires pour différents caractères sélectionnés puis d'autoféconder et de sélectionner dans les descendances, au cours de générations successives d'autofécondation (qui conduisent à la fixation d'une nouvelle lignée, c'est-à-dire au retour à un génotype homozygote sur la plupart de ses locus). Cette sélection est qualifiée de généalogique. Ainsi, on peut croiser une lignée de blé qui a un bon rendement mais une mauvaise qualité boulangère avec une autre, qui a un moins bon rendement mais une meilleure qualité boulangère. En supposant, pour simplifier, que les gènes qui affectent le rendement et ceux qui affectent la qualité soient différents, ce qui n'est pas toujours le cas, le but est d'obtenir une nouvelle lignée ayant à la fois un bon rendement et une bonne qualité boulangère. Mais on peut aussi croiser deux lignées ayant toutes les deux un assez bon rendement, pour obtenir de nouvelles lignées présentant un meilleur rendement que les parents de départ. Dès que le nombre de gènes en cause est grand (ce qui est le cas pour un caractère comme le rendement) il est fort probable que deux lignées non apparentées portent des allèles favorables différents.

Dans tous les cas, il s'agit de réunir dans une nouvelle lignée plus de gènes favorables qu'il n'y en a chez le meilleur parent. Cela peut être atteint par la mise en œuvre de deux types de méthodes, selon que la sélection se fait pendant la phase de fixation, ou après.

Création de lignées par sélection pendant la phase de fixation

Le principe de la sélection généalogique avec sélection pendant la phase de fixation est illustré par la figure 5.3. À partir de la génération F_1, issue du croisement entre deux lignées complémentaires, on espère isoler, par sélection au cours des générations successives d'autofécondation, de nouvelles lignées homozygotes transgressives, c'est à dire ayant réuni plus de gènes favorables que le meilleur des deux parents. Cependant, pour un caractère complexe, il y a toujours, à certains locus, fixation d'allèles défavorables, donc perte d'allèles favorables, du fait des lois du hasard, mais aussi à cause des « erreurs » de sélection dues à une mauvaise correspondance entre la valeur phénotypique et la valeur génétique (cas de faible héritabilité). Le grand nombre de gènes favorables à réunir, leur répartition dans de nombreux génotypes et les « erreurs » de choix font que la fixation du maximum de gènes favorables ne peut se faire que progressivement, par l'enchaînement des cycles de sélection généalogique, d'où la continuité du progrès génétique qui est observée.

Dans cette méthode, la sélection opérée sur les générations précoces (F_2, F_3) porte sur les caractères peu influencés par le milieu, comme la précocité de floraison, la résistance aux maladies. Ce n'est généralement qu'à partir de la quatrième génération (F_5) que, par la constitution de petites parcelles cultivées avec les familles obtenues, la sélection peut porter sur les caractères moins héritables, comme le rendement. Il est en effet difficile de réaliser des évaluations pour le rendement avant d'avoir atteint un certain niveau de fixation. C'est donc un des inconvénients de cette méthode, puisque la sélection pour des caractères complexes, comme le rendement, intervient alors que la sélection sur certains autres caractères ainsi que la dérive génétique[101] ont déjà provoqué une perte de variabilité génétique au cours des premières générations d'autofécondation. Enfin, c'est un processus long, qui s'étend sur huit à neuf générations, soit huit à neuf ans pour une plante annuelle.

---

101. Perte aléatoire d'allèles, par l'utilisation d'effectifs trop restreints (faible nombre de plantes retenues pour le passage d'une génération à une autre).

Pour remédier aux inconvénients de la sélection pendant la phase de fixation, d'autres modalités de sélection généalogique existent.

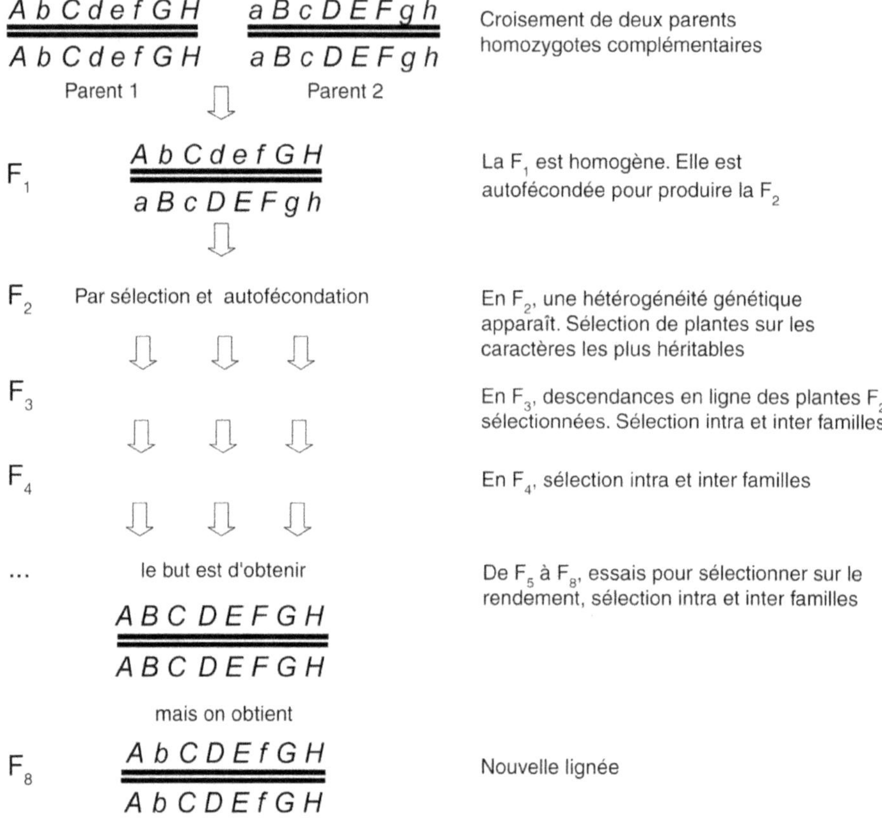

Figure 5.3. Principe de la sélection généalogique avec sélection pendant la phase de fixation.

F$_2$, F$_3$... F$_n$ représentent les générations successives issues par autofécondation du croisement (F$_1$) de deux lignées (P1 et P2).

Méthodes de création de lignées par sélection après la phase de fixation

Ces méthodes consistent à développer l'état homozygote sans opérer de sélection puis à sélectionner *in fine* sur les lignées ainsi obtenues. Trois méthodes, différant par la technique choisie pour atteindre l'homozygotie, peuvent être utilisées. La méthode de filiation monograine, ou SSD (*Single Seed Descent*), consiste, à partir de la génération F$_2$, à autoféconder pendant trois à quatre générations, en ne semant qu'une seule graine, prise au hasard dans la descendance de chaque plante de la génération précédente. Une autre méthode, qui suppose une autogamie naturelle très forte, consiste à multiplier la F$_2$ en mélange pendant trois à quatre générations ;

c'est la méthode des *bulks*. Avec ces deux méthodes, la sélection sur tous les caractères, y compris celle sur le rendement, commence donc en F_5 ou en F_6. La dernière méthode, de plus en plus utilisée, fait appel à l'haplodiploïdisation ; ce système permet de passer directement de la F_1 à l'ensemble des lignées homozygotes dérivables de cette F_1[102]. Il suffit alors de sélectionner les meilleures lignées pour obtenir une nouvelle variété. Chez le blé, ce schéma, incluant haplodiploïdisation et sélection après fixation, permet de raccourcir de deux à trois ans la durée du cycle de sélection, par rapport à une sélection qui serait opérée pendant la phase de fixation, ce qui est important.

Récurrence de la sélection de lignées et mise en œuvre d'autres outils

Dans la pratique, le sélectionneur réalise au départ de chaque cycle de sélection un grand nombre de croisements (quelques centaines, voire quelques milliers). De ces croisements il extrait de nouvelles lignées qui sont à nouveau croisées entre elles pour constituer de nouveaux départs de sélection, et ainsi de suite... Pour les caractères quantitatifs, pour lesquels il faut réunir de nombreux gènes favorables dans une même lignée, ce qui est impossible à faire en un seul cycle, il en résulte une amélioration continue de la valeur des meilleures lignées. Des gènes bien identifiés, de même que des transgènes, peuvent être transférés par rétrocroisement chez les parents des croisements de départ ou chez les nouvelles lignées obtenues. Les marqueurs moléculaires peuvent aussi être utilisés pour identifier des parents complémentaires et pour réunir dans une même lignée des segments chromosomiques favorables (p. 90). À terme, la mise en œuvre de l'haplodiploïdisation et de la sélection génomique augmentera le progrès génétique par unité de temps.

▸▸ Développement de variétés hybrides entre lignées pures

Principe de la création de variétés hybrides

Chez les plantes à fécondation croisée, une population est un mélange de plantes génétiquement différentes, dont les performances individuelles (la quantité de grains par épi, chez le maïs, par exemple) sont variables. Parmi ces plantes, l'une d'entre elles est nécessairement génétiquement meilleure que les autres, mais elle n'est pas identifiable, à cause des effets du milieu. Si l'on arrive à identifier ce génotype et à le fabriquer à grande échelle, il constituera la meilleure variété possible issue de la population. Mais comment arriver à cela en l'absence de multiplication végétative ?

Shull, en 1908, a eu le génie, pour l'époque, d'assimiler chaque plante à un hybride « cryptique », résultant de la rencontre d'un gamète femelle et d'un gamète mâle

---

102. En supposant que l'on néglige l'effet du linkage (liaison physique entre locus) pour les locus situés sur un même chromosome.

de la population. Pour reproduire ce génotype, il faut avoir des sources de gamètes constantes, ne donnant chacune qu'un type de gamètes. Pour obtenir ces sources, il suffit de fabriquer des lignées par autofécondation. Ces lignées étant obtenues en absence de sélection, leur croisement deux à deux reproduit tous les génotypes de la population d'origine (figure 5.4), mais à la différence près que pour chaque hybride obtenu, il y a une certaine quantité de graines, toutes de même génotype. Il est donc possible de faire avec ces graines des essais avec répétitions pour détecter la combinaison la plus performante, ce qui n'était pas possible avec une seule plante de la population de départ. De plus, si les sources de gamètes (c'est-à-dire les lignées parentes) sont conservées, ce qui est facile, ce génotype hybride est parfaitement reproductible. Cette démarche s'applique aussi au croisement de deux populations ; elle permet d'isoler et de reproduire le meilleur génotype présent dans la population hybride. Ainsi un tel hybride sélectionné sera toujours supérieur à la population, ou à l'hybride de populations, dont il est issu.

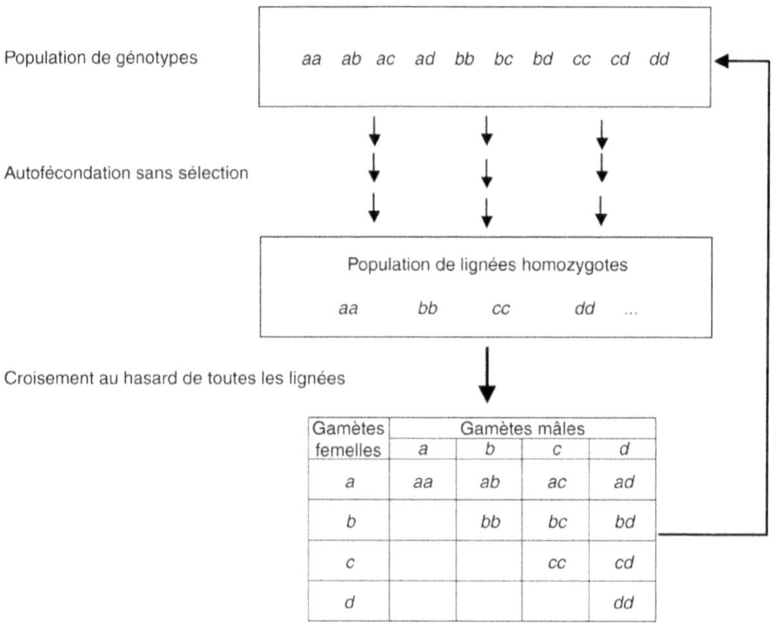

Gamètes femelles	Gamètes mâles			
	a	b	c	d
a	aa	ab	ac	ad
b		bb	bc	bd
c			cc	cd
d				dd

Figure 5.4. Principe de la création des variétés hybrides.

a, b, c et d représentent des allèles à un locus. L'autofécondation au sein d'une population a pour but d'obtenir des génotypes (lignées homozygotes) qui ne produiront qu'un seul type de gamètes. Le croisement au hasard entre ces lignées régénère la population de départ, mais avec plusieurs exemplaires de chaque génotype. Par l'évaluation des croisements il est alors possible d'identifier le meilleur et de le reproduire à grande échelle puisque chacun de ses parents est connu et reproductible par autofécondation.

Mise en œuvre de la sélection pour la création d'hybrides

Compte-tenu des réflexions de Shull, le principe de la sélection des hybrides apparaît simple. Il faut d'abord obtenir des lignées, puis les croiser entre elles pour produire des hybrides simples, qui seront évalués afin d'identifier, puis de reproduire, le meilleur d'entre eux. Cependant la sélection des parents d'hybrides simples se heurte à une difficulté majeure, à savoir le grand nombre de combinaisons à réaliser[103]. Pour réduire ce nombre, il faut définir un critère de sélection des lignées avant d'envisager l'étude de leurs croisements. La valeur propre de chaque lignée est vite apparue comme insuffisante, du fait d'une liaison assez faible entre la valeur propre des parents et leur valeur moyenne en croisement avec d'autres lignées. La solution est alors dans l'évaluation directe de la valeur moyenne des hybrides que peut donner chaque lignée. Cette valeur, appelée aptitude générale à la combinaison, est assez facile à évaluer. En effet, pour produire les descendances à évaluer, il suffit de polliniser chaque lignée d'une population avec le mélange de pollen d'un assez grand nombre de plantes de cette population (on dit que la population est prise comme testeur). On peut alors sélectionner les lignées donnant les meilleures descendances et restreindre l'étude des combinaisons deux à deux aux lignées sélectionnées.

Dans la pratique, on choisit comme testeur non pas une population mais une lignée, qui se croise bien au matériel sélectionné[104] : elle sera un des parents de l'hybride développé. Le testeur va servir à évaluer la valeur en combinaison du matériel en cours de sélection. À partir des descendances en autofécondation de plantes d'une population ou de plantes dérivant de la génération F_1 issue du croisement entre deux lignées, on réalise alors une sélection généalogique pour la valeur en combinaison avec ce testeur, selon les mêmes principes que pour la sélection de lignées sur leur valeur propre. Cette sélection peut même être conduite de façon plus rigoureuse que celle pour la valeur propre, car une sélection dès les premières générations est possible sans trop de risques. En effet, la valeur en combinaison d'une plante hétérozygote est égale à la moyenne des valeurs en combinaison des lignées qui peuvent en être tirées (Gallais, 2009a). La nécessité de croiser avec le testeur allonge la durée nécessaire pour arriver à une lignée fixée. Cependant, cette durée peut être réduite par l'utilisation de l'haplodiploïdisation à partir de la génération F_1.

La récurrence de la sélection s'organise de la même façon que pour la sélection de lignées. Là encore, l'utilisation de l'haplodiploïdisation permet d'enchaîner facilement les cycles de sélection et débouche directement sur de nouvelles variétés hybrides simples. Ainsi, par l'enchaînement de cycles de sélection constitués chacun de croisements suivis de sélection, on améliore progressivement la valeur en combinaison avec le testeur du matériel amélioré. Le testeur devra être changé au fur et à mesure des progrès de la sélection (Gallais, 2009a et 2011).

Comme pour le développement de variétés lignées, des gènes bien identifiés, ou des transgènes, peuvent être transférés par rétrocroisement chez les parents d'un hybride. Les marqueurs moléculaires peuvent aussi être utilisés, pour réunir dans un même génotype des segments chromosomiques favorables pour la valeur en

---

103. En supposant que les deux populations de lignées à croiser soient constituées chacune de seulement cent lignées, cela conduit à dix mille hybrides, ce qui est pratiquement impossible à réaliser (surtout du point de vue de l'évaluation).

104. En fait, chez le maïs, le matériel de sélection a été structuré en groupes, définis de telle sorte que les lignées d'un groupe se combinent très bien avec les lignées d'un autre groupe ; le testeur est alors pris dans un groupe complémentaire du groupe à améliorer. Cela maximise l'efficacité de la sélection. Pour plus de détails sur la justification de la méthode, voir Gallais (2009a).

combinaison avec le testeur utilisé. La sélection génomique augmentera encore l'efficacité du processus de sélection des variétés hybrides.

▸▸ Création de variétés en sélection participative

La sélection participative peut conduire, chez les plantes allogames comme chez les plantes autogames, à des populations améliorées, ou variétés-populations, à base génétique large, ou à des variétés à base étroite (notamment à des lignées) (p. 50). La sélection massale, qui conduit à des variétés-populations et peut facilement être réalisée par l'agriculteur, a déjà été présentée. Nous ne présentons ici brièvement que les autres sélections participatives qui incluent des tests de rendement chez l'agriculteur.

Sélection participative de variétés-populations de plantes autogames

Dans le cas des plantes autogames, comme les céréales à paille, les populations hétérogènes ont souvent disparu au fur et à mesure du développement de la sélection. En effet, comme elles sont formées d'un mélange de génotypes homozygotes, la sélection « moderne » en a généralement extrait une ou plusieurs lignées intéressantes, dont la descendance ne présente plus de variation. Et même si des populations hétérogènes se sont maintenues, localement, leur variabilité génétique peut ne pas être suffisamment forte pour permettre une réponse significative à la sélection sur différents caractères.

Dans les deux cas, il faut donc réaliser des croisements pour générer une nouvelle variabilité génétique. On voit mal l'agriculteur réaliser lui-même ces croisements (sauf s'il devient sélectionneur à part entière). Pour ces espèces, il faut donc l'intervention d'un établissement, appartenant, par exemple, à un organisme national de recherche publique ou à un centre international de recherche agronomique, qui va réaliser les croisements en tenant compte des matériels les plus utilisés par les agriculteurs et de leurs demandes en matière d'objectifs de sélection. Des variétés-populations, qualifiées de composites, à base génétique plus large que des lignées, peuvent aussi être obtenues par l'intercroisement de plusieurs lignées.

Dans le programme conduit par l'Icarda sur l'orge, en Syrie et dans d'autres pays du pourtour méditerranéen, une fois les croisements réalisés (plusieurs dizaines, voire une centaine) les descendances sont multipliées chez les agriculteurs, qui éventuellement peuvent sélectionner pour le passage d'une génération à la suivante ; mais c'est surtout la sélection naturelle qui intervient. Trois ou quatre agriculteurs par village participent à ces multiplications et recueillent les données de rendement et les autres caractéristiques.

C'est en fait la méthode des *bulks* (c'est-à-dire des mélanges), utilisée en sélection généalogique pour la création de variétés lignées (p. 104), qui est suivie. Après trois ou quatre multiplications et une évaluation plus précise de la dernière génération, ce ne sont cependant pas des lignées pures qui sont créées, mais ce sont les deux ou trois meilleurs mélanges de lignées qui sont retenus pour la culture à l'échelle du village[105]. Cette forme de sélection entre mélanges de lignées est assez efficace ; elle correspond essentiellement à une sélection entre croisements. Ces mélanges sont génétiquement hétérogènes et remplissent difficilement les conditions pour une inscription au catalogue, dans les pays où l'homogénéité est nécessaire à l'inscription (donc à la commercialisation).

Sélection participative de variétés-populations de plantes allogames

Dans cette organisation de la sélection participative est mise en œuvre une sélection récurrente familiale ou une sélection sur descendances (p. 99). Les plantes sélectionnées par l'agriculteur à partir de la population qu'il cultive donnent naissance à des familles ou des descendances (au nombre de 150 à 200), par croisement manuel, fécondation libre ou autofécondation. Ces descendances sont alors étudiées en petites parcelles, chez quelques agriculteurs d'un village, avec ou sans répétitions. L'agriculteur fait des observations au cours de la croissance des plantes, effectue la récolte par parcelle et mesure le rendement.

Dans le cas d'une sélection familiale, les meilleures descendances (une vingtaine) sont sélectionnées, puis leurs graines sont mélangées pour constituer la nouvelle population améliorée. Dans le cas d'une sélection sur descendances, ce sont les plantes-mères des descendances sélectionnées qui sont intercroisées pour conduire à la nouvelle population améliorée. Ce type de sélection est ainsi mis en œuvre par le Cirad et par l'Icrisat au Niger.

La difficulté est d'avoir, d'une part, des essais de rendement assez précis chez l'agriculteur (ce qui demande des conditions les plus homogènes possible) et, d'autre part, un isolement correct de chacune des parcelles d'essai, pour éviter une pollinisation par du pollen étranger au moment de la production des familles et de l'intercroisement éventuel des familles sélectionnées.

Sélection et création participatives de variétés à base génétique étroite

Chez les plantes autogames, dans le prolongement du schéma conduisant à des mélanges de lignées améliorés, pour progresser plus, il faut extraire de ces mélanges les meilleures lignées, identifiées par des tests de descendances. La production des descendances peut être réalisée chez l'agriculteur, encadrée par un organisme national de recherche publique ou par un centre international de recherche

---

105. Dans des cas particuliers, chez les céréales autogames (orge), après un assez grand nombre de générations de multiplication, on a observé une augmentation du rendement de ces mélanges de lignées, par un simple effet de la sélection naturelle au cours des générations de multiplication. Cependant, cela correspond à des situations où sont impliquées des associations de caractères difficiles à maîtriser. Il pourrait aussi y avoir dans certaines situations diminution du rendement au cours des générations de multiplication.

agronomique, et l'évaluation de ces descendances est aussi réalisée chez les agriculteurs. Les meilleures familles correspondent alors à une lignée pratiquement fixée.

Au lieu d'une sélection en mélange, c'est une véritable sélection généalogique qui peut être conduite par l'agriculteur au cours de la phase de fixation, comme cela a été mis en œuvre par le Cirad pour le sorgho, au Nicaragua et au Burkina-Faso (Trouche *et al.*, 2011 ; vom Brocke *et al.*, 2010). Pour cette même espèce, au Mali, le Cirad a mis en œuvre un mode de sélection participative très proche d'une sélection dite centralisée. Les agriculteurs ont été associés au choix du matériel de départ (sélection entre populations et à l'intérieur de chaque population) ; des populations synthétiques ont été réalisées en station de recherche[106] et, à partir de ces populations, une sélection de lignées a été réalisée, les tests de descendance étant effectués chez les agriculteurs. À terme, cette sélection débouche sur la création de lignées adaptées aux conditions locales.

Des schémas de sélection participative débouchant sur des variétés hybrides entre lignées pourraient aussi être développés. Cependant, la sélection participative dans les pays en développement, comme nous l'avons déjà souligné, favorise plus les schémas de sélection débouchant sur des populations ou des variétés que l'agriculteur peut reproduire facilement pendant quelques années, ce qui n'est pas le cas des hybrides.

---

106. Par l'utilisation d'un gène de stérilité mâle, car le sorgho est autogame.

Troisième partie

Objectifs et critères de sélection

Chapitre 6

L'amélioration des plantes permet de nourrir la planète
La sélection pour le rendement

Le rendement d'une culture est la quantité récoltée par unité de surface, la récolte portant sur une partie particulière de la plante cultivée, comme les racines (dans le cas de la betterave, par exemple), les tubercules (pomme de terre), les tiges (canne à sucre, maïs pour ensilage), les feuilles, les fruits, ou les graines. Il peut s'agir du rendement en matière sèche ou du rendement en matière fraîche de l'organe récolté, mais aussi du rendement en une substance particulière (huile, sucre, amidon, fibres…) qui se trouve dans cet organe. Dans ce cas, le rendement en cette substance (en huile, par exemple) est égal au produit du rendement en matière sèche de l'organe récolté par la teneur de l'organe en cette substance.

Nous avons vu la nécessité d'améliorer le rendement des plantes cultivées, dans toutes les régions du monde, pour mieux nourrir une population humaine toujours en croissance. Cette augmentation peut être réalisée par deux voies complémentaires : la voie agronomique, par l'amélioration des techniques culturales, et la voie génétique, par la création de variétés utilisant de façon très efficace tous les facteurs du milieu (lumière, eau, intrants). La nécessité d'utiliser parcimonieusement les intrants, afin de respecter l'environnement, conduit à donner beaucoup d'importance à la part de l'amélioration génétique dans l'augmentation des rendements.

De plus, du point de vue de l'agriculteur, le rendement est une composante importante de son revenu, même s'il faut souvent pondérer cette composante par un paramètre de qualité de la récolte, qui est fonction de son utilisation.

D'un point de vue plus physiologique, le rendement d'une production traduit d'abord l'efficacité de la plante à convertir en matière sèche, dans la plante entière et surtout dans l'organe récolté, le gaz carbonique atmosphérique fixé par la photosynthèse grâce à l'énergie solaire captée. Le but de toute culture est de maximiser cette efficacité. Le rendement traduit aussi l'adaptation aux différentes conditions environnementales auxquelles la plante est soumise au cours de sa vie.

Il en résulte que du point de vue génétique le rendement est sans doute le caractère le plus complexe, puisqu'il dépend de nombreux gènes qui se sont exprimés au cours de la vie de la plante ; c'est un caractère très polygénique. Le but de la sélection est alors de cumuler le maximum de gènes favorables au rendement dans un même génotype, mais sans nécessairement les identifier. Il n'y a d'ailleurs pas vraiment de gènes de rendement. Enfin, du point de vue de la sélection, le rendement présente la caractéristique d'être un caractère peu héritable, c'est-à-dire très affecté par le milieu.

▸▸ Sélection directe sur le rendement

Évaluation de la valeur génétique d'une plante pour le rendement

La sélection sur le rendement est généralement directe, c'est-à-dire par évaluation du rendement des génotypes candidats à la sélection. Cependant, une particularité du rendement d'une culture est qu'il s'agit du rendement d'un groupe de plantes cultivées à plus ou moins grande densité selon les espèces, et non celui de plantes isolées. Dans certains cas, comme chez les graminées fourragères, la densité de culture est telle que les individus ne sont plus identifiables. Ainsi, pour le sélectionneur, qui doit identifier les plantes portant le plus de gènes favorables, le rendement d'une plante isolée n'a guère de sens agronomique, si ce n'est dans des cas particuliers, comme pour les arbres fruitiers (et encore, les densités de plantation sont généralement telles qu'il y a des interférences entre arbres voisins).

Pour évaluer le rendement d'un génotype en conditions de compétition, si la multiplication végétative est possible et facile, le sélectionneur peut alors cloner chacune des plantes candidates à la sélection, réaliser des petites parcelles à la densité normale de culture, en effectuant plusieurs répétitions dans différents milieux. La valeur génétique d'une plante pour le rendement peut alors être approchée. C'est un schéma de sélection mis en œuvre pour la canne à sucre.

Si le clonage des plantes n'est pas possible, ou pas facilement réalisable, ce qui est souvent le cas pour les plantes de grande culture annuelles, la solution est de produire des descendances des plantes à évaluer. Il s'agit le plus souvent de descendances obtenues par autofécondation, par haplodiploïdisation ou par croisement (croisement d'une plante avec une lignée testeur, par exemple). Ces descendances peuvent alors être étudiées, comme dans le cas où le clonage est pratiqué, en petites parcelles, à densité normale de culture et avec des répétitions dans différents milieux, ce qui permet d'approcher la valeur génétique des familles (p. 64). Ces familles peuvent être plus ou moins hétérogènes. Cependant, il est fréquemment possible d'évaluer des familles homogènes, réduites à un génotype. Ainsi par l'utilisation de l'haplodiploïdisation on obtient directement des familles homozygotes qui, en vue du développement de variétés lignées, peuvent être évaluées avec assez de précision dans des dispositifs avec répétitions. Si le but est de développer des variétés hybrides, on croise les lignées candidates avec une autre lignée prise comme testeur, ce qui conduit à un ensemble d'hybrides simples parfaitement répétables, qui peuvent être aussi évalués dans des dispositifs avec répétitions.

D'une façon générale, dans ce qui suit, nous parlons de génotype, au sens large, pour désigner toute famille ou descendance qui est évaluée. Il peut même s'agir de variétés.

Prise en compte des effets du milieu

Le rendement est un caractère très influencé par le milieu (sol, climat…). Pour tenir compte de ces effets, le sélectionneur doit donc avoir recours à une évaluation de son matériel dans différentes conditions (lieux, années ou conditions de culture). Il peut apparaître plusieurs situations selon les écarts entre les performances des génotypes dans les différents milieux (figure 6.1). Si les écarts entre génotypes sont conservés d'une condition à l'autre, on dit que les effets du génotype et les effets du milieu sont additifs, ou qu'il n'y a pas d'interaction entre le génotype et le milieu. En revanche, si ces écarts varient de façon significative d'une condition à l'autre, pouvant même aller jusqu'à l'inversion de classement des génotypes, on dit qu'il y a des interactions entre le génotype et le milieu. En l'absence d'interaction, la meilleure variété dans un milieu sera la meilleure dans toutes les conditions, tandis qu'avec de fortes interactions ce ne sera plus le cas, la meilleure variété ne sera pas nécessairement la même d'une condition à l'autre.

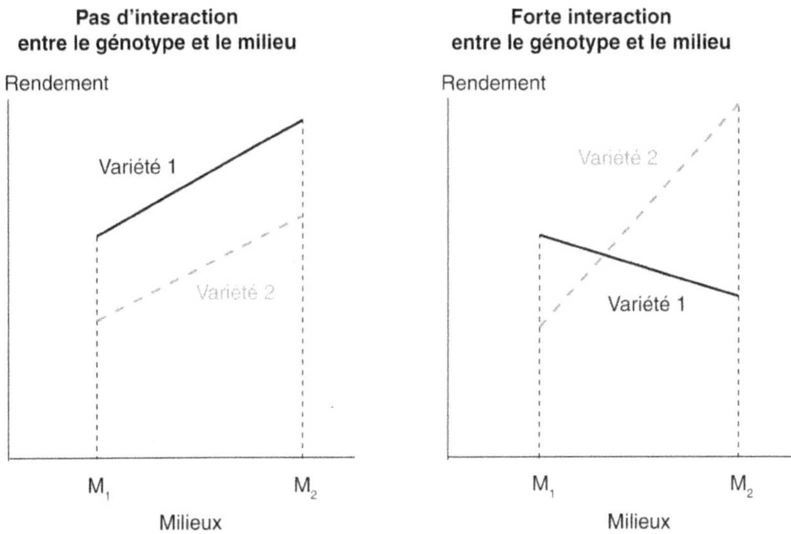

Figure 6.1. Représentation de l'absence d'interaction et d'une interaction forte entre le génotype et le milieu.

Si les interactions entre le génotype et le milieu (zone ou conditions de culture) sont fortes, alors le sélectionneur a intérêt à structurer la zone de culture de l'espèce en régions (sous-zones) et à sélectionner des variétés adaptées à chaque région ou conditions de culture. Mais, à l'intérieur d'une sous-zone ou région, il peut encore rester des interactions entre le génotype et le milieu. Pour évaluer la valeur des familles candidates à la sélection, il faut réaliser des essais dans différents lieux de la région, et sélectionner sur la performance moyenne des familles dans cette région. En général, il suffit d'une dizaine de lieux d'essais pour que l'héritabilité sur cette performance moyenne soit très élevée, ce qui conduit à une efficacité remarquable de la sélection sur le rendement, bien que les gènes ne soient pas identifiés et que l'on ne connaisse pas, ou qu'on n'identifie pas, les caractères physiologiques en cause (on dit que la sélection est aveugle). C'est essentiellement cette sélection qui a permis les progrès spectaculaires réalisés sur le rendement des plantes de grande culture. Mais aujourd'hui elle semble montrer ses limites chez les espèces déjà hautement sélectionnées.

⟫ Utilisation de caractères liés au rendement

Utiliser des caractères associés, liés génétiquement au rendement, mais moins affectés que lui par le milieu, est une façon d'augmenter l'efficacité de la sélection pour le rendement. Il peut s'agir d'une sélection totalement indirecte, sur ces seuls caractères associés, ou d'une sélection combinant à la fois la mesure du rendement et la mesure d'un ou de plusieurs caractères associés.

Action sur les composantes du rendement

Pour le rendement en grain, il a été envisagé de sélectionner sur l'une des composantes, à savoir le nombre de grains ou le poids de mille grains. L'utilisation de ces composantes peut être problématique, car il y a souvent une corrélation négative entre chacune des composantes, pour des raisons physiologiques. Ainsi, chez les céréales ou le colza, plus le nombre de grains par épi, ou par silique, est élevé, plus le poids d'un grain est faible. Quand on modifie une composante, il en résulte une certaine compensation, et un manque d'efficacité de ce type de sélection ; ce qui est gagné sur une composante tend en effet à être perdu sur l'autre composante.

Néanmoins, certaines composantes peuvent avoir un effet sur le rendement plus fort que d'autres et peuvent être importantes à considérer. Ainsi, chez le colza, le nombre de graines par silique jouerait un rôle plus fort que le poids d'un grain. Chez le maïs, le nombre moyen d'épis par plante semble important à considérer ; le caractère de prolificité en épis conduit de plus à une physiologie intéressante pour l'adaptation aux fortes densités, voire à la sécheresse, et pour la valorisation de l'azote.

Chez les graminées fourragères, quand elles sont cultivées en plantes isolées, une liaison négative existe entre le nombre de talles et la matière sèche d'une talle. En condition de compétition, le rendement est plus lié au poids d'une talle qu'au nombre de talles par unité de surface, bien que cela dépende du type d'exploitation. Ainsi, pour une exploitation de type fauche il vaut mieux favoriser le poids d'une talle, tandis que pour une exploitation de type pâture, en particulier pour augmenter la résistance au piétinement des animaux, il vaut mieux favoriser le nombre de talles. Le poids d'une talle est fortement lié à la longueur des feuilles, qui est assez facile à mesurer, et qui est moins influencée par le milieu que le rendement lui-même. La longueur des feuilles est donc un bon critère de sélection pour le rendement en biomasse dans le cas d'une exploitation de type fauche.

Même dans le cas où il serait intéressant d'associer la mesure d'une composante du rendement à l'évaluation de celui-ci, comme il s'agit souvent de caractères plus difficiles à mesurer que le rendement lui-même, cette démarche est peu utilisée en sélection. Toutefois, la considération des composantes du rendement, ou la morphologie des plantes, peut intervenir dans le choix du matériel au départ de la sélection ainsi que dans les générations précoces de sélection généalogique où il n'y a pas d'évaluation du rendement (p. 103).

Adaptation des plantes à la densité de culture

Comme nous l'avons déjà mentionné, dans une parcelle, les plantes sont souvent en interaction les unes avec les autres ; une forte densité de culture entraîne une déformation importante des plantes. Un cas extrême est celui des graminées fourragères puisqu'une plante peut avoir de l'ordre de 300 fois plus de talles en pépinière de plantes isolées[107] que dans les conditions effectives de culture, dans lesquelles les individus ne sont même plus identifiables. Chez d'autres espèces de grande culture, comme le maïs ou la betterave, chaque individu est encore identifiable. Chez les arbres fruitiers, chaque plante est pratiquement isolée mais interagit encore avec ses voisines.

Ces interactions entre plantes peuvent affecter la relation entre les performances obtenues à la densité habituelle de culture et les performances obtenues à une plus faible densité, condition qui est souvent choisie par le sélectionneur à certaines étapes du processus de sélection afin de pouvoir identifier les individus. On peut donc chercher à adapter les plantes à leur densité usuelle de culture afin que leur rendement en grain, ou en biomasse récoltée, soit le meilleur possible dans ces conditions.

L'adaptation à la forte densité peut d'abord être réalisée par sélection directe, c'est-à-dire par sélection des familles ou des descendances ayant le meilleur rendement à cette densité, comme cela est réalisé chez le maïs. Chez cette espèce, le rendement par hectare est le produit entre le nombre d'épis par hectare et le poids de grains par épi. Le nombre d'épis par hectare peut être augmenté de deux façons, soit en augmentant le nombre d'épis par plante, soit en augmentant le nombre de plantes par hectare qui produiront au moins un épi. C'est essentiellement cette deuxième voie qui a été retenue. Ainsi, l'adaptation du maïs à la culture à forte densité a permis des progrès importants de rendement, surtout pour le maïs précoce, en augmentant le nombre d'épis récoltés par hectare (figure 6.2). Cette adaptation est le résultat d'une augmentation de la résistance à la verse à maturité, résistance due à des tiges qui restent saines (elles ne sont pas envahies par un champignon du genre *Fusarium* entraînant leur pourriture). L'aspect sain des tiges est aussi une conséquence de l'augmentation de la durée de vie des feuilles, qui permet une photosynthèse encore assez active même lorsque la plante est proche de la maturité (voir plus loin).

La sélection de plantes à port dressé est un autre moyen, indirect, d'adapter les plantes à une forte densité. Elle a été efficace chez les céréales à paille. Le port dressé de leurs feuilles augmente la surface foliaire apte à capter l'énergie lumineuse (p. 120) et facilite en effet la pénétration de la lumière dans le couvert végétal. Cela est favorable pour la photosynthèse et il peut aussi en résulter un milieu moins favorable au développement des maladies.

On peut aussi sélectionner en conditions de plantes isolées sur un ou des caractères peu affectés par la densité de culture, mais liés au rendement à forte densité. Ainsi, chez les plantes fourragères, la corrélation entre le rendement en matière sèche à

---

107. Le sélectionneur de plantes fourragères étudie d'abord son matériel végétal en pépinière de plantes isolées, afin de sélectionner pour la résistance aux maladies et pour le type de développement, puis il réalise des croisements plus ou moins complexes entre plantes et étudie le rendement en biomasse aérienne des descendances, dans de petites parcelles ensemencées à une densité normale, c'est-à-dire à forte densité.

forte densité et le rendement à faible densité (densité utilisée dans les pépinières de plantes isolées) est faible. En revanche, la corrélation entre le rendement à forte densité et la longueur des feuilles à faible densité est bonne. Comme nous l'avons déjà vu, la longueur des feuilles est en effet un facteur important du rendement en matière sèche en fauche, et la corrélation entre les deux densités est assez forte pour ce caractère. Compte tenu de ces corrélations, on peut donc réaliser, en conditions de plantes isolées, une première sélection pour le rendement en condition de compétition, en sélectionnant sur la longueur des feuilles. Mais la présence de feuilles longues est liée à un port dressé et un tallage faible, ce qui est défavorable pour la performance en pâture. Quand les plantes sont cultivées isolément, celles des variétés destinées à la fauche ont donc un port dressé, des feuilles longues et un tallage limité, alors que celles des variétés plus adaptées à la pâture ont plutôt un port étalé, des feuilles courtes et un fort tallage.

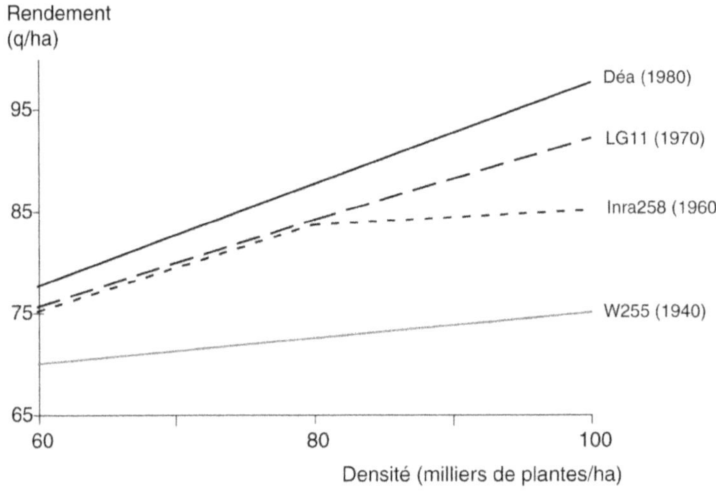

Figure 6.2. Progrès en rendement et adaptation à la densité chez le maïs précoce en France.
Après la deuxième guerre mondiale, la variété américaine W255 fut cultivée ; elle n'était pas très performante, quelle que soit la densité de culture. Les premiers hybrides franco-américains développés par l'Inra entre 1950 et 1960 apportèrent un progrès dans l'adaptation aux fortes densités, mais pour une variété comme Inra258 le rendement plafonnait lorsque la densité atteignait 80 000 plantes/ha. La variété LG11 développée vers les années 1970 apporta un gain de rendement aux plus fortes densités. Puis, vers les années 1980, la variété Déa apporta un gain de rendement à toutes les densités.

Augmentation de la photosynthèse du couvert végétal

L'augmentation de la biomasse totale d'un peuplement végétal est une façon d'augmenter le rendement de l'organe récolté puisque celui-ci est obtenu en multipliant le rendement en biomasse totale par l'indice de récolte (rapport entre la biomasse de l'organe récolté et la biomasse totale). Or la biomasse de la plante entière est le résultat de la conversion en molécules organiques du gaz carbonique atmosphérique fixé par la photosynthèse grâce à l'énergie solaire captée. Le rendement en biomasse peut alors s'écrire sous forme d'un produit :

rendement en biomasse = énergie disponible × (énergie captée/énergie disponible) × (biomasse/énergie captée)

Pour une plante produisant du grain, le rendement en grain est obtenu en multipliant le rendement en biomasse par l'indice de récolte (rendement en grain/rendement en biomasse). L'énergie disponible est une donnée du climat dans la zone de culture. En revanche, pour augmenter le rendement en biomasse (et indirectement celui pour l'organe récolté), le sélectionneur peut agir sur la proportion d'énergie captée et sur la conversion en biomasse de cette énergie captée. Pour augmenter le rendement de l'organe récolté, il peut aussi agir sur l'indice de récolte.

Augmentation de l'énergie lumineuse interceptée

L'augmentation de l'énergie lumineuse interceptée par la plante peut se faire par l'allongement de la durée du cycle végétatif ou de la durée de vie des feuilles, mais aussi par l'augmentation de la surface foliaire d'interception.

Augmentation de la durée du cycle végétatif

Des différences importantes de potentiel de production entre diverses espèces sont dues au calage, ou au contraire au décalage, du développement de la surface foliaire par rapport à la disponibilité de l'énergie lumineuse. Ainsi, si l'on compare la production de biomasse totale du maïs et celle du miscanthus, deux plantes qui ont le même type de photosynthèse (en C4, voir p. 122), le net avantage du miscanthus (+50 % de biomasse) vient, d'une part, de sa pérennité, qui lui permet, après l'année d'installation, d'avoir un couvert végétal « fermé » au moins six à huit semaines avant le maïs et, d'autre part, de la sénescence tardive de ses feuilles, qui restent actives à l'automne, à une époque où celles du maïs sont sénescentes.

De même, l'avantage de la canne à sucre par rapport à la betterave sucrière vient essentiellement du fait qu'elle est une plante pérenne captant l'énergie lumineuse toute l'année, dans des zones à forte intensité lumineuse, alors que la betterave, plante annuelle, ne peut capter l'énergie lumineuse de façon efficace que cinq à six mois[108] dans l'année, et dans des situations moins ensoleillées. Pour augmenter l'interception de l'énergie lumineuse par la betterave, et tenter de maintenir la compétitivité de cette espèce par rapport à la canne à sucre, des généticiens ont même pensé à mettre au point une variété de betterave qui serait semée à l'automne ; ainsi, elle aurait déjà, à l'époque où l'on fait les semis des variétés actuelles, une surface foliaire importante. Le problème serait alors d'empêcher la montaison de cette betterave d'hiver.

D'une façon plus générale, le sélectionneur peut chercher à mieux caler le développement de la surface foliaire par rapport à la disponibilité d'énergie lumineuse. Pour les espèces semées au printemps, l'allongement de la durée effective du cycle végétatif peut passer par une adaptation aux basses températures du printemps (germination

---

108. Même si la durée de culture de la betterave peut atteindre plus de sept mois, surtout depuis le réchauffement climatique, la surface foliaire est faible pendant les deux premiers mois. En ce qui concerne la canne à sucre, même si la production est plus faible l'année d'installation, elle est installée pour plusieurs années ; elle peut alors fixer l'énergie lumineuse toute l'année et elle peut être récoltée deux fois dans l'année.

et croissance possibles à basses températures), ce qui peut aussi permettre de les semer plus tôt. Ainsi, les progrès spectaculaires réalisés pour le maïs précoce dans les années 1970 à 1980 viennent d'une meilleure adaptation des variétés aux basses températures de printemps (ce qui a été appelé la vigueur au stade jeune). À noter que le réchauffement climatique permet un semis plus précoce des espèces semées au printemps, c'est donc un facteur positif pour le rendement (ainsi, dans le cas du maïs, on cultive désormais dans le Nord des variétés plus tardives).

Pour toutes les espèces dont on récolte les graines ou les fruits, il est possible d'avoir des variétés à maturité tardive, la limite étant effectivement que la maturation puisse être réalisée dans des conditions favorables. Pour les espèces atteignant leur maturité à l'automne (comme le maïs), une façon d'allonger le cycle est d'avoir des variétés adaptées aux basses températures de l'automne et dont les feuilles ont une plus longue durée de vie. Il en résulte un rendement plus élevé pour les variétés tardives. Inversement, les variétés précoces, se développant plus rapidement, ont une productivité plus faible.

Augmentation de la durée de vie des feuilles

Des feuilles saines, bien vertes, pendant toute la vie de la plante conditionnent la quantité de carbone fixé par la photosynthèse. Leur durée de vie est déterminée par des facteurs externes, mais aussi par des facteurs internes à la plante. D'abord, la résistance aux maladies est un élément essentiel pour avoir un feuillage sain, surtout dans le cadre d'une agriculture économe en fongicides. Les tolérances au stress hydrique, au stress azoté, voire au froid, sont aussi des éléments favorables à la longue durée de vie des feuilles. Mais même sans ces accidents, la durée de vie des feuilles peut être limitée pour des raisons plus internes à la plante, à cause d'une sorte de sénescence programmée.

Chez le maïs comme chez le blé tendre, la durée de vie des feuilles a été augmentée par la sélection pour différents objectifs agronomiques (la résistance aux maladies, surtout). Chez le maïs, cet allongement, dû à l'adaptation à différents types de stress (à la sécheresse, au froid, aux traitements par un herbicide), est très lié aux progrès obtenus sur le rendement en grain. Il permet un meilleur remplissage du grain, grâce à la photosynthèse réalisée pendant cette période. De plus, des feuilles actives permettent de maintenir un système racinaire en bon état et l'absorption de nutriments peut donc encore être substantielle pendant cette phase de remplissage. La tige elle-même entre en sénescence beaucoup plus tard ; il en résulte une plus grande résistance à la verse, permettant la récolte mécanique de tous les épis.

Augmentation de la surface d'interception de l'énergie lumineuse

Au sein d'un couvert végétal, du fait de l'étagement des feuilles dans l'espace, la surface foliaire totale peut être beaucoup plus importante que la surface du sol. Le rapport entre cette surface foliaire totale et la surface du sol définit l'indice de surface foliaire. Il peut varier entre trois et cinq chez le maïs et atteindre sept chez le blé, en conditions favorables. Cependant, la surface foliaire totale ne représente pas la surface d'interception de l'énergie lumineuse. Cette dernière est déterminée par la géométrie du couvert, c'est-à-dire la densité des plantes, le nombre de feuilles par plante, leur étagement dans l'espace, leur forme, leurs dimensions et, surtout, leur orientation. Des feuilles étalées se recouvriront les unes les autres, ce qui va diminuer la surface d'interception de l'énergie solaire. En revanche, des feuilles à port plus dressé (oblique) permettent une meilleure pénétration de la lumière dans le couvert végétal et augmentent donc la surface d'interception.

Chez le blé, il a ainsi été montré qu'un port dressé de la feuille drapeau était favorable à l'augmentation de la surface d'interception (cette feuille, la plus haute sur la tige, joue un grand rôle dans le remplissage des grains). Chez le maïs, un port dressé des feuilles est également favorable. Des génotypes présentant des feuilles très dressées ont même été obtenus, grâce à un mutant dit *liguleless* (sans ligule[109]). Cependant, les feuilles de ce mutant se recouvraient les unes les autres comme les tuiles d'un toit, ce qui conduisait donc à une diminution de la surface d'interception, contrairement à ce qui était espéré, et ce mutant n'a pas été utilisé.

Amélioration de l'efficacité de conversion de l'énergie captée

Différents types de plantes pour la photosynthèse

Les plantes cultivées sont de deux types, du point de vue du fonctionnement photosynthétique (encadré 6.1) : les plantes dites en C3 et celles en C4 (C, pour carbone) (Morot-Gaudry, 2009).

Encadré 6.1. Photosynthèse des plantes en C3 *versus* photosynthèse des plantes en C4.

Les plantes en C3 fixent le carbone du gaz carbonique (CO_2) par l'intervention d'une enzyme, la RuBisCO[a]. Mais la RuBisCO a, en plus de son affinité pour le CO_2, une certaine affinité pour l'oxygène, ce qui consomme environ 30 à 40 % du carbone fixé et qui produit du CO_2, par le phénomène appelé photorespiration (dont on ne connaît pas bien l'utilité). Les plantes en C4 fixent le CO_2 en deux étapes, grâce à une différenciation des cellules chlorophylliennes. La fixation a d'abord lieu dans le cytoplasme des cellules du mésophylle, tissu le plus externe de la feuille, grâce à une enzyme, la PEPCase[b], ayant une très forte affinité pour le CO_2, mais insensible à l'oxygène ; elle conduit à un acide à quatre carbones. Cet acide, après une modification chimique (réduction et amination), est transporté dans les cellules de la gaine périvasculaire, tissu plus interne, où il libère du CO_2 qui est alors fixé à nouveau, cette fois par l'enzyme RubisCO des chloroplastes, comme chez les plantes en C3. Mais la grande différence réside dans le fait que l'enrichissement en CO_2 des cellules de la gaine périvasculaire supprime l'affinité de la RuBisCO pour l'oxygène ; il n'y a donc pas ou très peu de photorespiration chez les plantes en C4.

[a] Ribulose-1,5-bisphosphate carboxylase/oxygénase. Cette enzyme représente jusqu'à 30 % de l'azote des feuilles.
[b] Phosphoénolpyruvate carboxylase.

Chez les plantes en C3 (céréales à paille, betterave, soja…), souvent originaires des pays tempérés, le premier produit de la photosynthèse est un composé constitué de trois carbones. Chez les plantes en C4 (sorgho, maïs, millet, canne à sucre, miscanthus…), souvent originaires des zones tropicales, le premier produit de la

---

109. Partie membraneuse blanche à la base du limbe, à la jonction de celui-ci et de la gaine.

photosynthèse est un acide à quatre carbones. Ces différences ont des conséquences importantes sur l'efficacité photosynthétique des plantes, leurs réactions à l'enrichissement en gaz carbonique et à l'élévation de température et leur tolérance au stress hydrique. Ainsi, la photosynthèse des plantes en C4 n'est pas affectée par la teneur en CO_2, alors que celle des plantes en C3 l'est très fortement. De même, la photosynthèse des plantes en C4 n'est pas affectée par la température (dans l'intervalle de 15 à 45 °C) alors que celle des plantes en C3 diminue assez rapidement quand la température augmente (figure 6.3). En effet, chez ces plantes, la photorespiration augmente avec la température, provoquant une perte de carbone accrue et, par là même, une diminution de l'efficience de conversion de l'énergie en biomasse. Avec une teneur en CO_2 de l'air de 300 ppm (teneur qui existait vers les années 1950), sous fort éclairement et sans limitation de ressources, d'azote et d'eau notamment, et pour une température supérieure à 17 °C environ, les plantes en C4 manifestent une efficience de conversion supérieure à celle des plantes en C3. Avec les teneurs actuelles en CO_2 de l'air (environ 380 ppm), leur supériorité n'apparaît que pour des températures plus élevées (22 °C environ). Le changement climatique aura deux effets contradictoires sur les plantes en C3 : l'augmentation de la teneur en CO_2 augmentera leur efficacité photosynthétique, mais l'augmentation associée de température la diminuera.

Par ailleurs, les plantes en C4 se différencient des plantes en C3 par le fait qu'elles sont capables de maintenir leur photosynthèse élevée même si l'ouverture des stomates est moindre. À cela est associée une moindre consommation d'eau pour la fixation du carbone : les plantes en C4 transpirent moins que les plantes en C3. Ainsi, le maïs et le sorgho, plantes en C4, ont une efficacité d'utilisation de l'eau meilleure que celle du blé. Elles sont aussi mieux adaptées aux fortes températures. Enfin les plantes en C4, demandant moins de l'enzyme RuBisCO pour une même quantité de matière sèche synthétisée, ont une meilleure efficacité d'utilisation de l'azote.

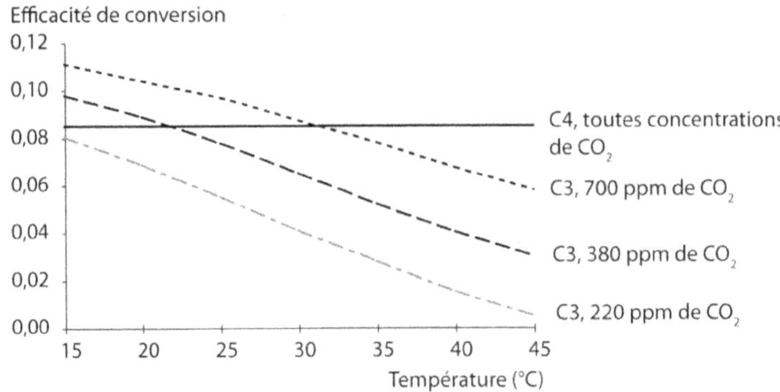

Figure 6.3. Effets de la teneur en gaz carbonique (CO_2) et de la température sur l'efficacité de la conversion, par la photosynthèse, de l'énergie en biomasse, chez les plantes en C3 et chez les plantes en C4 (Zhu *et al.*, 2008).

L'efficacité de conversion est le rapport entre l'énergie qui est produite sous forme de biomasse par la photosynthèse et l'énergie lumineuse qui a été captée. La teneur en CO_2 de l'air est actuellement d'environ 390 ppm (parties par million).

Effet de la sélection sur la photosynthèse de la feuille

En moyenne, la photosynthèse par unité de surface foliaire n'a pas été augmentée par la sélection sur le rendement. Le maïs, par exemple, manifeste en moyenne la même activité photosynthétique par unité de matière fraîche foliaire que son ancêtre, la téosinte. Certaines études ont même mis en évidence une faible diminution de cette activité chez le blé, le riz, le sorgho, le soja, la canne à sucre, ou le tournesol, au fur et à mesure de l'amélioration génétique du rendement, mais d'autres études ne montrent aucune diminution. Pourtant il y a bien une variation génétique pour ce paramètre. Il semble ainsi possible d'améliorer l'efficacité de la principale enzyme impliquée, la RuBisCO. Chez les plantes en C3, une plus grande affinité de cette enzyme pour le gaz carbonique contribuerait à diminuer les pertes de potentiel de production de biomasse par photorespiration. Des voies semblent ouvertes par la transgénèse (p. 131). Mais dans toutes les expériences réalisées jusqu'à aujourd'hui il n'y a pas eu de réponse du rendement à la sélection pour l'augmentation de la photosynthèse foliaire. D'autres niveaux d'action pourraient sans doute être considérés, comme le nombre et la taille des stomates ou la conductance des cellules stomatiques, mais ce sont des caractères difficiles à évaluer par le sélectionneur sur un grand nombre de génotypes.

Diminution des pertes de gaz carbonique par respiration

Nous ne parlons pas ici de la photorespiration, c'est-à-dire de la respiration liée à la photosynthèse, spécifique aux plantes en C3, mais de la respiration commune à tous les êtres vivants et en particulier aux plantes, en C3 comme en C4. Elle conduit à une perte d'environ 35 % du carbone fixé par photosynthèse, mais elle est nécessaire pour fournir l'énergie pour le fonctionnement métabolique des plantes.

Comme pour la photosynthèse, l'efficacité de la respiration n'a été que très peu modifiée par la sélection sur le rendement. Cependant, des différences entre génotypes pour la respiration nocturne ont été mises en évidence chez les graminées fourragères ; il y aurait donc des possibilités de sélection. Certaines expériences de sélection en vue de diminuer la respiration ont bien conduit à des plantes produisant plus de biomasse (Robson, 1982 ; Wilson et Jones, 1982). Cependant, c'est un caractère assez difficile à mesurer sur un grand nombre de génotypes. Il semble donc difficile d'agir sur ce caractère.

Modification de l'indice de récolte

Utilisation des gènes de demi-nanisme chez les céréales

Pour les céréales, l'indice de récolte correspond au rapport entre la masse de grains et la biomasse aérienne à maturité. Chez le blé, et plus généralement chez les céréales à paille, l'augmentation de cet indice est la modification majeure intervenue entre les variétés anciennes et les variétés modernes, et c'est principalement à cette augmentation qu'est associée l'amélioration du rendement. Elle est le résultat de l'utilisation de certains gènes dits de demi-nanisme[110] présents chez le blé, l'orge,

---

110. Pour les distinguer d'autres gènes de nanisme qui existent chez ces espèces et qui, eux, réduisent fortement toutes les parties de la plante et provoquent donc une diminution de la biomasse en grains.

le riz, et même le sorgho. L'effet principal de ces gènes est de réduire la hauteur de la tige, sans diminuer la surface foliaire.

En ce qui concerne leur effet immédiat sur le rendement en grain et ses composantes, chez le blé, les comparaisons isogéniques[111] montrent qu'ils augmentent le nombre de grains par épi, mais la taille des grains diminue de sorte qu'en moyenne le rendement en grain n'est pas toujours augmenté, mais il peut l'être jusqu'à 8 %. En revanche la biomasse de la tige est diminuée, bien qu'elle le soit moins qu'attendu (les tiges sont plus courtes mais plus grosses) (Gale et Youssefian, 1985). La sélection pour le rendement en grain des variétés demi-naines a été très efficace. Il y a eu en quelque sorte transfert d'un potentiel de production de matière sèche de la tige (pour les variétés normales) vers le grain (pour les variétés demi-naines). Il en est résulté une forte augmentation de l'indice de récolte. Aujourd'hui, il est difficile d'augmenter plus l'indice de récolte des variétés de blé (pas au-delà de 55 à 60 %) ; un progrès sur le rendement est donc de plus en plus difficile.

C'est l'utilisation des gènes de demi-nanisme qui est à l'origine de ce qui a été appelé la révolution verte[112], pour les céréales. Dès les années 1950, pour répondre à la demande d'augmentation des rendements, les pratiques culturales ont évolué vers l'utilisation de variétés homogènes à fort potentiel et le recours à des intrants (pesticides et azote) à des doses de plus en plus élevées. L'introduction des gènes de demi-nanisme chez plusieurs céréales (riz, blé, orge…) a permis d'augmenter assez fortement la fumure azotée en limitant les risques de verse. Ainsi, entre 1975 et 2000, les rendements du riz ont augmenté de 50 % en Asie du Sud-Est, ce qui a évité des famines. Un aspect négatif de cette amélioration génétique a été souligné car elle aurait conduit à une certaine perte de diversité génétique suite à l'abandon des variétés locales. Cependant, fort heureusement, ces variétés locales ont en général été sauvegardées dans les banques de gènes et les gènes d'adaptation au milieu de ces variétés locales se retrouvent dans les variétés modernes.

Chez le riz, plusieurs mutants demi-nains ont été identifiés. Le gène le plus utilisé a été obtenu par mutagénèse induite. Chez le sorgho, quatre gènes de demi-nanisme ont été découverts. Ils sont sans effet sur le nombre de feuilles, leur taille, la précocité et le rendement. Les variétés développées peuvent posséder un ou plusieurs de ces gènes. Des gènes de demi-nanisme sont aussi utilisés chez le colza (gène *Bzh*), surtout pour diminuer la sensibilité à la verse, qui avait été accentuée par le développement d'hybrides vigoureux. Chez d'autres espèces (lupin, soja), c'est l'utilisation de gènes de croissance déterminée[113] qui a permis l'augmentation de l'indice de récolte (pour les variétés tardives, chez le soja). En revanche, chez le maïs, il n'y a pas eu utilisation de gènes de demi-nanisme ; les hybrides modernes sont pratiquement aussi hauts que les anciennes populations. Au début de la sélection de cette espèce, l'amélioration de la résistance à la verse a fait gagner à la fois sur le rendement en grain et sur le rendement en tiges, d'où une certaine stabilité de l'indice de récolte. Aujourd'hui, il y a cependant tendance à une augmentation de l'indice de

---

111. C'est-à-dire entre lignées ne différant que par la présence ou l'absence du gène de demi-nanisme.
112. Dont le généticien Borlaug a été une sorte d'ambassadeur, ce qui lui a valu le prix Nobel de la paix en 1970.
113. Chez les plantes à croissance déterminée la formation d'étages floraux cesse à un moment déterminé par la précocité de la variété, alors qu'elle continue chez les plantes à croissance indéterminée.

récolte, qui résulte essentiellement de l'augmentation du rendement en grain, due à l'augmentation du nombre de grains par épi.

Remplissage du grain

Pour les plantes qui produisent des grains, qu'elles aient des gènes de demi-nanisme ou non, l'augmentation de l'indice de récolte nécessite aussi de maximiser le remplissage du grain. Selon les espèces, cela peut se réaliser avec une contribution plus ou moins importante de deux mécanismes : soit une affectation assez « directe » au grain des produits des métabolismes carboné et azoté, soit une remobilisation de carbone et surtout d'azote, des parties végétatives vers le grain. Chez les céréales à paille, les deux mécanismes concourent au remplissage du grain ; cependant, le phénomène de remobilisation est plus important pour l'azote. Pour le carbone, le rôle de la feuille drapeau est essentiel, puisque son activité photosynthétique fournit 50 % du carbone du grain ; le reste est fourni par la photosynthèse des glumes et des autres feuilles, ou provient des parties végétatives de la plante. Chez le maïs, le carbone du grain vient essentiellement de la photosynthèse pendant le remplissage, et la remobilisation d'azote, de la tige vers le grain, est plus faible que chez le blé. Pour les deux espèces, il existe une variabilité génétique pour l'aptitude à la remobilisation de l'azote, mais il n'y a pas de critères de sélection simple pour ce caractère.

Indice de récolte d'un organe végétatif

Pour les plantes dont on récolte une partie végétative (plantes fourragères, betterave, carotte, pomme de terre), le sélectionneur cherche à réduire l'investissement dans la partie reproductive, afin de favoriser la croissance de l'organe végétatif qui est récolté. Dans certains cas, comme celui des plantes à multiplication végétative, la sélection a donc pu conduire à la quasi-disparition de la fonction reproductrice, ce qui devient problématique pour des programmes de sélection (chez l'igname, voire même chez certains génotypes de pomme de terre, par exemple).

Pour les autres cas, celui des graminées fourragères, par exemple, cette fonction ne doit pas régresser totalement car il faudra pouvoir produire des semences dans des conditions économiques. Le sélectionneur doit alors en tenir compte dans les critères de sélection. Pour la betterave, qui normalement ne fleurit pas l'année de son semis, il faut optimiser le développement du bouquet foliaire par rapport à celui de la racine. Le rapport de biomasse entre feuilles et racine est très affecté par la fumure azotée mais, en moyenne, si l'on fait abstraction de l'influence de la fumure, il a bien diminué au cours de la sélection, suite à l'augmentation du rendement en racines.

Notion d'idéotype pour le rendement

D'une façon générale, pour le sélectionneur, un idéotype correspond au type idéal de plante à sélectionner. Un idéotype pour le rendement correspond à un modèle de plantes permettant d'avoir le rendement maximal dans le produit recherché (grain, par exemple), dans un milieu donné. Ainsi, pour le blé, l'idéotype pour le rendement correspond toujours à un blé demi-nain, à tallage limité, et à feuille drapeau dressée (Donald, 1968). Pour le maïs, un idéotype pourrait être défini comme une plante à feuilles dressées, restant photosynthétiques le plus longtemps possible, et chez laquelle l'intervalle entre la floraison mâle et la floraison femelle est faible. Pour les fourrages, nous avons déjà souligné les caractéristiques de l'idéotype pour le rendement en fauche : tallage limité, poids par talle élevé, dû à des feuilles longues, et port dressé. Au contraire, pour l'adaptation à la pâture, il faut une forte aptitude au tallage, de « petites » talles, des feuilles courtes et un port plutôt étalé.

Le sélectionneur se fixe alors un idéotype pour le rendement, de façon plus ou moins précise. Il utilise cette notion d'idéotype au moment du choix des croisements de départ, mais aussi au cours des générations de sélection généalogique sans évaluation du rendement.

▸▸ Sélection pour la régularité du rendement

Pour l'agriculteur, la régularité du rendement d'une culture est sans doute aussi importante que le rendement lui-même, car il ne peut pas supporter une trop grande variation de ses revenus. Il faut donc des variétés productives, et dont les performances sont assez stables d'une condition de culture à l'autre, c'est-à-dire d'une année à l'autre ou d'un lieu à l'autre.

Une approche globale de la sélection pour la régularité du rendement est réalisée par le sélectionneur qui fait appel à l'expérimentation dans plusieurs lieux et sur plusieurs années. Lorsque les écarts de rendement entre variétés, voire le classement des variétés, sont différents d'un milieu à un autre (cas de fortes interactions entre génotype et milieu) les génotypes les plus réactifs à la fertilité du milieu peuvent être les plus productifs en milieu favorable et défavorisés en milieu défavorable. Les génotypes les moins réactifs sont alors parmi les moins productifs en milieu favorable et les plus productifs en milieu défavorable. Si cette relation négative entre le rendement et la régularité est assez forte, il est alors de l'intérêt du sélectionneur de structurer le milieu de sélection, afin de limiter ces interactions par une adaptation des génotypes à certaines conditions, comme nous l'avons déjà souligné (p. 115). La recherche de la régularité de rendement sur une aire large se traduirait en effet par un ralentissement du progrès génétique, par rapport à une sélection pour une adaptation à une aire plus restreinte. Toutefois, il faut que les conditions environnementales qui entraînent ces interactions soient répétables. Si elles sont relativement aléatoires, alors il faut sélectionner les génotypes pour leur régularité à l'intérieur d'une zone.

Si la liaison négative entre le rendement et la régularité est faible ou inexistante, il est possible de sélectionner des génotypes réactifs à la fertilité du milieu, qui soient productifs en milieu riche, mais aussi parmi les plus productifs en milieu pauvre.

Une autre voie d'amélioration de la régularité des performances est de sélectionner directement sur des critères de régularité. Ainsi, la sensibilité aux maladies est une cause importante de variation des rendements d'une année à l'autre ou d'un lieu à l'autre. La sélection pour la résistance améliorera donc la régularité des performances. Chez le maïs, la durée de vie des feuilles est un indice de résistance, ou de tolérance, à différents types de stress tels que manque d'eau, température basse, ou traitement par un herbicide ; la prolificité en épis est aussi un facteur favorable à la régularité du rendement selon les milieux, bien au-delà de l'auto-ajustement aux variations de densité de peuplement. Cependant, il n'est pas toujours possible d'identifier des critères de régularité faciles à observer, et la meilleure façon de sélectionner pour la régularité du rendement reste alors l'expérimentation dans plusieurs lieux, choisis pour représenter les différentes conditions que les cultures peuvent rencontrer (présence de certaines maladies, froid de printemps, froid d'automne, sécheresse, sols asphyxiants...).

Malgré ces difficultés, la sélection pour la régularité a été efficace. Nous verrons en effet que les variétés modernes des plantes de grande culture ont un comportement plus régulier, dans différents milieux, que les variétés anciennes (p. 206). Cela est dû au fait qu'elles cumulent plusieurs gènes favorables leur permettant de s'adapter à différentes conditions environnementales (résistance à diverses maladies, tolérance aux basses ou aux hautes températures, tolérance à la sécheresse, meilleure valorisation de la fumure azotée...) et qu'elles présentent sans doute d'autres caractères, non identifiés, qui contribuent à leur régularité.

▸▸ Apport des variétés hybrides

Lorsque l'on croise deux lignées d'origine différente, les descendants obtenus sont souvent plus vigoureux que les parents. Ce phénomène, dit d'hétérosis, est assez systématique chez les plantes allogames, mais existe aussi chez les plantes autogames. En se limitant aux comparaisons qui ont un sens pour l'agriculteur, chez les plantes allogames comme le maïs, les meilleurs hybrides produisent 15 à 25 % de plus que les populations améliorées, ou que les populations issues de croisements entre populations améliorées, dont ils peuvent ou pourraient être issus[114]. Chez les plantes autogames, les meilleurs hybrides peuvent apporter un gain de rendement allant de 5 à plus de 15 %, par rapport aux meilleures lignées.

Dans tous les cas, l'avantage de l'hybride résulte essentiellement du fait qu'il réunit, à différents locus, les allèles favorables dominants présents chez les parents, en particulier des allèles dominants d'adaptation à différentes conditions environnementales. Il en résulte à la fois une augmentation de rendement et une plus grande régularité de performances selon le milieu. Les hybrides sont donc un moyen pour améliorer rapidement le rendement et sa régularité, lorsque le contrôle de l'hybridation à grande échelle est possible. De plus, l'hybride permet en général de limiter l'effet des relations négatives entre caractères (la relation entre le nombre de grains et le poids de chaque grain, ou la relation entre le rendement et la teneur en protéines chez le blé, par exemple) (Gallais, 2009a).

▸▸ Sélection pour l'aptitude à l'association de génotypes

Intérêt des associations intra- et interspécifiques

Les associations de génotypes peuvent être réalisées entre génotypes d'une même espèce ou entre génotypes d'espèces différentes. Le premier cas peut être illustré

---

114. C'est seulement cette comparaison qui a un sens pour l'agriculteur, et non la comparaison entre hybrides et lignées (dans ce cas le gain de rendement dû à l'hétérosis peut être supérieur à 100 % puisque les hybrides peuvent produire deux fois plus que les lignées).

par l'association de variétés de blé pour limiter le développement de certaines maladies fongiques, et donc pour économiser des fongicides ; les trois ou quatre variétés associées doivent être résistantes à des souches différentes d'un pathogène, mais elles doivent aussi avoir une aptitude à coexister entre elles (être de même hauteur et présenter un tallage comparable), de telle sorte que le peuplement reste assez équilibré au cours de la culture, voire au cours de quelques cultures successives (dans le cas où l'on utilise des semences récoltées sur la ferme).

Un exemple classique d'association entre deux espèces est celui des associations entre graminées et légumineuses. Ainsi, pour la production fourragère, des associations entre la luzerne et le dactyle, le ray-grass et le trèfle blanc ou le trèfle violet sont assez fréquemment réalisées. Aujourd'hui, pour répondre à la recherche de systèmes économes en intrants, des associations entre blé et pois protéagineux sont proposées. Le but des associations entre deux espèces fourragères est en général d'exploiter la complémentarité de leurs valeurs alimentaires pour les animaux ; les graminées fourragères sont productives en matière sèche mais elles sont pauvres en protéines, alors que les légumineuses sont riches en protéines. Ainsi, qu'il soit utilisé en fauche ou en pâture, le fourrage aura une composition mieux équilibrée. Là encore, il faut que le développement au champ des deux partenaires de l'association soit tel qu'ils contribuent bien tous les deux à la récolte, dans les proportions attendues.

Critères de sélection pour l'aptitude à l'association de génotypes

Dans tous les types d'associations, il se pose un problème de coexistence des partenaires de l'association. Pour limiter les interactions (ou effets partenaires) négatives, il faut que chaque partenaire ait des qualités de productivité (on parle d'effet producteur), sans que cela soit aux dépens de l'autre ou des autres partenaires. Un effet négatif d'un partenaire, qu'on peut appeler effet d'agressivité, serait défavorable à la composition et la stabilité de l'association. L'effet producteur est plus ou moins lié à la performance en culture pure (monoculture) ; cependant ce n'est pas toujours le cas. D'une façon plus générale, il se définit comme la performance moyenne d'un génotype en association avec les autres partenaires. Pour mesurer cet effet, on peut étudier la production moyenne de chaque génotype en présence de deux ou trois partenaires assez différents (un seul, dans le cas des associations entre deux espèces). Cette moyenne sera comparée à la performance en culture pure, afin d'estimer ce que le génotype peut gagner en association. Pour évaluer l'effet partenaire d'un génotype 1, on mesurera la production d'un génotype 2 partenaire de l'association (1+2) ; une perte de production de ce génotype 2 par rapport à sa performance en culture pure traduira un effet d'agressivité du génotype 1.

Il faut alors rechercher des génotypes qui ont un effet producteur le plus grand possible (et qui bénéficient de l'association) mais qui n'ont pas d'effet partenaire négatif (ne font pas perdre de production au partenaire) ; on dit qu'ils ont une bonne aptitude générale à l'association. En général, chez les plantes fourragères, un bon effet producteur est associé au développement vertical de la plante (feuilles longues, chez les graminées fourragères, tiges longues, chez les légumineuses fourragères), alors que l'effet partenaire négatif est lié à un développement horizontal (tallage important, chez les graminées, ou ramifications importantes, chez les légumineuses).

▸▸ Limite dans la progression des rendements. Notion de rendement potentiel

Les rendements ne peuvent pas augmenter indéfiniment ! Il y a d'abord une limite que l'on pourrait qualifier de thermodynamique, basée sur l'énergie lumineuse qui peut être captée par un couvert végétal dans un milieu donné. Par la photosynthèse, cette énergie permet de produire une certaine biomasse, qui détermine la biomasse récoltable, obtenue en multipliant la biomasse totale par l'indice de récolte. Mais ce rendement potentiel théorique ne pourra jamais être atteint car il suppose en effet que, pour aucune des plantes d'un peuplement végétal cultivé, il n'y ait d'autres facteurs limitants que l'énergie lumineuse. Or, même si on suppose que globalement, sur l'ensemble de la parcelle cultivée, aucun facteur n'est limitant, la simple hétérogénéité (du sol, du microclimat local…) des milieux dans chacun desquels se trouve une des plantes du peuplement fera que le rendement potentiel théorique ne sera pas atteint (il faudrait pouvoir éliminer toute cette hétérogénéité, ce qui n'est envisageable qu'en conditions parfaitement contrôlées à l'échelle de chaque plante).

Différents travaux sur des espèces de grande culture (maïs, soja) montrent que cette hétérogénéité induit une réduction de 15 à 20 % du rendement potentiel théorique attendu ; pour un rendement potentiel théorique de 200 q/ha, par exemple, le rendement potentiel réel (pouvant être obtenu au champ) serait donc de 160 à 170 q/ha (Cassman *et al.*, 2010). Des résultats encore inférieurs à ce potentiel réel peuvent venir de l'existence de facteurs limitants (eau, azote…). En Angleterre, pour le blé, des rendements potentiels réels sont estimés autour de 190 à 200 q/ha. Ces chiffres, et ceux obtenus pour le maïs, sont cohérents avec les prédictions faites à partir de modèles théoriques de conversion de l'énergie lumineuse captée (encadré 6.2).

L'augmentation assez régulière des rendements des plantes de grande culture au cours des cycles de sélection est due au grand nombre de gènes en cause. Tant qu'il y a de la variabilité génétique non utilisée, c'est-à-dire des gènes favorables ou des interactions entre gènes non utilisés, le rendement peut continuer à progresser. Cependant, au fur et à mesure que le rendement s'approche du potentiel réel, le progrès devient, ou deviendra, de plus en plus difficile à réaliser pour les plantes les plus améliorées. Ainsi, chez le maïs, bien que l'on n'observe pas un ralentissement de la progression des rendements, cette progression est de plus en plus coûteuse ; aux États-Unis, entre 1970 et 1990, les investissements dans la sélection ont été multipliés par un facteur de quatre à cinq, selon les critères, alors que les rendements ont été multipliés par deux seulement (Gallais, 2013b). En fait, pour les plantes les plus sélectionnées, pour continuer à progresser, il faut mettre en œuvre des outils et des méthodes de plus en plus sophistiqués, à savoir les marqueurs moléculaires, le phénotypage à haut débit, la sélection génomique, la transgénèse.

Encadré 6.2. Calcul du rendement potentiel du maïs en Ile-de-France (d'après Saugier, 2013).

L'énergie pour la fixation du gaz carbonique (CO_2) vient de la lumière, sous forme de particules élémentaires appelées photons. Chez une plante en C4, il faut douze photons pour fixer une molécule de CO_2, ce qui conduit à un rendement quantique théorique de $1/12 = 0{,}08$ molécule CO_2/photon. Ce rendement quantique théorique est un invariant.

Du fait de la perte d'énergie sous forme de chaleur et de la structure du couvert végétal, le rendement quantique réel représente environ 60 % du rendement quantique théorique, soit 0,048 molécule CO_2/photon. Cette valeur augmente quand le rayonnement est faible.

Si le semis de maïs est assez précoce, on peut considérer que la culture est bien installée à la fin mai ; en cinq mois, de la fin mai à la fin octobre, l'énergie lumineuse totale reçue sur toute cette période en Ile-de-France est d'environ 2 490 MJ/m². Sachant que 1MJ équivaut à 2,1 moles de photons utiles à la photosynthèse, l'énergie reçue par le maïs pendant tout le cycle de culture permet donc de fixer $2\,490 \times 2{,}1 \times 0{,}048$ moles CO_2/m².

Il faut retirer à ceci le CO_2 perdu par respiration (environ 33 %), ce qui conduit à 165 moles CO_2/m².

Si l'on se base sur le fait qu'une mole de CO_2 fixé permet en moyenne de synthétiser 27 g de matière sèche végétale, l'énergie lumineuse reçue permet de synthétiser 165×27 g MS/m², soit 44,7 t de matière sèche par hectare, et si l'on suppose un indice de récolte de 0,50 le rendement en grain est de 223 q/ha. Si on applique à cela le coefficient de 0,80 à 0,85 donné par Cassman *et al.* (2010) pour passer du rendement potentiel théorique au rendement potentiel au champ (obtenu à condition que l'eau et les éléments nutritifs ne soient pas limitants), cela conduit à un rendement potentiel au champ de 180 à 190 q/ha, qui a déjà été observé en conditions favorables.

Les paramètres les plus variables, sur lesquels le sélectionneur peut agir, sont le rapport du rendement quantique réel au rendement quantique théorique, qui dépend de l'efficacité de la photosynthèse et de la structure du couvert végétal, le coût de la respiration et surtout l'énergie lumineuse reçue qui, pour une région donnée, dépend de la durée du cycle de la culture. Ainsi, si la durée de végétation est de six mois (dans le Sud de la France, en Espagne, en Italie), au lieu de cinq en Ile-de-France, le rendement potentiel au champ devient de l'ordre de 200 q/ha (déjà observé). Le calcul appliqué aux conditions de culture des États-Unis conduit à un rendement potentiel au champ de 220 à 230 q/ha, qui a déjà été observé en Illinois et au Nebraska.

▸▸ Apport des nouveaux outils

Apport des marqueurs moléculaires, de la sélection génomique et du phénotypage à haut débit

Les marqueurs moléculaires permettent d'identifier les zones du génome impliquées dans un caractère quantitatif comme le rendement. Ils peuvent permettre de marquer des segments chromosomiques, voire les gènes, impliqués dans l'adaptation à différents milieux (p. 86). Ils sont alors un outil pour diriger la construction de génotypes réunissant chacun des gènes favorables identifiés.

La sélection génomique (p. 92) permet d'utiliser tout type de variabilité génétique impliquée dans la variation génétique du rendement, même pour des gènes à effets faibles, et sans que la détection préalable des QTL soit nécessaire. Ainsi, nous avons vu que la sélection, qui était aveugle et statistique quand elle portait sur le phénotype sans que les gènes ne soient identifiés, devient de plus en plus basée sur les gènes. La sélection pour le rendement, caractère très polygénique, devrait donc gagner en efficacité avec le développement de la sélection génomique.

Aujourd'hui, les méthodes d'évaluation phénotypique à grand débit qui se développent (p. 65) devraient permettre une plus grande efficacité de la sélection pour différents types d'adaptation au milieu et contribuer ainsi à une plus grande régularité du rendement, et donc à une augmentation du rendement moyen.

Apport de la transgénèse

Nous ne voulons évoquer ici que les perspectives ouvertes par la modification de l'activité photosynthétique. Cependant, beaucoup d'autres modifications de la plante peuvent contribuer à une augmentation du rendement réel (le rendement potentiel théorique restant inchangé). Ainsi, on peut citer celles qui améliorent la résistance aux insectes, la résistance aux virus, la tolérance à la sécheresse, la valorisation de l'azote, que nous verrons dans les chapitres qui suivent.

Plusieurs pistes sont actuellement explorées pour agir sur la photosynthèse. Pour les plantes en C3, on peut chercher à augmenter l'affinité de l'enzyme RuBisCO pour le gaz carbonique. Cela semble possible puisque chez différentes algues rouges des formes de RubisCO avec des affinités bien supérieures (jusqu'à trois fois plus fortes que celles des plantes en C3 cultivées) ont été observées (Zhu *et al.*, 2010). Il s'agit alors d'en cloner le ou les gènes et de les transférer aux plantes en C3 cultivées, avec l'espoir qu'il n'y ait pas d'effet négatif associé.

Une autre piste est de transformer les plantes en C3 en plantes en C4, qui ont un potentiel de production de biomasse plus élevé du fait d'une photorespiration très réduite et aussi une meilleure adaptation au réchauffement climatique. En effet, chez certaines familles de plantes[115] (les chénopodiacées, par exemple) on trouve à la fois des plantes avec une photosynthèse en C3 et des plantes avec une photosynthèse en C4. On peut donc penser que leur différenciation génétique n'est pas trop grande, malgré des différences morphologiques, et qu'il est possible de transférer aux plantes en C3 l'aptitude des plantes en C4 à « pomper » le gaz carbonique, aptitude due à la présence de l'enzyme PEPCase.

Le problème est toutefois complexe ; la compartimentation spatiale des enzymes photosynthétiques, telle qu'elle est observée chez le maïs, n'apparaît cependant pas nécessaire puisque des plantes de type C4 ne présentant pas cette compartimentation sont connues[116] (Häusler *et al.*, 2002). D'ailleurs, le transfert expérimental du

---

115. Et même au sein d'un même genre.
116. Plusieurs plantes aquatiques comme *Hydrilla verticillata* ou *Elodea canadensis*.

gène de la PEPCase du maïs, plante en C4, chez le riz, plante en C3, a bien entraîné une augmentation de la fixation de gaz carbonique par le riz et a eu un effet favorable sur la biomasse produite (Ku *et al.*, 1999 ; Ku, 2000). Ce type d'expérience ouvre donc la voie à l'amélioration de l'efficacité photosynthétique des plantes en C3 (Covshoff et Hibberd, 2012).

▸▸ Conclusions

L'amélioration du rendement est importante pour l'agriculteur, mais aussi pour l'économie de notre pays et pour l'alimentation de la population mondiale, toujours en croissance.

Chez les plantes de grande culture, la sélection pour le rendement a déjà été très efficace. Des progrès sont encore possibles. Des caractères écophysiologiques, tels que l'efficacité de la photosynthèse au sein du couvert végétal, sont associés au rendement ; ils pourraient faire l'objet d'une sélection, mais aujourd'hui encore il apparaît efficace de sélectionner sur le rendement seul. C'est un paramètre qui intègre beaucoup de facteurs. Le rendement bénéficie ainsi de toutes les améliorations réalisées pour l'adaptation à différents milieux (résistances aux maladies, tolérance à la sécheresse, tolérance au froid, valorisation de la fumure azotée...). De plus, c'est un caractère très polygénique pour lequel on observe de l'hétérosis. Les variétés hybrides sont donc aussi un moyen d'augmenter le rendement.

Cependant, le progrès est déjà, ou risque de devenir, de plus en plus difficile pour les espèces déjà très sélectionnées. La sélection assistée par marqueurs, la sélection génomique et le phénotypage à haut débit sont des outils qui devraient permettre de maintenir encore une sélection efficace pour le rendement, en cumulant de façon plus dirigée de plus en plus de gènes ou de segments chromosomiques favorables, en particulier pour l'adaptation à différents milieux. À moyen terme, il ne faut pas exclure l'apport de la transgénèse, par son action sur le rendement énergétique de la photosynthèse.

Chapitre 7

L'amélioration des plantes permet des économies de pesticides

▶▶ Sélection de variétés résistantes aux maladies

La sensibilité des plantes cultivées aux maladies est à l'origine de pertes importantes de production. Ces pertes sont en moyenne de l'ordre de 15 % à l'échelle mondiale mais on observe de très grandes variations selon les pays et l'utilisation des pesticides. Elles peuvent être dues à des attaques de champignons, de bactéries, mais aussi de virus qui sont souvent transmis par des insectes (pucerons, cicadelles...). Ces agents pathogènes, en s'attaquant au feuillage ou en diminuant la vigueur de la plante, diminuent beaucoup son activité photosynthétique, ce qui peut affecter plus ou moins le rendement et la qualité nutritionnelle ou industrielle des récoltes. Ils peuvent aussi déprécier la qualité esthétique, voire organoleptique, d'un fruit ou d'un légume et entraîner des pertes à la consommation.

De plus, certains champignons présents sur (et récoltés avec) les grains, les fruits ou les légumes consommés peuvent même être toxiques pour l'homme et les animaux. Cette toxicité peut, par exemple, être due à la présence de mycotoxines, suite au développement de différents champignons des genres *Aspergillus* et *Fusarium*. Ces mycotoxines sont cancérigènes (cancer du foie), et elles peuvent s'attaquer aussi aux systèmes nerveux et immunitaire. On pourrait aussi citer le cas de l'ergot du seigle, maladie due au développement d'un champignon (*Claviceps purpurea*), qui peut se développer dans l'épi de différentes céréales et qui produit un alcaloïde très toxique pour l'homme.

Il faut donc éviter le développement des maladies sur les plantes cultivées. Les deux moyens d'y parvenir sont les pratiques culturales adaptées et les variétés de plantes résistantes. Les pratiques culturales adéquates incluent les rotations, en évitant la monoculture (par exemple, il convient de ne pas cultiver de colza après un colza, pour limiter les risques de développement de la pourriture du collet), une date de semis favorable, les associations de variétés et bien sûr les traitements phytosanitaires. Mais ces traitements peuvent être polluants pour l'environnement et ils peuvent laisser des résidus à la surface ou à l'intérieur des fruits ou des légumes consommés, et peuvent donc affecter leur qualité sanitaire.

La résistance génétique des plantes aux maladies est donc un moyen naturel de lutte, permettant d'avoir des produits plus sains, mais il doit aussi être combiné à de bonnes pratiques culturales. C'est l'un des principaux objectifs de sélection pour de nombreuses espèces cultivées, en particulier pour les plantes légumières et les céréales.

En revanche, en Europe, chez une plante comme le maïs, il n'y a pas de gros problèmes avec les maladies, et la sélection sur la résistance aux maladies n'est pas prioritaire ou ne pose pas de problèmes particuliers (exemples de la sélection pour la résistance aux charbons de l'épi ou de la panicule ou pour la résistance à l'helminthosporiose).

Du point de vue de l'amélioration des plantes, la résistance peut être définie comme l'aptitude de la plante à limiter les effets négatifs du pathogène sur les caractères sélectionnés. Il peut y avoir différents degrés ou formes de résistance. Ainsi, la résistance totale peut correspondre soit à une véritable immunité, qui se traduit par l'absence de tout développement du pathogène et par l'absence de symptômes, soit, au contraire, à une hypersensibilité, qui conduit à la formation de nécroses au point de pénétration du pathogène, ce qui arrête tout développement de la maladie. Mais il peut y avoir un continuum entre la résistance et la sensibilité. La tolérance correspond à une situation où le pathogène est présent, mais n'affecte pas le rendement final.

Résistance générale et résistance spécifique à une maladie

Certaines résistances sont qualifiées de générales, ou de non spécifiques, car elles sont efficaces, de façon quantitative (un continuum existant entre sensibilité et résistance), quelle que soit la souche du pathogène ; on parle aussi, dans ce cas, de résistances quantitatives. D'autres, au contraire, sont qualifiées de spécifiques, car le génotype de la plante qui les possède est résistant seulement à une ou quelques souches du pathogène, mais sensible aux autres souches, sans qu'il y ait d'intermédiaire entre résistance et sensibilité. Cette spécificité se traduit par un classement différent de la résistance des génotypes selon les souches de pathogène, c'est-à-dire par une interaction très forte entre l'hôte et la souche de parasite. Van der Plank (1963) parlait de résistances horizontales et de résistances verticales pour qualifier ces deux types de résistance.

Les résistances à la rouille provoquée par *Puccinia hordei* chez l'orge ou à la rouille due à *Puccinia sorghi* chez le maïs sont des exemples de résistances générales. Des résistances spécifiques existent pour de nombreuses maladies, par exemple pour différentes rouilles (pathogène du genre *Puccinia*), l'oïdium (pathogène du genre *Blumeria*) chez les céréales, la pyriculariose chez le riz, la fusariose chez la tomate (due à *Fusarium oxysporum*), le brémia chez la laitue…

Déterminisme génétique des résistances aux maladies

Le déterminisme d'une résistance générale est souvent polygénique, alors qu'une résistance spécifique est souvent monogénique (ou parfois digénique), les allèles de résistance étant souvent dominants. Cette dernière situation se rencontre assez fréquemment, pour différentes maladies comme l'oïdium et les rouilles (jaune, brune, noire), chez les céréales, ou le brémia, chez la laitue... Dans ces situations de résistances spécifiques monogéniques, il peut y avoir plus de deux allèles au locus impliqué ; ainsi, au locus *Rp*, contrôlant la résistance du maïs à la rouille due à *Puccinia sorghi*, on observe au moins 15 allèles. Les résistances monogéniques sont généralement des résistances spécifiques, mais il y a des exceptions ; la résistance au virus PVY chez la pomme de terre, la résistance à *Periconia circinata* chez le sorgho, et la résistance à l'helminthosporiose due à *Helminthosporium victoriae* chez l'avoine sont, par exemple, des résistances monogéniques générales.

Schématiquement, pour les résistances monogéniques spécifiques, la spécificité de la relation entre l'hôte et un champignon pathogène est basée sur la relation gène pour gène proposée par Flor dès 1947 (Flor, 1956). Pour chaque gène contrôlant la résistance de l'hôte il y a chez le pathogène un gène d'avirulence correspondant. La résistance n'existe que pour le couple constitué d'un allèle de résistance chez la plante et d'un allèle d'avirulence chez le pathogène (tableau 7.1). Ce mécanisme s'étend à deux ou plusieurs locus ; il y aura résistance dès qu'à un locus de la plante l'allèle de résistance est présent et qu'au locus correspondant du pathogène l'allèle d'avirulence est présent ; si ces deux conditions ne sont pas réunies la plante est sensible au pathogène.

Tableau 7.1. Mécanisme d'une résistance monogénique à un champignon pathogène, selon le modèle de Flor (1956).

Génotype de la plante	Génotype du champignon	
	Avr Avr **ou** *Avr avr*	*avr avr*
RR ou *Rr*	résistance	sensibilité
rr	sensibilité	sensibilité

Dans ce modèle, l'allèle de résistance chez la plante et celui d'avirulence chez le champignon sont dominants. La résistance est réalisée si la plante porte au moins un allèle de résistance, *R,* et le champignon, au moins un allèle d'avirulence, *Avr*. Dans tous les autres cas, il y a sensibilité. Pour certaines maladies (rouilles chez les céréales), l'interaction se produit au niveau du mycélium haploïde du champignon.

Ce modèle défini sur le lin s'est avéré généralisable à un très grand nombre d'interactions entre plante et pathogène, pour des agents pathogènes aussi divers que des champignons, des bactéries et des virus (Flor, 1971). Il est même valable, comme nous le verrons, pour expliquer les résistances spécifiques aux insectes et aux nématodes.

Certaines résistances ont une hérédité cytoplasmique. L'exemple le plus connu est celui de la résistance à l'helminthosporiose due à *Helminthosporium maydis* chez le maïs. Dans ce cas, les gènes de résistance sont localisés sur les mitochondries et l'hérédité de la résistance est donc uniquement maternelle.

Durabilité ou contournement des résistances aux maladies

L'expérience montre que les résistances spécifiques, telles que les résistances des céréales aux rouilles, celle de la laitue au brémia ou celle de la pomme de terre au mildiou, peuvent être assez rapidement contournées par le parasite. Des variétés qui étaient résistantes deviennent sensibles. Pourtant ce n'est pas la variété qui a évolué, c'est le pathogène. Cela s'explique par un phénomène de sélection naturelle opérant sur le pathogène.

Un allèle, *R1*, de résistance à une souche donnée de pathogène est efficace au début de son introduction car le pathogène n'a pas l'allèle de virulence correspondant ou alors ce dernier n'est présent qu'à une très faible fréquence. Mais au fur et à mesure que de plus en plus de variétés de plantes contenant cet allèle de résistance sont cultivées, la pression de sélection sur le parasite augmente. Comme il s'agit d'un champignon pathogène qui produit de nombreuses spores, même si le taux de mutation est faible (de l'ordre de 10^{-5}), il peut apparaître une ou des spores porteuses d'une mutation conduisant à un allèle de virulence, susceptible de donner au pathogène le pouvoir d'attaquer une plante portant l'allèle de résistance *R1*. Cet allèle de virulence sera donc sélectionné par la culture, et ce, assez rapidement. Sa fréquence augmentera au cours des générations de multiplication du parasite (plusieurs générations pendant la vie de la plante). Au bout de quelques années, voire dans certains cas au bout de un à deux ans, sa fréquence peut être telle qu'elle entraîne des dégâts importants, conduisant à des pertes de rendement ; la variété est devenue sensible.

Si alors on introduit un allèle de résistance *R2* dans une autre variété (correspondant à une souche de parasite pour laquelle l'allèle de virulence n'existe qu'à une très faible fréquence dans la population) on observera le même phénomène que précédemment : la résistance est effective au début, puis elle est à nouveau contournée. Les gènes de résistance spécifique, une fois contournés, semblent contribuer à une résistance quantitative (Geffroy *et al.*, 2000).

La résistance spécifique ne convient évidemment pas pour les plantes pérennes. Ainsi, un allèle de résistance à la tavelure, *Vf*, issu du pommier sauvage *Malus floribunda*, a été introduit chez le pommier, mais il a été très vite contourné. Dans ce cas, à la différence de ce qui peut se faire pour une plante annuelle comme le blé, il n'est pas possible de remplacer rapidement la plante par une autre, appartenant à une autre variété, contenant un nouvel allèle de résistance.

Il existe cependant des cas de résistance spécifique monogénique durable. Ainsi, chez l'orge de printemps, l'allèle récessif *mlo,* conférant la résistance à l'oïdium n'a pas encore été contourné, bien que les variétés le portant soient cultivées sur de grandes surfaces. Chez le blé dur, la résistance à la rouille brune, présente chez de nombreuses variétés, apparaît durable. On peut aussi citer la résistance à la fusariose (causée par *Fusarium oxysporum)* chez la tomate.

Les résistances se traduisant par une expression quantitative, dites résistances générales, sont en général plus stables. C'est le cas même pour celles qui sont monogéniques, comme la résistance au piétin-verse, chez le blé tendre, déterminée par l'allèle *Pch1,* qui diminue la vitesse d'envahissement des tissus. Mais la durabilité d'une résistance n'est connue qu'*a posteriori*, après son utilisation à grande échelle pendant un certain temps. Tout ce que l'on peut dire *a priori* c'est qu'une résistance polygénique est en général stable. Ce type de résistance doit donc être recherché pour toutes les espèces, et plus particulièrement pour les espèces pérennes.

Développement de variétés résistantes aux maladies

Utilisation des résistances spécifiques

Différentes stratégies

Pour augmenter la durabilité des résistances spécifiques, différentes mesures relevant de la gestion des variétés peuvent être prises.

La première consiste à limiter la durée d'utilisation d'une résistance à un temps assez court. On peut remarquer que pour les céréales à paille, en France et plus généralement en Europe, la durée de vie moyenne d'une variété n'est guère supérieure, aujourd'hui, à quatre ou cinq ans ; le changement de variétés peut donc contribuer à ralentir la progression du pathogène, à condition toutefois que les nouvelles variétés portent de nouveaux allèles de résistance, spécifiques des souches de pathogène qui se sont développées.

La seconde méthode consiste en une véritable gestion du développement des variétés résistantes, dans l'espace et le temps, en fonction des souches présentes. La gestion des variétés dans l'espace est possible à l'échelle d'une exploitation agricole ; il est même très recommandé à l'agriculteur d'utiliser, dans ses différentes parcelles, différentes variétés, portant des allèles de résistance différents, mais elle est difficile à mettre en œuvre à l'échelle d'un territoire.

On peut aussi chercher à réunir plusieurs gènes de résistance à différentes souches d'un même pathogène dans un même génotype. Cette stratégie, dite de pyramidage, est possible, mais elle est coûteuse pour le sélectionneur. Cela a été réalisé chez le riz pour trois gènes impliqués dans la résistance à la pyriculariose.

La culture en mélange, sur une même parcelle, de plusieurs lignées présentant des résistances spécifiques différentes, et la combinaison des résistances spécifiques et de la résistance générale sont d'autres moyens permettant d'augmenter la durabilité des résistances spécifiques.

Multilignées et mélanges de lignées résistantes

Le principe des multilignées est la culture en mélange d'un nombre limité de lignées (jusqu'à une dizaine) qui sont chacune une version quasi isogénique d'une même lignée, puisqu'elles ne diffèrent les unes des autres que par le gène de résistance spécifique qu'elles portent. Ce schéma est très coûteux pour le sélectionneur puisqu'il lui faut développer par rétrocroisement différentes formes d'une même lignée. Proposé dès 1952 par Jensen, il n'a jamais été mis en application à grande échelle. Aujourd'hui, son principe est repris sous la forme simplifiée du mélange de variétés (trois ou quatre) présentant chacune une résistance à une souche différente d'un même pathogène ou à une espèce différente de pathogène (de Vallavieille-Pope *et al.*, 2006).

L'efficacité d'un mélange de génotypes, comme celle du dispositif multilignées, est essentiellement le résultat de trois effets. D'abord, le mélange diminue la fréquence du génotype sensible à la souche de pathogène qui attaque la culture cette année-là. Ensuite, l'hétérogénéité du peuplement végétal ralentit le développement du pathogène. Si un génotype est sensible, comme le mélange diminue sa fréquence, il y a un effet de barrière aux spores ; une plante sensible ne peut pas infecter toutes ses voisines, car toutes ne sont pas sensibles. Enfin, il y a aussi un effet de résistance induite (une sorte de prémunition) par une souche non virulente ; ses spores activent les mécanismes de défense qui limitent le développement des spores virulentes.

C'est un système efficace pour les maladies foliaires qui développent plusieurs épidémies dans l'année, comme les rouilles, l'oïdium, les septorioses, l'helminthosporiose, la rynchosporiose. Le risque pourrait être la sélection d'une super-souche de pathogène, multivirulente. L'apparition d'une telle souche aurait sans doute un coût adaptatif pour le pathogène, et la nouvelle souche ne serait alors pas compétitive par rapport à une souche dont le spectre de virulence est plus étroit. Toutefois, on peut limiter le risque en changeant la composition des mélanges à chaque nouvelle culture, selon l'évolution des populations de parasites.

Pour l'agriculteur, la difficulté est de choisir les constituants du mélange. En effet, en plus de leur complémentarité pour les allèles de résistance aux maladies, ils doivent être aptes à se maintenir en proportion à peu près égale dans le mélange. Il ne faut donc pas que l'un des constituants domine les autres. Chacun d'entre eux doit posséder ce qui est appelé une aptitude générale à l'association, c'est-à-dire ne pas être « agressif » à l'égard des autres génotypes (p. 127). Pour les céréales à paille, cela se traduit par le choix de variétés de même précocité, de même capacité de tallage, et de même hauteur des tiges, ce qui ne sera possible à satisfaire que s'il y a une grande diversité des variétés proposées à l'agriculteur. Pour limiter les risques d'évolution de la composition du mélange, l'agriculteur devra éviter de ressemer les grains qu'il a lui-même récoltés.

Les résultats expérimentaux obtenus chez le blé montrent bien l'efficacité du mélange pour diminuer la sévérité des maladies. On observe aussi une augmentation du rendement (+ 5 %) et de la qualité (+ 0,55 % de teneur en protéines). Ce schéma a été mis en application, avec succès, chez d'autres espèces, comme la laitue, où les gènes de résistance spécifique au brémia sont facilement contournés, le caféier, pour limiter les épidémies de rouille orangée, et aussi le pommier, pour limiter le développement de la tavelure dans un système de lutte raisonnée.

Combinaison des résistances spécifiques et de la résistance générale

La combinaison d'un allèle de résistance spécifique, à un locus, et d'une résistance générale, polygénique, est une façon de stabiliser la résistance spécifique. Ainsi, chez le colza, la présence de l'allèle *Rlm6*, conférant la résistance au phoma, dans un fond génétique résistant (résistance générale, polygénique) a permis à cet allèle de rester efficace, alors que dans un autre fond, globalement plus sensible, la résistance spécifique a été très vite contournée. De même, chez le blé tendre, la résistance à la rouille jaune apportée par l'allèle *Yr17* est stable chez la variété Renan, alors qu'elle a été contournée chez d'autres variétés ne présentant pas de résistance générale.

Sans l'aide des marqueurs moléculaires, il est difficile de sélectionner la résistance générale en présence d'une résistance spécifique. Une solution peut être d'opérer en deux temps, c'est-à-dire de développer d'abord une résistance générale puis d'introduire un allèle de résistance spécifique. Au cours de la première étape de sélection, il vaut mieux éliminer les génotypes trop sensibles plutôt que conserver les plus résistants (en particulier il faut éliminer les individus présentant des symptômes d'hypersensibilité), ce qui favoriserait les gènes majeurs de résistance, et donc le retour à une résistance spécifique. Aujourd'hui, l'introduction d'un allèle de résistance spécifique dans un génotype ayant déjà une résistance générale peut se faire assez facilement à l'aide des marqueurs moléculaires.

Sélection et construction de résistances polygéniques durables

La résistance polygénique peut être améliorée par sélection phénotypique, par l'accumulation d'un grand nombre de cycles de sélection, en combinant cette sélection à celle pour les autres caractères agronomiques. Si la sélection est uniquement centrée sur la résistance aux maladies, sans tenir compte du rendement, elle peut entraîner une diminution du rendement en biomasse. Ainsi, chez une graminée fourragère, le ray-grass, une sélection pour la résistance aux rouilles, opérée pendant plusieurs cycles sur des populations, a conduit à du matériel ayant des feuilles plus courtes (sans doute parce que les cellules sont plus petites), morphologie qui est défavorable au rendement en biomasse, en fauche (Bétin et Mansat, 1984). Il n'est pas impossible qu'il y ait aussi un certain coût métabolique de la résistance.

Un résultat original a été obtenu dans une expérience de gestion dynamique[117] de la variabilité génétique du blé tendre, où seule la sélection naturelle est intervenue : le matériel obtenu après une dizaine de cycles de multiplication d'une population composite a montré le développement de résistances polygéniques aux rouilles et à l'oïdium, plus ou moins associées, alors qu'en sélection artificielle ce sont des résistances spécifiques monogéniques qui sont retenues. Cela est sans doute le résultat de la récurrence de la sélection naturelle, avec un minimum d'intercroisement permis par le résidu d'allogamie.

Les marqueurs moléculaires sont aujourd'hui un outil assez puissant pour construire des résistances polygéniques. Ils permettent en effet d'identifier les zones chromosomiques (QTL) impliquées dans ce caractère quantitatif qu'est la résistance générale, puis de réunir dans un même génotype les différents segments chromosomiques favorables. Thabuis (2002) a montré l'intérêt de la méthode pour transférer chez le piment quatre segments chromosomiques contrôlant la résistance au mildiou causé par *Phytophthora capsici*. Après trois rétrocroisements assistés par marqueurs (p. 90) le retour au parent récurrent était pratiquement total sur les chromosomes non porteurs des QTL tandis que les chromosomes porteurs étaient maintenus à l'état hétérozygote. Le résultat a été celui souhaité puisque les plantes obtenues par rétrocroisement produisaient un fruit identique à celui du parent récurrent mais étaient résistantes au mildiou.

Création de variétés résistantes à plusieurs maladies

Une variété multirésistante est une variété qui cumule des gènes de résistance spécifique, voire de résistance générale, à différentes maladies. Elle est obtenue en transférant, par rétrocroisement, les gènes de résistance issus de différents génotypes, dans un unique génotype, ou par sélection généalogique, à partir du croisement de deux lignées complémentaires pour des gènes de résistance. Chez le blé tendre, les variétés multirésistantes présentent généralement un déficit de rendement potentiel par rapport aux variétés combinant moins de gènes de résistance. Cela peut être dû à deux facteurs : à la transmission de gènes défavorables en même temps que les gènes de résistance auxquels ils sont liés, ou à l'existence d'un coût de la résistance pour la plante. Cependant, lorsque le prix de vente des céréales est bas, ces variétés, parce qu'elles peuvent être cultivées à un plus faible niveau d'intrants (− 20 % environ, voire encore moins pour les fongicides), peuvent procurer des marges bénéficiaires comparables à celles des variétés sensibles cultivées avec des

---

117. La gestion dynamique consiste à multiplier dans la nature des populations très hétérogènes, sans autres interventions de l'homme que le semis et la récolte (et notamment, sans traitements fongicides) (Le Boulc'h *et al.*, 1994) ; seule la sélection naturelle intervient.

niveaux d'intrants élevés. Mais l'augmentation des prix des céréales tend à favoriser la recherche du rendement maximal.

Conditions de la sélection pour la résistance aux maladies

La sélection pour les résistances spécifiques peut se faire au champ, en profitant des infections qui se produisent naturellement. Cependant, elle sera plus efficace en conditions artificielles, permettant l'infection par des souches déterminées du pathogène et un contrôle du milieu physique (température, humidité...). Cela impose alors au sélectionneur d'avoir une collection de souches entretenues en laboratoire. La sélection pour une résistance générale peut aussi se faire au champ ou en conditions artificielles, grâce à un inoculum qui peut avoir été récolté dans la nature. Au champ, dans les essais de familles, des parcelles de variétés sensibles, soumises ou non à une infection artificielle (l'infection est inutile lorsque les conditions environnementales sont favorables au développement des maladies), peuvent être utilisées comme source d'inoculum pour infecter les familles étudiées.

Avantage des hybrides pour la résistance aux maladies

Les hybrides présentent deux avantages pour le développement de variétés résistantes. D'une part, si à un locus il y a plusieurs allèles de résistance à différentes souches du pathogène, l'hybride, réunissant plusieurs allèles différents, pourra être résistant à plusieurs souches au lieu d'une seule. Chez une espèce diploïde, l'hybride pourra être résistant à deux souches. Chez les plantes autotétraploïdes, comme la pomme de terre, il sera même possible d'avoir à un locus quatre allèles de résistance à différentes souches ; un génotype pourrait donc être résistant à quatre souches du pathogène. D'autre part, les hybrides permettent de réunir en une génération des allèles dominants de résistance présents à plusieurs locus chez les deux parents. Ainsi, chez la tomate, c'est l'existence de nombreux allèles dominants de résistance à différentes maladies ou agresseurs (nématodes) qui justifie en partie le développement de variétés hybrides, bien que la vigueur hybride ne soit pas très importante. Dans une telle situation, les hybrides permettent un gain de temps important dans l'accumulation des gènes de résistance dans un même génotype.

Intérêt des croisements interspécifiques et de la transgénèse
pour la résistance aux maladies

Les espèces assez proches des espèces cultivées peuvent être des sources de gènes de résistance. Ainsi, de nombreux gènes de résistance présents aujourd'hui chez le blé et la tomate viennent d'espèces apparentées. Ces résistances ne sont pas nécessairement plus stables que celles trouvées à l'intérieur d'une espèce, comme cela a pu être vérifié chez le blé.

Le transfert de ces résistances, d'une espèce à une autre, quand il se fait par la voie sexuée, est long[118] et souvent difficile (p. 75). La transgénèse permettrait un transfert rapide, dans ces cas-là et même dans les cas de transferts intraspécifiques, qui

---

118. Cinq à dix ans chez une espèce annuelle, quinze à vingt ans, voire plus, chez les arbres fruitiers.

se font, aujourd'hui encore, par des programmes de rétrocroisement assez longs et coûteux. De plus, par cette technique, il serait possible de réunir dans une même variété plusieurs gènes de résistance à différentes souches, ce qui pourrait contribuer à la stabilité des résistances. Un autre avantage de la transgénèse est d'apporter des solutions pour la résistance aux virus, là où il n'y avait pas de gènes de résistance connus chez les plantes cultivées ou chez les plantes qui leur sont proches.

Un des principes de la transgénèse appliquée à l'obtention d'une résistance aux virus est de faire produire par la plante un ARN ou une protéine d'origine virale susceptibles de perturber ou de bloquer le cycle viral (cette résistance est appelée résistance dérivée du pathogène). Les virus phytopathogènes, dans leur grande majorité, sont en effet constitués par une molécule d'ARN protégée par une enveloppe protéique, la capside. Normalement, lorsqu'un virus pénètre dans une cellule d'une plante, il est décapsidé, c'est-à-dire que son ARN est libéré. Il se réplique alors et il impose à la cellule-hôte la synthèse des protéines virales nécessaires à sa multiplication et à sa migration vers les cellules voisines. Or le gène viral codant pour la protéine de la capside de nombreux virus peut être isolé et introduit dans le génome d'une plante.

Par transgénèse, on peut ainsi faire produire à la plante la protéine de capside du virus à combattre. Lors d'une infection de la plante transgénique par un virus, celui-ci sera encapsidé, ce qui bloquera sa multiplication[119]. Ce mécanisme de résistance, qui est efficace contre le virus de la mosaïque chez le tabac, n'est cependant pas le plus général. Des séquences d'ARN d'origines virales ne codant pas pour des protéines confèrent également des résistances de haut niveau. Dans ces cas, les transgènes mettent en jeu l'extinction[120] des gènes et la dégradation des ARN viraux *via* les petits ARN[121] bloquant ainsi le développement du virus.

Cette démarche a permis de sauver la culture du papayer à Hawaï, qui était proche de la disparition par suite du développement d'un virus, le *Papaya ringspot virus,* qui est transmis par les pucerons et pour lequel il n'y avait pas de résistance connue. Le rendement d'une variété transgénique est d'environ 140 t/ha alors qu'une variété sensible au virus peut ne produire que 5 à 6 t/ha quand elle est infectée. Malgré le développement des variétés transgéniques résistantes (occupant désormais plus de 50 % des surfaces cultivées en papayers), qui entraîne une forte pression de sélection sur le virus, la résistance est toujours efficace vis-à-vis des souches du virus présentes à Hawaï. De plus, il apparaît que les cultures des variétés transgéniques seraient aussi une protection pour les cultures de papayers non transgéniques, car les pucerons porteurs du virus seraient « purgés » de leurs virus en passant sur les cultures transgéniques avant d'aller sur une culture non transgénique.

La résistance transgénique à la sharka, maladie à virus très grave des arbres à noyaux du genre *Prunus*, pour laquelle il n'y a actuellement aucune méthode de lutte si ce n'est l'éradication des arbres malades, fait aussi appel à ces mécanismes de résistance dérivée du virus, *via* les petits ARN.

---

119. Il semble en fait que le virus se décapside, normalement, puis que l'ARN viral est immédiatement encapsidé à nouveau, cette fois par la protéine de capside produite par la cellule végétale, et ne peut plus se décapsider ensuite.
120. Processus empêchant la production d'une protéine à partir d'un gène.
121. ARN formés de 21 à 24 nucléotides qui forment des complexes avec des protéines, qui se fixent sur l'ARN viral et le dégradent, empêchant ainsi toute multiplication virale.

Bilan de la sélection pour la résistance aux maladies

L'existence d'un risque de contournement des gènes de résistances spécifiques doit conduire le sélectionneur à diversifier les sources de résistances que l'agriculteur doit savoir gérer, et à favoriser les résistances polygéniques, qui seront plus stables. La sélection assistée par marqueurs est aujourd'hui un outil très utile pour construire plus facilement et plus rapidement ces résistances. La transgénèse peut être également un outil pour obtenir des résistances là où la variation génétique au sein de l'espèce à améliorer, ou au sein d'espèces qui lui sont proches, n'a pas permis de trouver de sources de résistance (comme c'est le cas pour la résistance à certains virus). Elle permet aussi d'accélérer le transfert des gènes de résistance. Les enjeux sont importants, aussi bien pour la stabilité des productions agricoles que pour l'économie de produits phytosanitaires et le respect de l'environnement.

▸▸ Sélection pour la résistance aux insectes et aux nématodes

Les insectes qui s'attaquent aux cultures sont variés : pucerons sur de nombreuses espèces ; cécidomyies sur le blé tendre ; pyrale, sésamie et chrysomèle sur le maïs ; doryphore sur la pomme de terre ; méligèthe, altise et charançon sur le colza ; carpocapse sur le pommier… Les nématodes qui vivent dans le sol s'attaquent aux racines, et quelquefois aux tiges, des plantes et peuvent être un problème pour la pomme de terre, la betterave, le soja, les céréales, la luzerne, la tomate, le concombre, le haricot…

Sans aucune protection des cultures contre les insectes et les nématodes, les pertes induites par leurs attaques s'élèveraient, à l'échelle mondiale, à plus de 450 milliards de dollars. En moyenne, dans le monde, les pertes de rendement dues aux insectes sont du même ordre que celles dues aux maladies, soit environ 15 %, malgré les protections apportées par les insecticides. Mais, selon les pays, les espèces et les conditions de culture, les dégâts peuvent être très variables. Ainsi, dans les zones intertropicales, les dégâts sur le cotonnier peuvent être très importants, provoquant parfois plus de 80 % de pertes. Chez la pomme de terre, les pertes de rendement dues aux nématodes peuvent atteindre 70 %, de plus la qualité du tubercule infecté est dépréciée (à cause des nombreuses petites piqûres) ; or la lutte chimique est difficile, car il y a peu de molécules autorisées.

Même si des insecticides ou des nématicides sont utilisés, la protection n'est jamais totale et dans de nombreuses situations il est nécessaire d'intervenir à plusieurs reprises tout au long du cycle cultural pour obtenir un bon niveau de protection. De plus, les interventions sur les cultures peuvent être rendues impossibles ou inefficaces du fait de conditions climatiques défavorables (périodes pluvieuses, sécheresse, faibles températures…). Les insectes eux-mêmes peuvent être difficiles à atteindre, lorsque leurs larves creusent des galeries dans les différentes parties de la plante (ce que fait la pyrale dans les parties aériennes du maïs) ou dans le sol (ce que fait la chrysomèle autour des racines du maïs) ; elles sont alors protégées de tout traitement aérien et seul un insecticide qualifié de systémique, circulant à l'intérieur de la plante, dans son système vasculaire, peut empêcher leur développement.

Enfin, les insectes peuvent être devenus résistants aux insecticides utilisés, comme c'est le cas, en Australie, en Chine et en Inde, de la noctuelle du cotonnier, *Helicoverpa armigera*, devenue résistante aux pyréthrénoïdes.

De plus, les insecticides chimiques ont un fort impact environnemental. Outre les insectes nuisant aux cultures, ils affectent aussi d'autres insectes, non ciblés. Ils peuvent aussi s'avérer dangereux pour l'homme qui les manipule, et pour le consommateur, par les résidus qu'ils peuvent laisser sur les fruits ou les légumes destinés à la consommation.

Enfin, dans certains cas, suite à des agressions d'insectes, peuvent se développer des champignons produisant des mycotoxines dangereuses pour la santé (p. 189). C'est le cas chez le maïs, après des attaques de pyrale, où des champignons producteurs de mycotoxines, du genre *Fusarium* ou *Aspergillus,* se développent dans les galeries de larves, dans l'épi. Pour limiter la présence de ces mycotoxines, il faut donc empêcher le développement de la larve.

Des variétés génétiquement résistantes aux insectes ou aux nématodes sont donc nécessaires pour avoir une protection des plantes plus efficace, et pour réaliser des économies de pesticides, conduisant à une pollution moindre de l'environnement et à moins de risque pour l'agriculteur et le consommateur.

Lutte génétique conventionnelle contre les insectes ou les nématodes

La lutte génétique conventionnelle (ne faisant pas appel à la transgénèse) contre les insectes et les nématodes peut utiliser trois stratégies, à savoir l'évitement, la résistance ou la tolérance :
– l'évitement correspond à la situation dans laquelle une plante n'est pas attractive pour les insectes, ou est carrément répulsive ; par exemple, chez le chou, une variation de couleur (jaune-vert) rend la plante non attractive pour le puceron cendré *Brevicoryne brassicae* ; la présence de poils sur l'épiderme du cotonnier peut empêcher la ponte d'un lépidoptère, *Heliothis zea,* mais si toutes les variétés résistantes sont pileuses, toutes les variétés pileuses ne sont pas résistantes ; d'autres facteurs peuvent intervenir, comme la longueur des poils, ou leur position (Renou, communication personnelle) ;
– la résistance est la réaction opposée par la plante à l'envahisseur par le biais de la synthèse de composés chimiques, ou facteurs d'antibiose, qui ralentissent le développement de la larve de l'insecte consommant des tissus de la plante ou même qui entraînent sa mort ; par exemple, des gènes codant pour une substance phénolique particulière, le DIMBOA[122], peuvent entraîner la résistance à la pyrale chez le maïs avant floraison (Anglade *et al.*, 1992) ; une situation analogue est connue chez le blé et la luzerne pour la résistance à des pucerons ; un autre exemple, chez le cotonnier, est celui de la synthèse de gossypol (autre substance phénolique), qui peut tuer les chenilles de la capsule (*Heliothis armigera*) ;
– la tolérance est l'aptitude de la plante à supporter les dégâts des insectes ; c'est, entre autres, le cas pour certaines variétés de luzerne, tolérantes au puceron vert du pois *Acyrthosiphon pisum* et au charançon *Hypera postica.*

---

122. 2,4-dihydroxy-7 méthoxy-1,4 benzoxazine-3

Comme les résistances aux maladies, les résistances aux insectes peuvent être monogéniques ou polygéniques. Lorsque les résistances sont monogéniques, elles sont souvent spécifiques à une souche de l'agresseur et le modèle génétique de l'interaction entre la plante et son agresseur est le même que pour les interactions entre la plante et un pathogène, c'est-à-dire le modèle de Flor (1956), gène pour gène (tableau 7.1).

Les résistances spécifiques aux insectes ou aux nématodes peuvent être contournées, comme peuvent l'être les résistances aux maladies. Il en est ainsi chez le blé pour la résistance à la mouche de Hesse[123], *Mayetiola destructor*, qui peut être qualifiée de spécifique, puisqu'un allèle de résistance donné n'est efficace que contre certaines souches de l'agresseur. La situation est identique chez la pomme de terre, pour la résistance aux pucerons et la résistance aux nématodes *Globodera pallida* et *Globodera rostochiensis* (utilisée aux Pays-Bas). En France, une résistance monogénique au nématode *Globodera pallida,* issue de croisements avec l'espèce *Solanum vernei,* est utilisée ; sa durabilité est variable, selon les différents clones de pomme de terre chez lesquels elle a été introduite, ce qui montre un effet du fond génétique de la plante sur la durabilité. Cet exemple montre donc l'intérêt, pour limiter les risques de contournement, de réunir dans un même génotype des résistances monogéniques et des résistances quantitatives polygéniques.

Comme pour la résistance à un pathogène, lorsque cela est possible, il vaut mieux utiliser des résistances polygéniques, qui seront plus durables. Cela a été tenté chez le maïs, pour la résistance à la pyrale. Quand le maïs est jeune, la résistance est corrélée à la production du facteur d'antibiose, le DIMBOA. Même si un gène majeur a été identifié, l'hérédité du caractère est assez quantitative et la sélection pour la teneur en DIMBOA est apparue très difficile. De plus, la présence de ce composé n'est pas apparue liée à la résistance post-floraison, qui est pourtant la plus importante à considérer ; la sélection sur ce composé a donc été abandonnée. Des sélections pour la tolérance ont été réalisées par une évaluation quantitative très standardisée des dégâts après une infestation artificielle. Elles ont permis d'obtenir des génotypes tolérants à la pyrale. Mais ces programmes ont été plus ou moins abandonnés à partir des années 1995, quand ont été mises au point des variétés transgéniques résistantes à la pyrale. Chez le blé, pour la résistance à la cécidomyie orange, un gène majeur et aussi de nombreux QTL ont été identifiés. Il est donc possible de construire une résistance qui sera stable, mais la sélection ne sera pas facile.

Pour être efficace, la sélection pour la résistance aux insectes demande des infestations artificielles, ce qui nécessite l'élevage de l'insecte en conditions artificielles. Ainsi, des élevages de pyrales se sont développés et des œufs de pyrale sont vendus aux sélectionneurs, qui les répartissent sur les maïs. Cela rend très coûteuse la sélection pour la résistance aux insectes.

Apport de la transgénèse pour la lutte contre les insectes

Les croisements interspécifiques peuvent permettre d'introduire chez une espèce cultivée de nouveaux gènes de résistance aux parasites. Ainsi, chez l'arachide et

---

123. Mouche qui fait des dégâts aux États-Unis.

la pomme de terre, la résistance à un nématode a été trouvée chez des espèces sauvages apparentées. Cependant, c'est essentiellement grâce à la transgénèse que de nouvelles sources de résistance peuvent être obtenues.

Les transgènes de résistance aux insectes actuellement utilisés sont issus d'une bactérie, *Bacillus thuringiensis,* qui produit des protéines toxiques pour la pyrale du maïs et certains autres insectes. Des bioinsecticides, constitués de spores de cette bactérie ou de cristaux de ses toxines, ont été mis en œuvre depuis plus de 50 ans dans les cultures de maïs, y compris en agriculture biologique (car il s'agit d'un insecticide biologique). À partir de l'étude d'un grand nombre de souches de cette bactérie, une centaine de toxines différentes ont pu être isolées et étudiées. Chacune d'elles est active contre une gamme d'insectes qui lui est spécifique. Certaines sont actives uniquement contre les lépidoptères, d'autres, contre les coléoptères ou les diptères ; toutes sont sans risque pour les mammifères, les poissons et les oiseaux.

Les gènes bactériens qui codent pour ces protéines ont été identifiés, clonés, et transférés chez les plantes de différentes espèces. Les plantes transformées (dites *Bt*) sont identiques aux plantes non transformées, sauf pour leur aptitude à produire la toxine. À la différence des autres insecticides, cette toxine détruit spécifiquement une famille d'insectes et respecte donc mieux les équilibres des peuplements naturels d'insectes. De plus, la plante transgénique est protégée tout au long de sa vie. Dans le cas du maïs, il en résulte une meilleure qualité sanitaire des grains, qui contiennent beaucoup moins de mycotoxines (p. 189) (Folcher *et al.*, 2010).

Cette résistance transgénique présente l'avantage de pouvoir être transférée chez n'importe quelle espèce subissant des dégâts d'insectes et ne disposant pas de sources « naturelles » de résistances faciles à utiliser. Ainsi, c'est ce système qui est utilisé, avec différents transgènes, pour le maïs (résistance à la pyrale, à la sésamie et à la chrysomèle), le cotonnier (résistance au ver de la capsule), ou la pomme de terre (résistance au doryphore).

Un autre mécanisme de résistance a été mis au point en Angleterre pour la résistance du blé tendre aux pucerons. Le transgène introduit (issu d'une menthe, *Mentha piperita*) code pour une enzyme catalysant la synthèse d'une phéromone d'alarme[124], le farnesène, qui provoque un réflexe de fuite chez les pucerons et, au contraire, attire les coccinelles (Beale *et al.*, 2006). Les études au champ des premières variétés présentant cette forme de résistance ont commencé en 2013. Il sera plus difficile de qualifier ces plantes de plantes insecticides, comme sont parfois appelées les plantes *Bt*, puisqu'elles ne tuent pas les insectes.

Ces résistances transgéniques sont-elles stables ? Certaines résistances *Bt* ont été très vite contournées par l'apparition d'insectes résistants, selon les mêmes mécanismes que ceux opérant pour les résistances aux maladies (p. 135) ou pour les résistances aux insectes qui sont « naturelles ». C'est le cas de différentes résistances au ver du fruit chez le coton et de la résistance à la chrysomèle chez le maïs ; en revanche, aux États-Unis, la résistance *Bt* à la pyrale chez le maïs est toujours stable depuis 1996. De plus, une expérience française a même montré qu'après 30 générations de

---

124. Une phéromone est une substance chimique qui sert à la communication entre les insectes ; il y a ainsi des phéromones sexuelles, qui permettent l'attraction du mâle et de la femelle ; d'autres servent d'avertisseurs de dangers....

pyrales nourries avec un aliment contenant la toxine du maïs *Bt*[125], aucune résistance à la toxine n'était apparue chez les pyrales (Chaufaux *et al.*, 2001). Il semble donc que la situation biologique pour la résistance à la pyrale du maïs remplisse les conditions pour qu'elle soit stable.

Ces résistances obtenues par transgénèse sont des outils précieux pour l'agriculteur et devraient favoriser une agriculture durable. C'est à l'agriculteur de savoir les utiliser, pour qu'elles soient les plus durables possible, par la mise en œuvre de bonnes pratiques agronomiques, en particulier par l'usage de rotations des cultures (excluant donc toute monoculture) et le maintien de zones refuges (pour chaque espèce végétale concernée, 20 à 30 % des surfaces cultivées, bien réparties, devraient être réservées à des variétés sensibles[126]).

---

125. La quantité de toxine dans le régime alimentaire était calculée de telle sorte qu'il y ait 10 % de larves survivantes pour le passage d'une génération à l'autre.

126. Ces zones refuges permettent le maintien de pyrales sensibles à la toxine *Bt*. S'il apparaît par mutation une pyrale résistante, et si cette mutation est récessive (ce qui semble être le cas), le croisement de cette pyrale résistante avec une pyrale sensible (pratiquement les seuls partenaires possibles), donnera naissance à des larves qui seront sensibles et seront donc tuées ; la mutation ne peut donc pas s'étendre (Gallais et Ricroch, 2006).

Chapitre 8

L'amélioration des plantes contribue à des économies d'eau et d'engrais azotés

▸▸ Sélection de variétés tolérantes à la sécheresse

L'eau est à la base de toute vie ; elle est nécessaire à la production de matière sèche par les plantes. En effet, l'ouverture des stomates affectant à la fois la fixation du gaz carbonique et la transpiration, la consommation d'eau et la photosynthèse sont très liées. Selon les plantes, il faut entre 150 et 250 g d'eau pour fixer un gramme de gaz carbonique au niveau de la biomasse totale. La plante est donc une véritable pompe à eau, dont le moteur est la transpiration. Ce phénomène, qui conduit à la perte de la quasi-totalité de l'eau absorbée, permet de refroidir la plante. Mais l'eau absorbée joue aussi un rôle essentiel dans l'absorption des éléments minéraux, leur distribution dans la plante et le maintien de la turgescence des cellules.

Aujourd'hui, dans le Bassin parisien, un hectare de blé produisant 100 q consomme de 500 à 600 mm d'eau, c'est-à-dire pratiquement la pluviométrie de l'année. À cause du changement climatique, et de l'augmentation associée de l'évapotranspiration, la pluviométrie risque, à l'avenir, de ne pas être suffisante pour répondre aux besoins de la culture. Un hectare cultivé en maïs consomme au total moins d'eau qu'un hectare de blé (350 à 450 mm), mais elle est consommée au moment où il pleut le moins, en été. L'irrigation est donc nécessaire pour stabiliser les rendements de cette culture.

Dans le monde, près de 300 millions d'hectares, soit 20 % des surfaces cultivées, sont irrigués ; en France, 35 à 40 % des surfaces en maïs sont irriguées, par exemple. Ces surfaces vont vraisemblablement augmenter suite au changement climatique. Parallèlement, l'eau pour l'irrigation devient plus rare, car son usage est réglementé, et de plus en plus coûteuse. Des itinéraires techniques conduisant à économiser l'eau et à mieux l'utiliser, sans trop perdre en rendement en conditions de stress hydrique, doivent donc être développés. À côté du choix des systèmes de culture, celui des espèces et des variétés cultivées est un moyen d'action. Les besoins en eau et la tolérance au stress hydrique diffèrent en effet selon les espèces et, pour une espèce donnée, selon les variétés.

L'efficacité d'utilisation de l'eau d'une plante est généralement exprimée par la quantité de matière sèche produite par kilogramme d'eau absorbée. Des plantes plus économes en eau peuvent mieux supporter des stress hydriques passagers. Il est possible de développer des variétés plus tolérantes au stress hydrique, mais cela n'a jamais été fait de façon systématique en France. Des investissements importants sont aujourd'hui réalisés pour créer des variétés plus tolérantes à la sécheresse en Australie, pour le blé et le sorgho, mais aussi aux États-Unis, pour le maïs, en Grande-Bretagne, pour le blé…

Qu'est-ce que la sécheresse ? Nous considérons ici la sécheresse comme un déficit hydrique temporaire dans le sol (la quantité d'eau disponible étant inférieure à la demande de la plante), qui est dû à un déficit de pluviométrie et va se traduire par des pertes de production végétale plus ou moins importantes, selon les conditions et le stade de la culture. Si le déficit dure longtemps, la machinerie photosynthétique pourra être affectée. Dans les conditions climatiques françaises, une variété considérée comme tolérante au stress hydrique est une variété qui peut supporter sans perte importante de rendement (moins de 10 %) un stress hydrique d'une ampleur limitée qui pourrait se traduire sur des variétés non tolérantes par des pertes de rendement de 20 à 30 %. La réduction de rendement en conditions de stress hydrique, par rapport au rendement en conditions de non stress, est un estimateur de la sensibilité des variétés au stress hydrique.

Modes d'adaptation des plantes à la sécheresse

On distingue classiquement trois modes d'adaptation des plantes à la sécheresse : l'esquive, l'évitement et la tolérance.

On parle d'esquive lorsque la plante peut réaliser une grande partie de son cycle de développement, au moins la phase la plus sensible au stress hydrique, en dehors de la période de ce stress hydrique (le plus souvent, avant cette période). L'évitement est la stratégie qui permet aux plantes de limiter les effets du stress, par l'enroulement des feuilles (mécanisme qui se trouve chez le maïs et le riz), par exemple. Elle privilégie la survie de la plante, aux dépens de sa productivité. La tolérance à la sécheresse correspond à l'ensemble des mécanismes qui permettent à la plante de supporter le stress hydrique et de pouvoir récupérer ses fonctions dès que les conditions redeviennent favorables, afin de limiter les pertes de rendement. Du point de vue de la sélection, on regroupe souvent les mécanismes d'évitement et de tolérance.

Différences d'adaptation à la sécheresse selon les espèces

Il existe d'abord une différence importante entre les espèces ayant une photosynthèse en C3 et celles avec une photosynthèse en C4 (p. 122). Une espèce en C4 a moins besoin de maintenir ses stomates ouverts pour une même quantité de gaz carbonique fixée, elle consomme moins d'eau et elle présente une transpiration moindre ; il en résulte une meilleure efficacité d'utilisation de l'eau. Le bilan est qu'une plante en C3 transpire environ 250 g d'eau par g de gaz carbonique fixé, tandis qu'une plante en C4 n'en consomme que 150 g environ[127]. La photosynthèse de type C4 peut donc être considérée comme une adaptation au stress hydrique pendant la période végétative.

Du point de vue de la sensibilité au stress hydrique, deux types d'espèces cultivées doivent être distingués : celles qui sont cultivées pour le grain (les céréales, par exemple) et celles dont on récolte la biomasse aérienne (les plantes fourragères, par exemple).

---

127. Consommations calculées au niveau de la biomasse totale synthétisée.

Les premières sont fortement sensibles au moment de la fécondation et de la mise en place des grains[128] ; les éventuels effets de la sécheresse survenus pendant cette période sont irréversibles. La production des graminées fourragères est bien sûr affectée par le stress hydrique, mais grâce à un mécanisme d'évitement la croissance peut repartir dès que les conditions deviennent favorables ; il n'y a pas de phase critique.

Le blé tendre a une tolérance moyenne au stress hydrique, mais son cycle se déroule essentiellement de l'automne au printemps, à un moment où le risque de déficit hydrique est faible. Cependant, le réchauffement climatique pourrait augmenter les risques de sécheresse printanière ainsi que les risques de hautes températures pendant la phase de remplissage des grains. Le sorgho, plante en C4, et l'orge, plante en C3, se développent pendant le printemps et l'été et ont une tolérance plus forte au stress hydrique que le blé, tant pendant la phase végétative que pendant la phase reproductive. À noter que l'orge est cultivée dans des zones semi-arides, ce qui montre une adaptation à ces zones.

Le maïs est, comme le sorgho, une plante en C4 ; il a une efficacité d'utilisation de l'eau élevée, mais il est plus sensible que le sorgho au manque d'eau au moment de la floraison et de la mise en place des grains. La meilleure tolérance au stress hydrique du sorgho vient à la fois de son système racinaire, qui explore mieux les réserves en eau du sol (même en profondeur), et de son efficacité d'utilisation de l'eau (supérieure de 10 % à 20 % à celle du maïs). L'indice de récolte (masse sèche de l'organe récolté sur biomasse sèche aérienne de la plante) du sorgho est donc moins affecté par le stress hydrique que celui du maïs.

Le tournesol est une plante semée au printemps, qui, comme le sorgho, peut être considérée comme tolérante au stress hydrique, surtout au moment de la fécondation et de la mise en place des grains ; de plus, elle a un système racinaire efficace en profondeur.

Caractères liés à l'adaptation d'une variété au stress hydrique

Caractères permettant l'esquive

La modification du cycle de développement d'une plante peut être une stratégie pour éviter un stress hydrique. Ainsi, à cause du réchauffement climatique, de hautes températures pendant la phase de remplissage du grain de blé sont de plus en plus fréquentes et provoquent l'échaudage. Des variétés plus précoces ont donc été créées, afin d'éviter les éventuelles fortes températures de juillet, mais le processus a une limite, car il ne faut pas trop diminuer le potentiel de rendement. Au contraire, pour le maïs, on peut retarder la floraison, tout en conservant la même précocité de maturité, ce qui raccourcit la durée de la phase de remplissage du grain et risque donc d'entraîner aussi une diminution du rendement de telles variétés.

En Afrique, au Mali, la sensibilité à la photopériode de certaines populations de sorgho est utilisée pour faire coïncider la phase de remplissage du grain avec les périodes de pluie ; ainsi, la date de maturité coïncide avec la fin de la saison des pluies, quelle que soit la date de semis. Cette sensibilité à la photopériode existe

---

128. Période qui va de la fécondation jusqu'au moment où l'avortement des grains ne peut plus survenir.

chez les populations de sorgho locales mais n'existait pas chez les premières variétés dites modernes, qui de ce fait n'étaient pas adaptées à une certaine souplesse du calendrier de semis, ce qui a causé des échecs dans leur culture.

Mais, plus que par le biais de l'esquive, c'est surtout par le biais des mécanismes d'évitement et de tolérance que se fait l'amélioration des plantes en vue d'une meilleure adaptation à la sécheresse. La tolérance au stress hydrique est un caractère complexe, multigénique, pour lequel on observe de fortes interactions entre le génotype et le milieu, et pour lequel la sélection conventionnelle (ne faisant pas appel à la transgénèse) ne peut donc apporter qu'un progrès limité. Le sélectionneur peut cependant essayer d'agir sur plusieurs critères (Gaufichon *et al.*, 2010 ; Tardieu et Tuberosa, 2010 ; Tardieu, 2012).

Efficacité d'utilisation de l'eau

Une variété qui demande moins d'eau qu'une autre pour produire une quantité donnée de matière sèche peut mieux supporter un certain manque d'eau, tant que l'offre est supérieure à ses besoins. Elle manifeste donc une sensibilité à la sécheresse plus tardivement qu'une autre variété consommant plus d'eau.

L'amélioration de l'efficacité d'utilisation de l'eau peut se réaliser en diminuant la quantité d'eau consommée, en diminuant la transpiration sans diminuer la photosynthèse, ou en augmentant la photosynthèse pour une transpiration donnée. Le problème est d'avoir un critère lié à l'efficacité d'utilisation de l'eau qui soit facile à mesurer et assez héritable.

L'enroulement des feuilles et leur pubescence sont deux caractères qui peuvent limiter les pertes d'eau par transpiration et éviter le dessèchement des feuilles, protégeant ainsi l'appareil photosynthétique. La présence d'une cuticule épaisse, chez certaines variétés de soja, de riz ou de sorgho, peut diminuer la conductance hydraulique de l'épiderme. Chez le blé, la présence d'une cuticule est favorable en cas de sécheresse, mais elle est défavorable au rendement obtenu en conditions hydriques non limitantes. Une surface foliaire réduite est aussi un caractère intéressant en conditions de sécheresse, mais en conditions favorables cela se traduit par une perte de rendement. Ce n'est donc pas un critère de sélection à utiliser si les situations de sécheresse restent occasionnelles et imprévisibles.

De la même façon, la limitation de la transpiration par la fermeture des stomates en conditions de stress hydrique se traduit par un ralentissement de la photosynthèse et de la croissance pendant la période de sécheresse, qui conduit souvent à une perte de rendement, même si les conditions redeviennent favorables. La présence de ce seul caractère n'est d'ailleurs sans doute pas suffisante pour entraîner une tolérance à la sécheresse, car certaines variétés de blé ou de sorgho sont tolérantes à la sécheresse bien que leurs stomates soient insensibles au stress hydrique (ils ne se ferment pas). Il serait peut-être possible d'agir sur la rapidité de fermeture et de réouverture des stomates. Des travaux sur cette aptitude ont été réalisés par transgénèse chez le colza (Wang *et al.*, 2005) et montrent bien une amélioration de la tolérance au stress hydrique.

On peut aussi chercher à diminuer la conductance des stomates sans diminuer la photosynthèse ; il existe bien une variabilité génétique chez le blé concernant ce caractère, mais, outre qu'il s'agit d'un caractère difficile à mesurer, il y a le risque d'un effet négatif sur le rendement. Une conductance stomatique élevée contribue en effet au maintien de la croissance foliaire, et réduit la température interne des feuilles par la diffusion de l'énergie, évitant ainsi un stress thermique. En Australie, la sélection pour une faible conductance stomatique a effectivement conduit à une diminution de rendement en conditions de stress hydrique (Condon *et al.*, 2002).

Toujours chez le blé, un caractère est apparu très intéressant à considérer, c'est la discrimination isotopique du carbone entre les isotopes ^{13}C et ^{12}C, phénomène qui n'existe d'ailleurs que chez les plantes avec une photosynthèse en C3. Une liaison négative assez forte a en effet été observée entre la discrimination isotopique et l'efficacité d'utilisation de l'eau chez plusieurs plantes en C3 (blé, orge, cotonnier, tournesol)[129]. Ainsi, une sélection indirecte pour l'efficacité d'utilisation de l'eau, réalisée par la recherche d'une faible discrimination isotopique du carbone, a permis d'augmenter cette efficacité, et d'améliorer les rendements en grain en conditions de stress hydrique (Rebetzke *et al.*, 2002). Malheureusement, cette relation semble dépendre beaucoup du stade auquel intervient le stress hydrique ; elle est en général observée quand le stress hydrique survient en phase végétative.

Enfin, nous verrons que la transgénèse peut apporter une nouvelle voie d'amélioration de l'efficacité d'utilisation de l'eau par les plantes en C3, en les transformant pour leur apporter un métabolisme en C4, plus économe en eau.

Non-sénescence du feuillage et capacité de remobilisation en cas de sécheresse

Chez les plantes cultivées pour la production de grain, la présence de feuilles photosynthétiquement actives joue un rôle important au moment du remplissage des grains. Le maintien de la machinerie photosynthétique permet en effet l'affectation directe aux grains des produits du métabolisme carboné. De plus, pour que les racines soient actives, et absorbent l'eau, l'azote et les éléments minéraux, il faut aussi une photosynthèse suffisante. Il y a donc intérêt à ce que les feuilles restent vertes longtemps ; cela peut limiter la remobilisation de carbone et, surtout, d'azote, depuis les organes végétatifs jusque vers le grain. C'est ce que peuvent apporter les gènes de *stay-green*, comme ceux identifiés chez le sorgho ; ils permettent une meilleure alimentation carbonée et azotée en conditions de stress, se traduisant par un meilleur remplissage du grain. Des travaux sur le blé ont montré la corrélation entre l'aspect vert de la feuille drapeau et le rendement en conditions de stress hydrique. C'est un caractère qui permet le maintien de la photosynthèse malgré le stress hydrique, à condition que ce dernier ne soit pas trop fort.

L'aptitude à la remobilisation de carbone et, surtout, d'azote permet également d'atténuer l'effet d'un stress hydrique passager, à condition que la remobilisation ne

---

129. Cela est dû au fait que la ribulose-1,5-bisphosphate carboxylase/oxygénase (RuBisCO) utilise le gaz carbonique constitué de carbone 12 plus rapidement que celui constitué de carbone 13 et que cette discrimination est liée au ratio entre la pression interne de CO_2 et la pression ambiante de CO_2, ratio auquel est également liée l'efficacité d'utilisation de l'eau (Farquhar et Richards, 1984). Lorsque les stomates sont fermés, la raréfaction du CO_2 constitué de ^{12}C conduit à une assimilation plus importante de CO_2 constitué de ^{13}C.

se fasse pas aux dépens de l'appareil photosynthétique, qui doit pouvoir reprendre son activité quand le stress cesse. Il faut donc des variétés accumulant de l'azote de réserve essentiellement dans la tige. La remobilisation de l'azote semble d'ailleurs nécessaire pour obtenir une teneur élevée en protéines dans les grains. Chez le blé, la remobilisation de l'azote de l'ensemble tige plus feuilles vers le grain représente environ 80 % de l'azote présent dans le grain (voire plus, en conditions de stress) ; la remobilisation de carbone, sous forme de glucides solubles, peut atteindre 50 % dans des conditions de fort stress hydrique. Chez le maïs, ces remobilisations sont plus faibles, quelles que soient les conditions hydriques, mais la remobilisation de l'azote joue encore un rôle assez important ; cette espèce est beaucoup plus dépendante de la photosynthèse et de l'absorption après la floraison que ne l'est le blé. Cette différence d'aptitude à la remobilisation, observée entre espèces, peut se retrouver au sein même d'une espèce, tous les génotypes ne remobilisant pas pareillement en cas de stress hydrique.

Résistance à l'avortement des grains

La mise en place des grains est particulièrement sensible au stress hydrique. Chez le maïs, en cas de fort stress hydrique, la floraison femelle est retardée, et la sortie des soies peut être complètement bloquée alors que la floraison mâle a lieu. Si malgré tout la fécondation a lieu, on observe un avortement des grains, qui touche en premier lieu les grains au sommet de l'épi et s'étend vers le bas, selon l'intensité du stress. On constate que les populations ou les hybrides tolérants à la sécheresse présentent un assez court intervalle entre floraison mâle et floraison femelle et un plus faible taux d'avortement. Cela traduit une certaine physiologie qui fait que, même en cas de stress hydrique, la croissance des épis au stade jeune et des soies n'est pas bloquée. L'intervalle entre la floraison femelle et la floraison mâle apparaît ainsi comme un critère assez simple de tolérance au stress hydrique. Une croissance en biomasse aérienne au moment de la fécondation semble favorable à la mise en place de grains, mais il a été montré que la fourniture de carbone par la photosynthèse n'est pas seule en jeu. Chez le blé, une fertilité élevée est favorable à la résistance à l'avortement en cas de stress hydrique.

Efficacité du système racinaire

Chez le blé, on n'observe pas de changement du rapport entre masse des racines et masse des tiges par sélection pour l'adaptation à la sécheresse. Un enracinement superficiel est défavorable si la sécheresse est continue, mais il est favorable à une récupération rapide dès que la pluie arrive. Un système racinaire développé, pour aller chercher l'eau en profondeur, présente un intérêt pour le maïs quand il est cultivé en sol profond (Tuberosa *et al.*, 2002). Cependant, le développement des racines a souvent un coût pour le rendement. Ainsi, une réduction du système racinaire a été obtenue suite à une sélection pour le rendement en conditions de stress, dans des sols peu profonds (Bruce *et al.*, 2002 ; Campos *et al.*, 2004). Un fort investissement dans les racines est intéressant pour exploiter l'eau présente dans les couches profondes, mais il ne l'est pas si les réserves d'eau y sont très limitées.

Il serait sans doute plus pertinent de prendre en compte la distribution spatiale des racines plutôt que la seule longueur des racines (de Dorlodot *et al.*, 2007). La modification du diamètre des racines a aussi été envisagée, la résistance à la circulation de l'eau étant plus élevée dans des racines plus fines. Mais cela risque de diminuer la transpiration et le flux d'eau nécessaire pour la photosynthèse, et donc la photosynthèse elle-même. Toutefois, chez le blé, il n'a pas été observé d'effet défavorable de l'amincissement des racines sur le rendement en conditions hydriques non limitantes.

Il n'est donc pas évident de sélectionner sur les caractéristiques des racines pour améliorer la tolérance à la sécheresse. De plus, pour le sélectionneur, la difficulté est de disposer de méthodes de mesure de ces caractéristiques qui soient faciles à mettre en œuvre sur un grand nombre de génotypes. De telles méthodes existent toutefois, telles que les études en aéroponique[130] (réalisées pour le riz) ou en rhizotron[131], ou celles utilisant des éléments marqués (phosphore 32). Grâce à ces méthodes, malgré les difficultés, des progrès dans l'adaptation au stress hydrique, dus au développement du système racinaire, ont été obtenus chez le riz, l'orge, l'avoine, l'arachide…

Une piste de nature complètement différente, à explorer, est celle des champignons endophytes. Ces champignons, qui colonisent les racines, prolongent en quelque sorte le système racinaire et peuvent permettre une meilleure exploration du sol ; il faudra alors sélectionner un couple, celui constitué par la plante et par le champignon. En effet, des interactions entre le génotype de la plante et celui du champignon ont été montrées chez le blé (Hetrick *et al.*, 1992). Il faudra alors vérifier qu'il y a bien un gain de rendement en conditions de stress hydrique.

Tolérance au stress azoté

Comme l'un des premiers effets de la sécheresse est de diminuer l'accessibilité de l'azote du sol et son absorption sous une forme soluble (car la couche arable, où se trouve une grande partie de l'azote minéral, est sèche avant même que ne soit épuisée la réserve en eau des sols), des variétés qui toléreront mieux un stress azoté (p. 159) toléreront également mieux un stress hydrique de courte durée. Il faut donc combiner l'adaptation aux deux types de stress.

Conclusion sur les critères d'adaptation au stress hydrique

Pour les différents caractères d'adaptation au stress hydrique, une variabilité génétique a été observée chez de nombreuses espèces cultivées. Il est donc possible de les prendre en considération dans la sélection, comme caractères associés aux caractères principaux sélectionnés (le rendement, notamment), mais ils ne sont pas toujours faciles à mesurer. De plus, il tend à y avoir une certaine opposition entre l'amélioration de la tolérance au stress hydrique et l'amélioration de la production en conditions hydriques favorables.

---

130. Avec cette technique de culture sans sol, les racines se développent dans un brouillard permanent constitué de la solution nutritive.

131. Système de culture en cases ou en pots, comprenant une plaque vitrée inclinée sur laquelle les racines butent, ce qui permet d'observer leur croissance sans perturber la plante.

Il est évidemment plus facile de sélectionner pour l'adaptation à un stress hydrique constant, ou à un scénario de sécheresse connu, reproductible, que pour l'adaptation à plusieurs scénarios aléatoires. Comme l'intérêt d'un caractère dépend des conditions et du scénario de sécheresse, pour élaborer des génotypes qui soient adaptés au stress hydrique ou dont le comportement soit stable quelles que soient les conditions hydriques, le sélectionneur doit agir simultanément sur plusieurs mécanismes d'adaptation au stress hydrique. Il devra alors rechercher les génotypes qui tendent à rompre les liaisons négatives éventuelles entre les différents caractères d'adaptation au stress hydrique ou entre ces caractères et le rendement en l'absence de stress hydrique. Mais il sera illusoire de vouloir obtenir une variété adaptée à tous les types de sécheresse.

Résultats de la sélection phénotypique pour la tolérance à la sécheresse

La sélection phénotypique est basée sur l'évaluation des génotypes au champ. Cette sélection a deux limites : la difficulté d'appréciation de la valeur des génotypes, du fait de l'existence de fortes interactions entre le génotype et le milieu (se traduisant par une faible héritabilité), et la méconnaissance des gènes qui interviennent. Elle est pourtant à la base des progrès importants réalisés pour le rendement. Et comme cette sélection phénotypique sur le rendement inclut une expérimentation réalisée dans des conditions très variées, y compris dans des conditions sèches, et qu'elle vise aussi une certaine régularité des rendements en toutes conditions, il en résulte aussi une amélioration pour la tolérance au stress hydrique. L'efficacité de la sélection pour la tolérance à la sécheresse peut être encore améliorée grâce à des essais avec le même matériel végétal (familles, variétés expérimentales) en conditions irriguées et en conditions non irriguées, dans les mêmes lieux.

Pour le maïs, aux États-Unis, le rendement moyen des diverses variétés en conditions non irriguées (dans lesquelles des périodes de stress hydrique sont possibles) a, en l'espace d'une cinquantaine d'années, progressé parallèlement au rendement moyen en conditions irriguées (Duvick, 2005, figure 8.1)[132]. Les mêmes résultats ont été obtenus en France (Welcker, 2012 et communication personnelle). Le problème est de savoir si l'amélioration observée en conditions non irriguées vient du développement des racines, qui ont mieux exploité les réserves en eau du sol, ou d'une amélioration de l'efficacité d'utilisation de l'eau, ou des deux. Il semble bien qu'il y a eu amélioration des deux caractères. D'une façon plus générale les variétés modernes de maïs ont un rendement en grain bien plus régulier selon le milieu que les anciennes variétés (Derieux *et al.*, 1987).

En fait, chez le maïs, l'amélioration de la tolérance à différents stress (sécheresse, mais aussi froid, traitement par des herbicides, ou culture à haute densité) s'est faite par une augmentation de la durée de vie des feuilles. Confrontées à une sécheresse,

---

132. Toutefois, chez les meilleurs agriculteurs du Nebraska (où sont cultivés près de 4 millions d'hectares de maïs), alors que le rendement en culture irriguée atteint un plateau, le rendement en culture non irriguée continue à augmenter de façon linéaire, ce qui prouve qu'il y a encore des possibilités d'amélioration pour l'utilisation de l'eau.

les variétés modernes de maïs sont en moyenne plus vertes que les anciennes variétés ; elles protègent donc mieux leur appareil photosynthétique, ce qui est favorable à la fois pour la tolérance au stress hydrique et pour l'efficacité du métabolisme azoté, surtout pendant la phase de remplissage du grain. Chez les variétés modernes, plus tolérantes au stress hydrique, l'intervalle entre la floraison femelle et la floraison mâle est également plus faible.

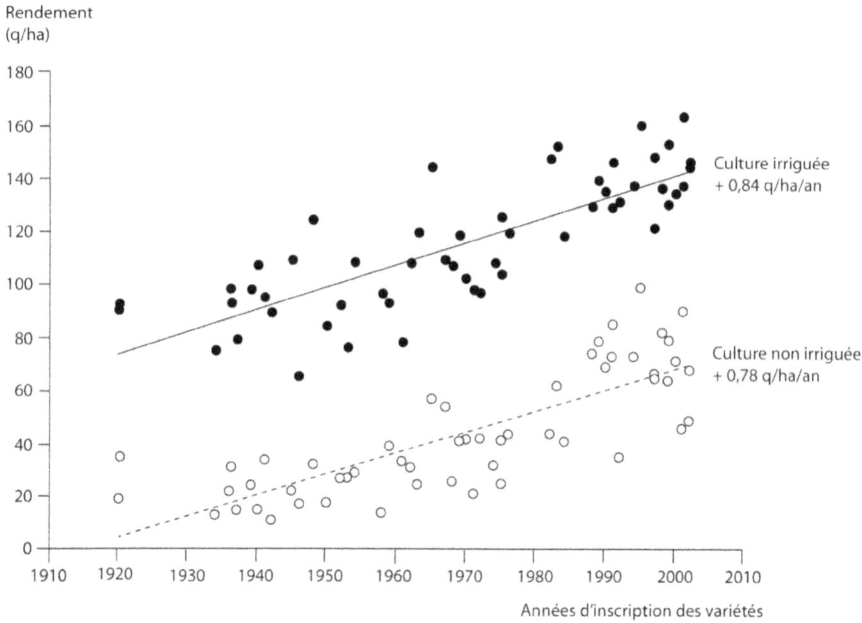

Figure 8.1. Progrès sur le rendement en grain du maïs, aux États-Unis, en cultures irriguées et en cultures non irriguées.

Il s'agit d'essais réalisés la même année, dans lesquels le rendement des variétés représentatives de toutes les époques a été mesuré, en conditions d'irrigation ou sans irrigation. Cela reflète donc le progrès génétique (figure d'après Duvick, 2005).

Par la sélection phénotypique récurrente[133], en considérant certains critères particuliers, comme l'intervalle entre la floraison femelle et la floraison mâle et l'aspect vert des feuilles, le Cimmyt a obtenu des progrès très significatifs dans la tolérance au stress hydrique. Ce matériel a été à l'origine d'une amélioration de 35 % des rendements en conditions de stress hydriques modérés à sévères, en Afrique de l'Est.

Chez le blé, en Australie, la sélection phénotypique, avec des tests en milieux variés, dont certains en conditions de stress hydrique, s'est traduite par une amélioration régulière de l'efficacité d'utilisation de l'eau (Sadras et Lawson, 2012). D'une façon assez générale, chez cette espèce, la présence de barbes sur les épis est un caractère, simple à sélectionner, qui peut amener une tolérance au stress hydrique ; les barbes sont en effet le siège d'une activité photosynthétique supplémentaire, efficace pour

---

133. Sélection formée par l'accumulation de plusieurs cycles de sélection effectuée sur des populations.

le remplissage du grain, avec une bonne efficacité d'utilisation de l'eau. Les blés hybrides permettent aussi une meilleure utilisation de l'eau (meilleures résistances aux maladies, système racinaire plus développé...).

Cependant, globalement, il apparaît que les progrès apportés par les diverses variétés commercialisées sur l'adaptation au stress hydrique sont plus dus à la modification de l'architecture de la plante (morphologie, indice de récolte, répartition des racines) qu'à l'amélioration de l'efficacité d'utilisation de l'eau. Un progrès est de plus en plus difficile à obtenir par sélection indirecte sur le rendement ; pour progresser plus, il faut cibler la sélection sur certains critères d'adaptation à la sécheresse, et les combiner entre eux à l'aide du phénotypage à haut débit et des outils issus de la génomique.

Apport des nouveaux outils à la sélection pour la tolérance à la sécheresse

Apport des marqueurs moléculaires et du phénotypage à haut débit

Le développement du marquage moléculaire dense des génomes a permis la détection de QTL impliqués dans la tolérance à la sécheresse. Ainsi, on a pu détecter des QTL déterminant la synthèse d'une hormone, l'acide abscissique, associée au développement des racines chez le maïs, mais aussi des QTL impliqués dans la croissance foliaire en situation de stress hydrique, des QTL déterminant l'intervalle entre la floraison femelle et la floraison mâle... Il est possible d'appliquer cette démarche à tous les caractères d'adaptation au stress hydrique que nous avons évoqués. La cartographie d'un grand nombre de gènes permet d'aller à la recherche des gènes explicatifs des QTL détectés.

La cartographie de tous ces QTL et l'identification de marqueurs qui leur sont liés permettent de réunir facilement dans un même génotype plusieurs segments chromosomiques favorables à l'adaptation au stress hydrique. C'est le principe de la sélection assistée par marqueurs, qui est beaucoup plus rapide que la sélection sans marqueurs, car elle ne nécessite pas d'évaluation phénotypique. La mise en œuvre de cette méthode de sélection devrait permettre de réduire l'antagonisme entre l'amélioration de la tolérance au stress hydrique et la maximisation de la production en conditions hydriques favorables, ou l'antagonisme entre la réduction de la consommation d'eau et l'amélioration de la production en conditions de stress. Il devrait donc en résulter des variétés ayant un comportement plus régulier en conditions de stress hydrique aléatoires.

Les résultats obtenus par l'utilisation des marqueurs sont très positifs. Les travaux du Cymmit chez le maïs montrent par exemple que le transfert dans une lignée sensible à la sécheresse de cinq segments chromosomiques favorables, déterminant en particulier un intervalle court entre la floraison mâle et la floraison femelle, entraîne une multiplication par un facteur de deux à quatre du rendement en conditions de stress, sans qu'il y ait de perte de rendement en conditions optimales (Ribaut *et al.*, 1997 ; Ribaut *et al.*, 2002). La firme Pioneer a mis sur le marché un ensemble de variétés de maïs présentant un gain de rendement de 6 % en conditions de stress hydrique, par rapport aux meilleurs hybrides actuels. La firme Syngenta annonce des variétés apportant un gain de 10 à 15 %, mais cette valeur reste à confirmer. Cela montre bien les possibilités de progrès.

Parallèlement au développement des outils de génotypage à haut débit, indispensables pour la sélection assistée par marqueurs, se développe actuellement le phénotypage à haut débit, que l'on peut associer à un contrôle de l'intensité, de la durée et de la fréquence des stress hydriques caractérisant divers scénarios de sécheresse testés. Il s'agit d'évaluer un grand nombre de génotypes pour des caractères très variés, les plus pertinents possibles, impliqués dans la réaction au stress hydrique. Cela se réalise par l'utilisation de nombreux capteurs, souvent optiques et associés à du traitement d'images à haut débit. En associant ce nouveau type d'évaluation et la cartographie génétique, il est possible de détecter de nouveaux QTL impliqués dans la tolérance au stress hydrique. Cette information, combinée à l'évaluation au champ (pour mesurer le rendement), devrait permettre de mieux diriger l'élaboration de génotypes qui soient à la fois plus tolérants au stress hydrique et productifs.

Apport de la transgénèse à l'amélioration de la tolérance à la sécheresse

La démarche des entreprises de sélection est d'utiliser simultanément la sélection phénotypique, la sélection assistée par marqueurs et la transgénèse. Les transgènes ne sont insérés que dans des génotypes préalablement améliorés par sélection phénotypique pour la tolérance au stress hydrique.

Des gènes impliqués dans la tolérance au stress hydrique ont été intégrés dans plusieurs centaines de constructions génétiques, ou transgènes, et sont en cours d'exploration. Il peut s'agir de gènes provenant des espèces améliorées elles-mêmes, mais aussi de gènes bactériens qui sont susceptibles d'apporter une variabilité nouvelle. Il est souvent fait appel à la surexpression[134] des gènes. Parmi les gènes en cours d'étude, on peut citer des gènes codant pour des kinases[135], des sucres (tréhalose), des antioxydants, des protéines de détoxification (pour éliminer les radicaux libres induits par le stress hydrique), des protéines de chocs thermiques, des protéines LEA[136] (présentes dans la graine), des facteurs de transcription activés par le stress hydrique. Si l'expression du gène est constitutive, l'effet du transfert, positif en conditions de stress, est en revanche souvent négatif en conditions hydriques favorables. Par contre, cet effet négatif n'existera pas si l'expression du gène est induite seulement en conditions de stress hydrique.

Un exemple original de transgénèse, qui a été expérimenté, utilise le mécanisme d'adaptation à la sécheresse des plantes dites de la résurrection (la rose de Jéricho, *Selaginella lepidophylla*), qui résistent à des sécheresses intenses en entrant en dormance et renaissent après avoir reçu seulement quelques gouttes de pluie.

---

134. Stimulation de la production d'ARN au moment de la transcription d'un gène (voir annexe), ce qui conduit à une surproduction de la protéine codée par ce gène.

135. Enzymes qui jouent un rôle important dans la phosphorylation au niveau cellulaire.

136. Protéines *Late Embryo Abundant*, associées au dessèchement de la graine.

Ces plantes sont très riches en tréhalose, sucre qui est connu pour jouer un rôle dans la tolérance au stress hydrique. Un riz transformé, contenant deux gènes bactériens codant pour la synthèse de tréhalose, produisait, dans des essais préliminaires, trois à huit fois plus de tréhalose qu'une plante normale et était plus résistant au stress hydrique que le témoin non transformé (Gard *et al.*, 2002). Il a survécu pendant six semaines de sécheresse, en gardant des feuilles vertes, alors que les plantes non transformées dépérissaient à cause de la dégradation rapide de leur chlorophylle. De plus, il était apte à reprendre sa croissance dès que les conditions hydriques redevenaient favorables.

Chez le maïs, la recherche de QTL pour la quantité de protéines, avec et sans stress hydrique, a permis d'identifier un QTL d'une protéine ASR (*ABA*[137], *stress, ripening-induced protein*) co-localisant avec un QTL de réponse au déficit hydrique. Le gène correspondant, *ZmASR1*, a été cloné, et modifié pour obtenir sa surexpression. Après introduction dans une lignée il en est résulté un meilleur rendement en grain en condition de sécheresse (+ 17 % par rapport à la lignée non transgénique), dû à une augmentation du nombre de grains, sans qu'il y ait d'effet négatif en conditions d'arrosage optimales (Virlouvet *et al.*, 2011).

Le projet de transgénèse le plus avancé, dans le domaine de la tolérance à la sécheresse, est celui des sociétés Monsanto et BASF. Ces sociétés ont identifié chez la bactérie *Bacillus subtilis* un gène codant pour une protéine chaperonne[138] d'ARN, dont l'expression est induite chez la bactérie par un choc froid (Castiglioni *et al.*, 2008). Il a été introduit chez le maïs avec un promoteur qui permet son expression en cas de stress hydrique seulement. La protéine chaperonne évite le repliement des ARN, qui bloquerait la synthèse des protéines. Il en résulte un maintien de la photosynthèse, et donc de la croissance, lorsque les plantes sont soumises à un déficit hydrique, quelle que soit l'époque où survient ce déficit (stade végétatif ou stade de la reproduction). Les résultats expérimentaux sur plusieurs années en cultures non irriguées montrent des augmentations de rendement de l'ordre de 6 à 15 % par rapport aux hybrides les plus performants actuellement sur le marché. Des variétés commerciales contenant ce transgène ont été implantées en 2013 au Nebraska et au Kansas, états soumis à des sécheresses importantes. Cultivées sur environ 50 000 ha cette année-là, elles ont permis un gain de rendement de 5 à 8 % en l'absence d'irrigation ; 275 000 ha ont été cultivés avec ces variétés en 2014.

Nous avons déjà signalé le transfert de gènes spécifiques de la photosynthèse des plantes en C4 dans des plantes en C3, pour améliorer l'efficacité de la photosynthèse chez ces dernières (p. 131). Comme les plantes avec une photosynthèse de type C4 demandent moins d'eau, ce transfert est aussi une solution à moyen terme pour améliorer l'efficacité d'utilisation de l'eau, solution intéressante aussi bien pour augmenter la tolérance à un stress hydrique que pour faire des économies d'eau en conditions hydriques non limitantes.

Il faudra sans doute combiner dans une même variété différents types de transgènes, agissant sur différents caractères d'adaptation au stress hydrique, pour obtenir une amélioration significative de la tolérance à la sécheresse.

---

137. Acide abscissique.
138. Au sens de protectrice.

Conclusions sur la sélection pour la tolérance à la sécheresse

La tolérance à la sécheresse est un caractère complexe ; selon le stade de développement de la plante auquel survient le stress hydrique, les mécanismes mis en jeu sont différents. Il serait plus facile de sélectionner pour l'adaptation à un stress hydrique constant, ou à un seul scénario de sécheresse, que pour l'adaptation à des scénarios aléatoires, qui correspondent à la situation réelle. La difficulté d'évaluation précise d'un grand nombre de génotypes et le grand nombre de gènes impliqués font que ce caractère est sans doute le caractère d'adaptation le plus difficile à sélectionner.

Il a cependant été sélectionné de façon indirecte, par sélection sur le rendement dans différentes conditions, et les variétés modernes sont en général plus tolérantes au stress hydrique que les vieilles variétés. Cependant, pour aller plus loin dans l'adaptation il faut mettre en œuvre une sélection plus ciblée sur différents mécanismes d'adaptation. Aujourd'hui, les sélectionneurs ont à leur disposition divers outils : le phénotypage à haut débit, pour mieux apprécier la variabilité génétique et mieux l'utiliser ensuite ; les marqueurs moléculaires, pour diriger les recombinaisons ; la transgénèse, pour créer une nouvelle variation, en introduisant en particulier des gènes qui ne seront induits qu'en conditions de sécheresse et dont la présence n'aura aucun coût pour la plante quand elle est cultivée en conditions favorables.

Compte tenu du grand nombre de gènes en cause, des progrès encore assez importants peuvent être réalisés. Mais il y a une limite à ces améliorations, car la production de matière sèche demande beaucoup d'eau et il ne sera pas possible de réduire la quantité d'eau consommée en dessous d'un minimum, qui est assez élevé. Par la seule voie génétique, réduire de 50 % la consommation en eau des plantes cultivées est impossible, mais la réduire de 15 à 20 % sans trop perdre de rendement, ce qui est déjà considérable, est sans doute possible, comme le montrent les résultats déjà obtenus.

▸▸ Sélection de variétés valorisant bien l'azote

L'azote, comme l'eau, est nécessaire à la vie. C'est la combinaison de l'amélioration génétique et de l'amélioration des techniques culturales, dans laquelle la fumure azotée a joué un grand rôle, qui a permis d'atteindre les rendements des plantes de grande culture d'aujourd'hui. La culture du blé, à elle seule, consomme 40 % des engrais azotés utilisés dans le monde. L'apport d'azote est aussi nécessaire pour obtenir des plantes présentant un bon compromis entre la teneur en protéines, nécessaires pour l'alimentation de l'homme et des animaux, et le rendement en matière sèche des parties récoltées, puisque ces deux paramètres varient en sens inverse, comme nous le verrons plus loin.

Cependant, la multiplication par 2,4 des rendements moyens dans le monde entre 1960 et 2000 a nécessité une multiplication par 7,4 des apports azotés. Cela signifie que l'efficacité de la fumure azotée a diminué fortement (Tilman, 1999 ; Tilman *et al.*, 2002). Plus de 50 % (parfois jusqu'à 75 %) de l'azote apporté est perdu, en grande partie par lessivage. Il en résulte, ou il peut en résulter, une pollution des nappes phréatiques par les nitrates. Il y a aussi des pertes non négligeables sous forme d'oxyde nitreux, un gaz à effet de serre au pouvoir radiatif[139] 310 fois plus fort que celui du gaz carbonique, qui peut réagir avec l'ozone stratosphérique, augmentant ainsi l'effet de serre. De plus, du point de vue environnemental, la fabrication des engrais azotés a un coût énergétique très élevé. Ce coût peut représenter jusqu'à 50 % des charges énergétiques d'une culture. Enfin, du point de vue économique, pour l'agriculteur, les engrais azotés sont des intrants de plus en plus coûteux.

À la fois pour la protection de l'environnement et dans l'intérêt économique de l'agriculteur, il faudrait donc mieux utiliser l'azote, voire diminuer son utilisation, dans les pays ayant une agriculture intensive. Pourtant, nous avons déjà vu que pour nourrir 9,6 milliards d'habitants de la planète en 2050, il faut encore augmenter la production agricole. La productivité des cultures ne devra pas diminuer, il faut même continuer à l'augmenter. Pour une meilleure utilisation de l'azote, des actions sont possibles au niveau des itinéraires techniques, en particulier par le fractionnement de la fumure azotée, et par un apport adapté aux besoins de la plante, comme cela se fait déjà pour le blé. Elles ont déjà permis, en France, en 15 à 20 ans, de diminuer de 15 à 20 %[140] la quantité d'azote apportée sur les céréales à paille et de 40 % celle apportée sur les cultures de betterave sucrière. L'utilisation des légumineuses, seules ou en association avec les céréales, dans la rotation est aussi une voie à suivre, puisque les légumineuses fixent l'azote atmosphérique et ne nécessitent pas de fumure azotée.

Pour aller plus loin, il faut mettre au point des nouvelles variétés qui, tout en produisant plus, seront plus respectueuses de l'environnement. Du point de vue de la fumure azotée cela signifie des variétés qui absorberont mieux l'azote du sol, venant de la matière organique et des engrais, et qui le valoriseront mieux.

Caractères liés à la valorisation de l'azote

Efficacité d'utilisation de l'azote et efficacité métabolique

Deux efficacités d'utilisation de l'azote par une plante peuvent être définies : celle pour la production d'une matière sèche récoltée (grains ou biomasse aérienne, par exemple) et celle pour la production de protéines.

L'efficacité d'utilisation de l'azote pour la production d'une matière sèche récoltée (NUE_{MS})[141] peut être définie comme la quantité de matière sèche récoltée par unité d'azote disponible dans le sol (somme de l'azote présent dans le sol en début de culture et de l'azote apporté par l'engrais). Elle peut être décomposée de différentes manières, de façon à faire apparaître ses différentes composantes, l'efficacité d'absorption et l'efficacité métabolique de la plante pour l'azote (encadré 8.1).

L'efficacité d'utilisation de l'azote pour la production de protéines (NUE_P) peut être définie comme la quantité de protéines récoltée par unité d'azote disponible dans le sol.

---

139. Pouvoir de réchauffement.
140. Voire même de 24 %, selon une étude de l'Union des industries de la fertilisation (Unifa) en 2013.
141. NUE, pour *Nitrogen use efficiency*.

Encadré 8.1. Composantes de l'efficacité d'utilisation de l'azote et de l'efficacité métabolique.

Par définition, NUE_{MS}, l'efficacité d'utilisation de l'azote pour la production de matière sèche, s'écrit :

(1) NUE_{MS} = Rdt / N dispo[a]

Pour un niveau de nutrition azotée donné, les variétés présentant le meilleur rendement (en grain ou en biomasse aérienne, selon l'utilisation) sont donc celles qui ont la meilleure efficacité d'utilisation de l'azote. Le rendement peut donc être un critère de l'efficacité d'utilisation de l'azote. Mais il est possible d'agir sur d'autres composantes de cette efficacité.

L'efficacité d'utilisation de l'azote peut en effet être décomposée de la façon suivante :

(2) NUE_{MS} = (N absorbé / N dispo) × (Rdt / N absorbé)

le premier facteur étant l'efficacité d'absorption de l'azote par la plante et le second, l'efficacité métabolique de l'azote (en vue de produire de la matière sèche).

On peut aussi écrire :

(3) Rdt = N absorbé × Efficacité métabolique N

L'efficacité métabolique de l'azote, ou efficacité du métabolisme azoté, peut être écrite sous la forme d'un produit, d'où :

(4) NUE_{MS} = (N absorbé / N dispo) × (Biomasse totale / N absorbé) × (Rdt / Biomasse totale)

le dernier facteur représentant l'indice de récolte en matière sèche et le deuxième facteur étant l'inverse de la teneur en azote de la biomasse.

L'efficacité d'utilisation de l'azote pour la production de protéines s'écrit, par définition, ainsi :

(5) NUE_P = QProt / N dispo

Elle peut aussi s'exprimer de la façon suivante :

(6) NUE_P = (Teneur en protéines × Rdt) / N dispo

[a] Dans les expressions, Rdt est le rendement en matière sèche de la récolte, N dispo est la quantité d'azote disponible par unité de surface, N absorbé est la quantité d'azote absorbée par la culture par unité de surface, QProt est la quantité de protéines récoltées par unité de surface.

Variation génétique de l'efficacité d'utilisation de l'azote et de ses composantes

L'efficacité du métabolisme azoté, pour la production de matière sèche sous forme de grain, varie selon les espèces. Ainsi, pour le blé, en France, 1 kg d'azote absorbé permet de produire environ 35 à 40 kg de grain (pour un apport moyen de 165 kg N/ha). Le maïs est plus efficace ; avec une fumure assez élevée, 1 kg d'azote absorbé permet de produire 40 à 50 kg de grain pour une production de 100 q/ha et avec une fumure plus faible, conduisant à 70 q/ha, 1 kg d'azote permet de produire 45 à 60 kg de grain. Nous avons vu que cette meilleure efficacité du métabolisme azoté du maïs était due à son métabolisme photosynthétique en C4 (p. 122).

À l'intérieur des espèces, il existe aussi une variabilité génétique, à la fois pour l'efficacité d'absorption de l'azote et pour l'efficacité du métabolisme azoté, qui conduit à ce que les variétés présentant le meilleur rendement à forte fumure azotée ne sont pas nécessairement les meilleures à faible fumure.

Chez le maïs, la variabilité génétique des quantités absorbées est plus élevée à forte fumure azotée qu'à faible fumure, où elle peut même être très faible (Coque et Gallais, 2007). En conséquence, la variabilité génétique de l'efficacité métabolique de l'azote est plus forte à faible dose où, en cohérence avec l'expression (3) présentée dans l'encadré 8.1, elle tend à suivre la variabilité génétique du rendement en grain (Bertin et Gallais, 2000 ; Gallais et Coque, 2005). Quand on cultive les variétés anciennes et les variétés modernes à une même fumure azotée, correspondant à la fumure actuelle, il apparaît que les progrès en rendement obtenus sont essentiellement liés à l'augmentation des quantités d'azote absorbées alors que l'efficacité métabolique de l'azote n'a été que très peu améliorée.

Chez le blé, une variabilité génétique pour l'efficacité d'absorption apparaît quelle que soit la fumure azotée ; c'est essentiellement elle qui explique la variabilité génétique d'efficacité d'utilisation de l'azote (Le Gouis et Pluchard, 1996 ; Le Gouis, 2012). La variation génétique du système racinaire est sans doute plus forte chez le blé que chez le maïs, principalement à faible fumure azotée. Des études réalisées sur le progrès génétique concernant le rendement en grain, à fumure azotée assez élevée, montrent soit une contribution plus forte de l'efficacité d'absorption (Le Gouis *et al.*, 2010), soit une contribution plus forte de l'efficacité métabolique (Cormier *et al.*, 2013).

Cependant, l'efficacité d'absorption de l'azote et son efficacité métabolique sont difficiles à mesurer en sélection sur un grand nombre de génotypes. Cela implique en effet de réaliser des prélèvements de la plante entière, de séparer les organes (grain ou autre partie) et d'analyser la teneur en azote de ces organes. De plus, la quantité d'azote absorbée est peu accessible aux techniques de phénotypage à haut débit. Il est donc intéressant de voir quels sont les caractères liés et s'ils peuvent être mesurés plus facilement, de façon directe ou indirecte.

Durée de vie des feuilles et efficacité d'utilisation de l'azote

Le maintien d'une activité photosynthétique importante assure le maintien d'une bonne capacité d'absorption des racines. En cas de stress azoté, comme en cas de stress hydrique, si la plante ne synthétise pas suffisamment de composés azotés et carbonés, non seulement l'appareil photosynthétique mais aussi le système racinaire peuvent être affectés. La durée de vie des feuilles est donc un caractère essentiel pour l'absorption de tous les éléments nutritifs, et en particulier de l'azote. Chez le maïs c'est d'ailleurs un caractère qui traduit l'adaptation à différents types de stress. Nous avons vu l'intérêt en condition de stress hydrique du caractère *stay-green* du sorgho, qui retarde la sénescence des feuilles et permet généralement un maintien de la photosynthèse (en limitant la dégradation des structures photosynthétiques) et un maintien de l'absorption de l'azote. Mais la présence du caractère *stay-green* dans un génotype n'est pas une condition suffisante, puisque certains génotypes *stay-green* ne maintiennent pas mieux la photosynthèse que les génotypes dont les feuilles deviennent rapidement sénescentes.

Chez le blé tendre, une durée de vie plus longue des feuilles, en favorisant l'absorption tardive d'azote, peut être favorable à une teneur élevée en protéines des grains. Un tel caractère présente surtout un intérêt en cas de faible disponibilité de l'azote dans le sol. Chez le colza, les feuilles, qui sont riches en azote, tombent sur le sol, ce qui provoque une perte d'efficacité d'utilisation de l'azote apporté.

Un autre critère que la durée de vie des feuilles pourrait être la teneur en chlorophylle, qui est liée à la teneur en azote des feuilles (30 % des protéines foliaires sont en effet constitués par une enzyme de la photosynthèse, la RuBisCO), et qui est facile à mesurer par un chlorophylle-mètre. Elle renseigne sur la teneur en azote de la feuille et sur l'état du système chlorophyllien. D'autres appareils ont été mis au point pour mesurer la dégradation de la chlorophylle, mais leur intérêt n'a pas encore été bien démontré. En fait, l'état de la machinerie chlorophyllienne est souvent lié à la remobilisation de l'azote, qui s'accompagne de la destruction de la RuBisCO. Ces caractères, liés à la dégradation de la chlorophylle, peuvent être assez facilement accessibles par les méthodes de phénotypage à haut débit.

Importance de la remobilisation de l'azote après la floraison

Nous avons déjà vu l'importance de cette remobilisation pour la tolérance à la sécheresse.

Chez le blé tendre, selon les conditions environnementales, 40 à 90 % (80 %, en moyenne) de l'azote des grains provient de l'azote stocké dans les parties végétatives avant floraison sous forme de protéines, parmi lesquelles figure la RuBisCO. À ce phénomène est associée la sénescence des feuilles, qui va diminuer, voire arrêter, la photosynthèse dans la feuille. Chez le blé dur, un gène (*Nam-B1*) a été identifié (Uauy *et al.*, 2006), dont la présence à l'état homozygote est associée à une forte teneur en protéines du grain ; ce gène augmente la remobilisation de l'azote vers le grain, mais il entraîne une sénescence précoce. Il a été transféré chez le blé tendre[142] mais il reste à vérifier qu'il n'entraîne pas d'effets négatifs sur le rendement en grain dans les conditions de culture de l'Europe du Nord. Le problème est de savoir s'il sera possible d'augmenter la remobilisation de l'azote vers le grain sans entraîner une sénescence trop marquée des feuilles.

Chez le maïs, le rôle de l'absorption d'azote pendant la phase de remplissage du grain est beaucoup plus important que chez le blé. Cependant, chez une population sélectionnée pour sa haute teneur en protéines du grain, il apparaît aussi une plus grande remobilisation de l'azote, de la tige vers le grain (Wyss *et al.*, 1991).

Chez les deux espèces, il y a intérêt à avoir avant la floraison une assez grande quantité d'azote accumulée dans les parties végétatives (tiges plus feuilles), qui pourra ensuite être remobilisée vers le grain sans que cela soit aux dépens de l'activité photosynthétique. Le niveau de ces réserves azotées au moment de la floraison peut être approché par des indices de teneur en chlorophylle donnés par un chlorophylle-mètre.

Les génotypes *stay-green*, dont les feuilles restent vertes plus longtemps, présentent un intérêt pour améliorer la valorisation de l'azote, comme cela a été montré chez le

---

142. De fait, ce gène a également été trouvé, ensuite, chez certains génotypes de blé tendre.

sorgho, le blé et le maïs ; certains d'entre eux ont sans doute cette aptitude à remobiliser en partie leur azote vers le grain, mais pas trop, de façon à protéger ainsi leur appareil photosynthétique.

Chez le colza, où nous avons vu que la chute précoce des feuilles entraînait des pertes d'azote, il faudrait que l'azote foliaire soit remobilisé avant la chute. Il pourrait en résulter un meilleur transfert vers le grain, et donc des tourteaux plus riches en protéines.

Enzymes impliquées dans le métabolisme de l'azote

Les nitrates du sol sont absorbés à l'aide de transporteurs membranaires. Ils sont ensuite réduits en nitrites au cours d'une réaction catalysée par l'enzyme appelée nitrate réductase. Une autre enzyme, la nitrite réductase, réduit ensuite les nitrites en ammonium. Celui-ci contribue à la synthèse des premiers acides aminés (glutamine et glutamate) en étant incorporé dans des molécules organiques sous l'action combinée de deux enzymes, la glutamine synthétase (GS) et la glutamate synthase (enzyme de type aminotransférase, connue aussi sous le nom de glutamine oxoglutarate aminotransférase ou GOGAT). L'azote contenu dans le glutamate et la glutamine est alors transféré à des acides organiques, pour permettre la synthèse d'autres acides aminés, par des réactions catalysées par différentes autres enzymes de type aminotransférase.

Toutes les étapes du métabolisme azoté, de l'absorption à la synthèse des acides aminés, sont bien connues chez les plantes, comme le sont les gènes qui contrôlent ces activités. La réduction des nitrates n'apparaît pas limitante. Chez le maïs, l'activité de la glutamine synthétase apparaît assez liée à la remobilisation et à l'efficacité d'utilisation de l'azote. Chez le blé, le riz, le maïs et le sorgho, l'activité de la glutamate synthase est aussi liée à l'efficacité d'utilisation de l'azote. L'importance de l'activité de l'alanine-aminotransférase semble démontrée par des expériences faisant appel à la transgénèse chez le colza et le riz (p. 167).

Rôle du système racinaire et de la rhizosphère dans l'absorption de l'azote

Nous avons déjà présenté l'action possible de la sélection sur le système racinaire pour améliorer la tolérance à la sécheresse (p. 152). Les caractéristiques du système racinaire jouent probablement un rôle majeur dans l'absorption de l'azote, comme c'est le cas pour l'absorption de l'eau et des autres éléments nutritifs. Chez le blé, l'intérêt d'un système racinaire bien ramifié, dense et apte à explorer le sol sur une assez grande profondeur semble bien démontré. Cependant, le système racinaire est très difficile à étudier, ce qui explique qu'il y ait très peu de travaux de sélection en relation avec la nutrition azotée. Quelques travaux en rhizotron et en culture hydroponique ont montré chez le blé tendre l'existence d'une variabilité génétique pour l'architecture et le fonctionnement racinaire (An *et al.*, 2006).

Il serait aussi possible d'utiliser des associations non symbiotiques, comme celles existant entre les plantes et les bactéries fixatrices d'azote qui sont libres dans le sol, et sont présentes dans la rhizosphère du riz, de la canne à sucre et des graminées en général. Certaines variétés de riz fixent jusqu'à 40 kg d'azote par hectare. Il faudrait alors sélectionner les variétés qui entraîneraient dans leur rhizosphère les bactéries fixatrices d'azote les plus efficaces. Des études sont en cours pour étudier la variabilité génétique de cette aptitude chez le maïs. Il peut même être envisagé de sélectionner aussi les bactéries, pour les adapter à un génotype ou à une espèce végétale.

Enfin, comme pour la tolérance à la sécheresse, les champignons endomycorhiziens associés aux racines peuvent être un puissant moyen pour augmenter le volume de sol susceptible de fournir de l'azote, surtout quand le niveau de fumure azotée est faible (Hetrick *et al.*, 1992).

Teneur en protéines et efficacité d'utilisation de l'azote

L'efficacité d'utilisation de l'azote pour la production de matière sèche est inversement liée à la teneur en azote de la biomasse produite, comme le montre l'expression (4) précédente (encadré 8.1). La sélection pour l'efficacité d'utilisation de l'azote pour la production de grains ou de biomasse risque donc de se traduire par une diminution de la teneur en protéines des parties récoltées. De plus, la liaison négative entre le rendement en matière sèche et la teneur en protéines est bien connue, tant au niveau du grain chez les céréales qu'au niveau de la plante entière ; l'antagonisme entre les deux caractères est notamment important chez les plantes fourragères (Lemaire et Gastal, 1997).

Une faible teneur en protéines pourrait donc être recherchée pour améliorer l'efficacité d'utilisation de l'azote pour la production de matière sèche. Cependant, chez certaines espèces (blé, plantes fourragères), où la teneur en protéines est également importante à considérer, c'est l'efficacité d'utilisation de l'azote pour la production de protéines, dont la teneur en protéines est une composante (formule (6) de l'encadré 8.1), qu'il faut prendre en considération. La sélection pour la teneur en protéines est considérée p. 172.

Progrès obtenus par la sélection conventionnelle
sur la valorisation de l'azote

L'amélioration génétique de l'efficacité d'utilisation de l'azote pour la production de grain peut être réalisée par des voies conventionnelles, ne faisant pas appel à la transgénèse, en sélectionnant, pour une fumure donnée, les génotypes qui produisent le plus. Cependant, par les méthodes conventionnelles, cette amélioration est assez lente et la sélection peut être d'une efficacité limitée, à cause des influences du milieu.

Pour le blé et le maïs, parallèlement à l'augmentation des rendements il y a eu au cours du temps augmentation des quantités d'azote absorbées et amélioration de l'efficacité d'absorption de l'azote par les variétés cultivées. Chez le blé, l'amélioration du rendement moyen est observée quelle que soit l'intensité de la fumure mais elle est en général plus forte à fort niveau d'azote qu'à faible niveau d'azote (Brancourt *et al.*, 2003, figure 8.2). Cependant, parce qu'elle a été réalisée sans contrainte sur la teneur en protéines, la sélection a conduit à des taux de protéines plus faibles.

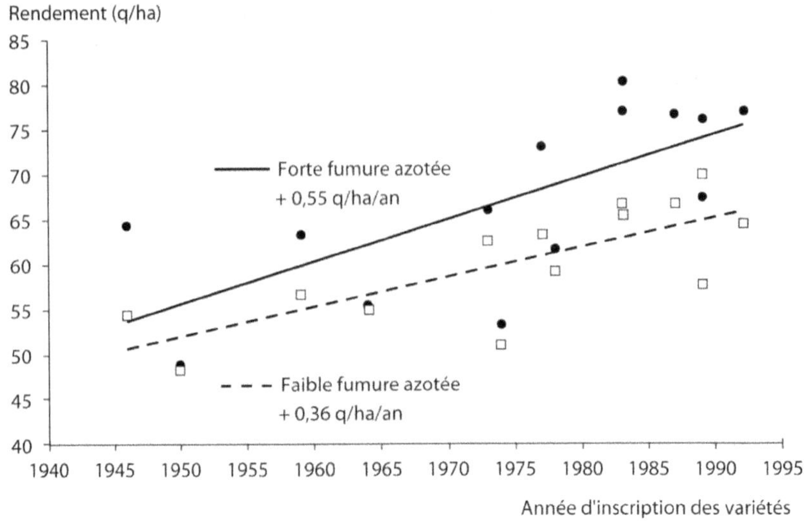

Figure 8.2. Progrès du rendement moyen du blé cultivé en France à forte ou à faible fumure azotée (d'après Brancourt *et al.*, 2003).

Des variétés représentatives de différentes époques de culture ont été expérimentées au même moment, dans deux conditions de fumure azotée, l'une qualifiée de forte (correspondant à celle d'une agriculture intensifiée), l'autre, de faible.

Des expériences de sélection à faible fumure azotée ont été réalisées pour essayer d'obtenir des variétés adaptées à ce mode de culture. Dans ces conditions, la variation environnementale, due à l'hétérogénéité du terrain, est en général fortement augmentée. Dans certaines études, il apparaît même une variation génétique plus réduite (Gallais et Coque, 2005). Il en résulte une faible efficacité de la sélection directe sur le rendement dans ces conditions. De plus, une expérience de sélection à faible fumure azotée chez le maïs a conduit à du matériel peu réactif à l'augmentation de la fumure azotée ; avec une faible fumure azotée l'amélioration du rendement par sélection directe dans ces conditions était même plus faible que l'amélioration obtenue à fort niveau d'azote (Gallais *et al.*, 2007).

Il est possible de sélectionner non pas sur le rendement mais sur d'autres caractères associés à l'utilisation de l'azote, qui sont assez faciles à observer. Ainsi, chez le maïs cultivé à forte dose d'azote, un fort développement végétatif de la plante est favorable à une bonne efficacité d'utilisation de l'azote. S'il est cultivé à faible dose, il est possible d'observer les différences dans la sénescence des feuilles. Dans les deux situations, la sélection sur l'indice de nutrition azotée à floraison, mesuré à l'aide d'un chlorophylle-mètre, peut permettre de retenir des génotypes aptes à la translocation de l'azote vers le grain. Un idéotype d'une variété de maïs valorisant bien l'azote peut être ainsi défini : il montre une forte absorption d'azote jusqu'à la floraison, et une forte remobilisation ensuite, mais il conserve un feuillage actif, permettant la mise en place d'un nombre élevé de grains et leur remplissage.

Le développement du phénotypage à haut débit permettra de mesurer de nombreux paramètres liés à l'efficacité d'utilisation de l'azote, difficiles à mesurer par les méthodes classiques ; ce sont des paramètres tels que la structure du couvert végétal, la teneur en azote, les paramètres de dégradation de la chlorophylle, le développement des racines… Ces données permettront de développer une sélection assistée par marqueurs, beaucoup plus efficace, afin de réunir dans un même génotype le maximum de gènes ou de segments chromosomiques favorables pour différents caractères liés à l'efficacité d'utilisation de l'azote. La transgénèse permet *a priori* d'aller encore plus loin, pour la mise au point de variétés utilisant mieux l'azote du sol ou même de variétés utilisant l'azote de l'air.

Apport de la transgénèse pour une meilleure utilisation de l'azote

Augmentation de l'efficacité d'utilisation de l'azote

Par transgénèse, il est possible d'agir sur des gènes bien connus codant pour les différents systèmes enzymatiques du métabolisme azoté. Divers travaux montrent que la surexpression du gène de la glutamine synthétase permettrait une photosynthèse et une croissance plus élevées en conditions de stress azoté. Ainsi, chez un blé transgénique, la surexpression du gène de la glutamate synthétase du haricot a permis une augmentation des rendements en grain, due à l'augmentation du poids des grains ; l'efficacité d'utilisation de l'azote a donc été augmentée, de 20 % (Habash *et al.*, 2001). Des travaux analogues réalisés chez le maïs montrent que lorsque son gène de la glutamine synthétase situé sur le chromosome 4 est surexprimé, le rendement en grain augmente de 10 à 20 % grâce à l'augmentation du nombre de grains (Hirel et Gallais, 2013, communication personnelle). Le même type de transgénèse réalisé chez le riz a montré que seul l'indice de récolte était amélioré chez les plantes transgéniques, quel que soit le niveau de nutrition azotée (Brauer *et al.*, 2011) ; le rendement en grain n'était pas modifié.

La surexpression chez le colza du gène de l'orge codant pour l'alanine-aminotransférase, avec un promoteur issu du colza, spécifique des racines, a conduit à une augmentation spectaculaire des rendements en biomasse et en grains (Good *et al.*, 2007). Cette supériorité a été attribuée à un flux de nitrates plus élevé. Dans les conditions de culture au champ, les plantes transgéniques ont permis d'atteindre le même rendement que les plantes non transgéniques, mais avec une diminution de 40 % des apports azotés. La surexpression du même gène chez le riz a aussi conduit à une augmentation de la biomasse aérienne produite et de la teneur en azote des tiges (Shrawat *et al.*, 2008). Ce qui est remarquable dans cet exemple, c'est que le système racinaire lui-même a été modifié ; les plantes transformées présentaient des racines plus fines, plus denses et plus ramifiées, ce qui est très favorable à l'absorption.

De nombreux autres transgènes ont été étudiés ou sont en cours d'étude. L'ensemble des résultats montre qu'il y a un potentiel important d'amélioration de l'efficacité d'utilisation de l'azote par le recours à la transgénèse. Tous ces travaux, souvent réalisés en conditions contrôlées, en utilisant des lignées répondant bien à la transgénèse mais ayant de faibles performances agronomiques, demandent à être confirmés au champ et en comparaison avec les meilleures lignées actuelles, non transgéniques. L'avantage des lignées transgéniques pourrait apparaître plus nettement à moyen terme, car elles doivent permettre d'aller plus loin dans l'amélioration de la valorisation de l'azote que la sélection conventionnelle. Il est fort probable que dans les dix prochaines années, des variétés transgéniques de maïs, de blé ou de riz, surexprimant un ou plusieurs des gènes codant pour des enzymes telles que l'alanine-aminotransférase et la glutamine synthétase, seront commercialisées dans certains pays. Le seront-elles en Europe ?

Des légumes transgéniques contenant moins de nitrates

Selon la période de l'année, les conditions de culture et les espèces (laitue, épinard), il peut y avoir accumulation de nitrates dans les vacuoles des cellules foliaires, en quantités non négligeables, dépassant les seuils autorisés, et ceci même si la fertilisation azotée est limitée, par suite d'une minéralisation de la matière organique. En alimentation humaine, lorsque le nitrate est absorbé en excès, sa réduction en nitrite durant la digestion peut oxyder l'hémoglobine, causant une sorte d'anémie ; de plus, les nitrites peuvent être convertis en nitrosamines cancérigènes. Les méthodes classiques de sélection ont certes conduit au développement de variétés à plus faible teneur en nitrates, mais elles se révèlent assez inefficaces pour éviter tout risque d'accumulation. Des chercheurs (Quilléré *et al.*, 1994) ont alors tenté de limiter cette accumulation en augmentant l'efficacité de la nitrate réductase, par surexpression d'un gène qui contrôle sa synthèse.

Des résultats encourageants ont été obtenus chez la pomme de terre, qui peut aussi accumuler des nitrates, grâce au gène *Nia2* du tabac (Djennane *et al.*, 2004) ; les tubercules des clones transformés contenaient 95 % de nitrates en moins. En revanche, chez la laitue, avec la même construction génétique, l'intérêt du même gène apparaît limité ; il y avait bien en moyenne moins de nitrates en début de culture chez les plantes transformées (21 % de moins après 22 jours), mais la différence avec les plantes témoins s'estompait ensuite (seulement 4 % de moins après 84 jours).

Transfert de la capacité à fixer de l'azote atmosphérique

Un moyen possible de réduire l'utilisation des engrais azotés et leur impact sur l'environnement serait de produire par le biais de la transgénèse des plantes cultivées (des céréales, en particulier) capables, comme les légumineuses, de fixer l'azote atmosphérique. Plusieurs stratégies sont possibles, allant de la mise au point de génotypes aptes à établir des associations, symbiotiques ou non symbiotiques, avec des bactéries ou des champignons, jusqu'à l'insertion dans le génome des céréales des gènes codant pour l'ensemble des enzymes et protéines nécessaires à la fixation de l'azote atmosphérique, y compris à la formation des structures cellulaires adéquates pour que la fixation soit opérationnelle.

Une première approche serait de faire produire par les céréales des nodosités racinaires semblables à celles que l'on trouve chez les légumineuses et chez les plantes à actinorhizes[143]. Ces nodosités fixatrices d'azote sont induites par des bactéries

---

143. Les actinorhizes sont des nodosités fixatrices d'azote qu'on trouve sur les racines des plantes angiospermes dites actinorhiziennes. Ces plantes ont la capacité de s'associer avec des bactéries actinomycètes filamenteuses du sol, du genre *Frankia*, pour produire des actinorhizes. Ce sont essentiellement des arbres ou arbustes, tels que les aulnes, le myrte des marais, l'argousier, ou l'olivier de Bohème.

du genre *Rhizobium* ou des bactéries actinomycètes du genre *Frankia*. Il apparaît possible de modifier génétiquement ces microorganismes, pour qu'ils reconnaissent et infectent les cellules racinaires des céréales et leur fassent ainsi produire des nodosités fixatrices d'azote atmosphérique. Comme la reconnaissance par la plante de facteurs fongiques intervenant dans la mycorhization, qui ont une structure très proche de ceux impliqués dans la nodulation, implique des mécanismes déjà présents chez les céréales, on peut penser que les rendre fixatrices de l'azote de l'air sera peut-être moins difficile que ce qui était prévu à l'origine (Beatty et Good, 2011).

Une autre approche consisterait à exprimer dans les chloroplastes les gènes codant pour le complexe enzymatique de la nitrogénase (enzyme qui permet la fixation de l'azote atmosphérique). En effet, les chloroplastes sont issus de bactéries, qui ont colonisé la cellule végétale au cours de l'évolution biologique. Faire produire une enzyme bactérienne comme la nitrogénase dans ces organites devrait donc être possible (Dixon *et al.*, 1997). Il restera à trouver les conditions permettant d'établir dans les chloroplastes les faibles teneurs en oxygène nécessaires au bon fonctionnement de la nitrogénase.

Bilan et perspectives de la sélection pour une meilleure utilisation de l'azote

L'efficacité d'utilisation de l'azote est un caractère complexe, contrôlé par de nombreux gènes, et les mécanismes de régulation impliqués dans l'absorption de l'azote sont très variés. D'une façon plus générale, on peut dire que tous les gènes affectant le rendement affectent l'efficacité du métabolisme azoté. Des progrès sur l'utilisation de l'azote par les plantes cultivées ont déjà été réalisés par sélection conventionnelle. Que ce soit chez le blé, le maïs ou la betterave, les variétés modernes utilisent mieux l'azote que les variétés anciennes. De plus, il existe encore une variabilité génétique assez importante pour ce caractère. Des progrès supplémentaires, et surtout plus rapides, sont attendus grâce à l'utilisation de la sélection assistée par marqueurs et de la transgénèse. Les enjeux sont essentiellement le maintien d'une production importante, grâce à une bonne valorisation de l'azote apporté, et le respect de l'environnement.

Chapitre 9

L'amélioration des plantes contribue à améliorer la qualité des produits

Selon l'Afnor, *la qualité d'un produit est l'ensemble des propriétés et caractéristiques qui lui confère son aptitude à satisfaire des besoins implicites ou explicites des utilisateurs* (Hervé, 1997). Il y a donc une grande diversité des qualités, du fait que de plus en plus de produits sont transformés et qu'ils sont diversement utilisés. Selon ces utilisations, on distingue :

– la qualité nutritionnelle, pour l'homme ou pour les animaux, qui est liée à la composition chimique du produit (sa teneur en protéines, en acides aminés, par exemple), à sa concentration énergétique, ou à sa digestibilité ;

– la qualité technologique, qui est liée au type de traitement industriel, et qui est donc très dépendante du type de transformation ; elle est en général assez facile à définir et elle est précisée dans le cahier des charges de l'industriel ; on peut citer l'aptitude à la transformation (la valeur boulangère des farines, la valeur brassicole des orges, par exemple) ou l'aptitude à la conservation (dans le cas d'un produit frais) ;

– la qualité organoleptique des aliments, qui est liée au plaisir de consommer, et qui est très subjective, variable d'un individu à l'autre, difficile à mesurer ; elle recouvre des sensations olfactives, visuelles, tactiles, et même auditives (craquant du pain), et des aspects psychologiques (effet de l'ambiance de consommation, de la présentation...) ;

– la qualité hygiénique, qui détermine la sécurité sanitaire ; elle implique en particulier l'absence de toxicité (l'absence de mycotoxines ou d'ergot du seigle, par exemple), de résidus de pesticides, ou de réaction allergique.

On pourrait aussi ajouter la qualité esthétique, pour les fruits, les légumes et, bien sûr, pour les plantes ornementales.

▸▸ Qualité nutritionnelle

Teneur et composition en hydrates de carbone

Les hydrates de carbone peuvent exister sous différentes formes dans les organes récoltés. Chez la betterave sucrière, il s'agit de saccharose, qui représente 75 % de la matière sèche, et jusqu'à 18 à 20 % de la matière fraîche. Chez la pomme de terre et les céréales, il s'agit d'amidon, présent sous deux formes, à savoir l'amylose et l'amylopectine. L'amylose est une molécule linéaire formée de 500 à 2 000 unités de glucose liées les unes aux autres. L'amylopectine est une molécule ramifiée, de taille beaucoup plus grande. Ces deux formes d'amidon ont des usages différents. L'amylose, fibreuse, est utilisée pour la fabrication de films, de fibres et de gels ; l'amylopectine permet de produire des gels qui restent fluides à basses températures.

L'amidon de la pomme de terre et celui du maïs sont proches ; ils sont généralement composés d'environ 20 à 25 % d'amylose et 75 à 80 % d'amylopectine. Chez le maïs, toutefois, les mutants dits *waxy* produisent uniquement de l'amidon sous forme d'amylopectine tandis que le gène *amylose-extender* augmente la teneur en amylose jusqu'à 70 %. Une pomme de terre a été modifiée par transgénèse pour produire, à des fins industrielles (industries du papier, du textile et des adhésifs), un amidon essentiellement formé d'amylopectine. Autorisée par la Commission européenne en 2010, elle avait commencé à être cultivée en Allemagne, Suède et République tchèque mais, face aux associations anti-OGM, l'obtenteur a préféré arrêter son développement en Europe.

Chez le maïs doux, ou maïs sucré, ce sont les gènes *su1* (*sugary*) ou *sh2* (*shrunken*) qui bloquent plus ou moins la synthèse de l'amidon et conduisent donc à un grain riche en sucre. Le gène *su1* est recherché pour les variétés de maïs doux, et *sh2,* pour les variétés de maïs « super-doux », plus destiné au marché du surgelé. Le critère de sélection principal de ces types de maïs est la tendreté du péricarpe, et on cherche à lui associer le goût sucré et un certain arôme.

Chez le pois potager, deux gènes mutants, *ra* et *rb*, affectent le métabolisme de l'amidon, et conduisent aussi à des grains sucrés. Il existe trois phénotypes :
– les grains lisses, riches en amidon, qui possèdent au moins un exemplaire des allèles dominants (*Ra* ou *Rb*) à chacun des deux locus ;
– les grains ridés, moins riches en amidon, qui possèdent au moins un exemplaire d'un allèle dominant, *Ra* ou *Rb,* à un des deux locus et un génotype homozygote mutant à l'autre locus ;
– les grains super-ridés, encore moins riches en amidon, qui sont homozygotes mutants aux deux locus.

Ce sont en général les grains ridés ou super-ridés qui sont utilisés en production maraîchère car ils sont sucrés et moins farineux que les pois à grains lisses.

Chez la betterave à sucre, la sélection a généré de grands progrès, depuis les travaux de Louis de Vilmorin ; dans les trente dernières années, la teneur en sucre a été multipliée par un facteur deux, malgré une liaison négative entre le rendement en matière sèche et la teneur en sucre, et le rendement en sucre a augmenté régulièrement de 150 kg/ha/an (figure 11.3, p. 205). Dans ce cas, la sélection a porté sur le rendement en sucre, mais une contrainte sur la teneur a été maintenue, pour éviter de trop faibles teneurs.

Teneur et composition en protéines

Sélection pour la teneur en protéines

Une forte teneur en protéines est un facteur important de la qualité nutritionnelle pour l'homme ou les animaux, recherché chez plusieurs espèces, en dehors des légumineuses, naturellement riches en protéines.

Chez le blé tendre, elle doit être suffisamment élevée pour apporter une bonne qualité boulangère (p. 181). Chez les graminées fourragères, y compris le maïs pour l'ensilage, on recherche un bon rendement en matière sèche mais aussi une assez bonne teneur en protéines de la plante entière, facteur d'une bonne valeur alimentaire ; cela permet aussi d'économiser des importations de tourteaux de soja. Des graines de colza plus riches en protéines permettraient d'obtenir des tourteaux plus riches en protéines. Chez le maïs grain destiné à l'alimentation animale, la présence de protéines est aussi nécessaire, mais le maintien d'une certaine teneur ne doit pas être aux dépens du rendement en matière sèche, qui apporte l'énergie. Il peut être plus efficace de faire produire au maïs le maximum d'amidon et de compléter la ration alimentaire avec des tourteaux de soja ou de colza, ou d'autres protéagineux. En revanche, pour l'orge brassicole, on recherche une relativement faible concentration en protéines (entre 9,5 et 11,5 %).

La teneur en protéines est un caractère très polygénique, comme le montre une expérience de sélection réalisée chez le maïs. Ainsi, cent cycles de sélection récurrente ont permis de multiplier par 2,5 la teneur en protéines du grain, qui est passée de 10,9 en 1895 à 26,6 en 1998 (figure 9.1) ; le maïs est quasiment devenu un véritable protéagineux. Malheureusement, cette amélioration s'est faite aux dépens de la vigueur, ce qui est une conséquence de la relation négative entre vigueur et teneur en protéines. Cependant, elle a permis de créer des génotypes riches en protéines qui, en croisement avec des génotypes normaux, conduisent à des hybrides très productifs et présentant une teneur en protéines améliorée de deux ou trois points par rapport à celles des génotypes normaux (passage de 11,5 % à 13 ou 14 %).

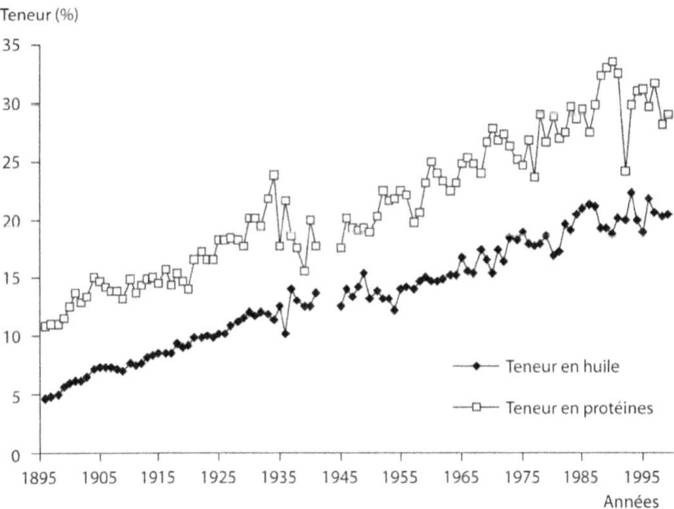

Figure 9.1. Effet de cent cycles de sélection familiale demi-frères pour la teneur en protéines et la teneur en huile chez le maïs (d'après les données de Dudley et Lambert, 2004).

Du point de vue de la sélection, la teneur en protéines est un caractère assez facile à mesurer. Cependant, il n'est pas très héritable, car très influencé par le milieu.

De plus, la liaison (corrélation) négative entre la teneur en protéines et le rendement en matière sèche de la partie récoltée (grain ou biomasse aérienne), signalée précédemment pour le maïs, est assez générale. Elle résulte d'un phénomène de dilution des protéines dans la matière sèche. Ce phénomène est particulièrement net chez les graminées fourragères. En effet, des rendements en biomasse élevés impliquent la présence de plus d'éléments de soutien de la plante, or ces éléments sont pauvres en protéines (Lemaire et Gastal, 1997).

Une solution pour tenir compte de cette liaison négative est de sélectionner sur le rendement en protéines, ce qui, à fumure azotée fixée, revient à sélectionner sur l'efficacité d'utilisation de l'azote pour la production de protéines (voir la formule (6) de l'encadré 8.1). Une contrainte sur la teneur en protéines peut être appliquée pour éviter de sélectionner des génotypes à trop faible teneur. Pour le blé tendre, il a été proposé de travailler plutôt sur l'écart à la relation négative entre le rendement et la teneur en protéines, c'est-à-dire en favorisant les variétés qui tendent à rompre cette liaison. Ce critère, maintenant adopté en France lors de l'inscription de nouvelles variétés, permet de favoriser, à rendement équivalent, les variétés à forte teneur en protéines (Oury et Godin, 2007).

Qualité des protéines

Les protéines sont des chaînes d'acides aminés. Parmi les vingt acides aminés, huit sont indispensables pour la croissance des monogastriques (porc, homme...), car ils ne peuvent pas les synthétiser eux-mêmes ; ce sont la leucine, la phénylalanine, la thréonine, le tryptophane, l'isoleucine, la lysine, la méthionine et la valine. Les céréales sont souvent pauvres en acides aminés indispensables, en particulier en lysine et en tryptophane ; quant à la pomme de terre, légume très répandu dans le monde, elle est pauvre à la fois en protéines et en acides aminés indispensables. Les légumineuses à graines, qui sont des sources importantes de protéines pour l'homme et les animaux, sont le plus souvent assez riches en lysine, mais pauvres en méthionine et en cystéine.

Le manque de protéines et le déséquilibre en acides aminés des rations alimentaires sont à l'origine de problèmes de malnutrition de populations défavorisées qui ont une alimentation basée sur des céréales, des tubercules ou des racines. Une alimentation associant céréales et légumineuses peut limiter les risques de carence pour les principaux acides aminés indispensables. Cependant, pour les populations ayant une alimentation peu variée, l'augmentation des teneurs en lysine et en tryptophane des céréales, et des teneurs en méthionine des légumineuses, permettrait d'avoir plus facilement une alimentation apportant les acides aminés indispensables.

C'est par l'utilisation de mutants qu'on a d'abord cherché à développer des variétés de céréales présentant un meilleur équilibre en acides aminés indispensables. Différentes mutations sont connues chez les céréales pour affecter la composition des protéines. Chez le maïs, le gène *Opaque-2* est connu depuis longtemps pour son effet favorable sur la teneur en lysine (Mertz *et al.*, 1964) ; cependant, il a un effet très défavorable sur le rendement en grain, et même sur la teneur en protéines. Des travaux de sélection récurrente réalisés par le Cimmyt ont montré qu'il était possible de sélectionner des gènes modificateurs, permettant de supprimer les effets défavorables sur le rendement, tout en maintenant l'effet favorable sur la composition en acides aminés (Glover, 1992). L'amélioration obtenue permettrait de couvrir 70 % des besoins en lysine dans les cas où l'alimentation humaine est à base de maïs, contre 50 % avec les variétés normales. L'amélioration n'est donc pas encore suffisante, et cette source de variation due au gène *Opaque-2* reste difficile à utiliser.

Des travaux sont en cours pour améliorer par transgénèse la teneur en lysine ou en méthionine de certains végétaux. La synthèse de la lysine est très complexe ; cet acide aminé régule sa propre synthèse en inhibant une des enzymes impliquées. Il faut donc supprimer ce rétrocontrôle. Différentes voies sont explorées à partir de gènes bactériens et de gènes d'orge (qui contient une protéine riche en lysine, l'hordothionine).

Pour la teneur en méthionine, des résultats assez positifs avaient été obtenus par l'introduction chez le soja du gène de la noix du Brésil codant pour l'albumine 2S, riche en méthionine ; il en résultait un doublement des teneurs en méthionine. Il en était de même chez la vesce de Narbonne (Saalbach *et al.*, 1995). Malheureusement l'albumine 2S de la noix du Brésil étant allergénique, le soja transformé était allergénique, et la transformation n'a pas été utilisée, ni pour l'alimentation humaine ni pour l'alimentation animale. Un autre gène codant pour l'albumine 2S, issu du tournesol, a été transféré chez le lupin (très utilisé pour l'alimentation animale en Australie) ; là encore, la teneur en méthionine a été doublée (Molvig *et al.*, 1997), alors que la teneur en cystéine diminuait de 12 %. Les essais, sur des rats, de ces lupins transgéniques ont montré des gains de poids supérieurs, et une meilleure utilisation des protéines, qu'avec des variétés normales.

Teneur en huile, qualité des huiles et composition en acides gras

Sélection pour la teneur en huile

En France, deux espèces sont sélectionnées pour leur production d'huile : le colza et le tournesol. Chez ces deux espèces, la sélection pour la teneur en huile des graines est assez facile et efficace. C'est en effet un caractère dont l'héritabilité est assez élevée et la corrélation entre la teneur des lignées et celle des hybrides est en général assez bonne. De plus, la détermination de la teneur sur un grand nombre d'échantillons est maintenant rapide, et se fait de manière non destructive, grâce à des appareils utilisant la résonance magnétique nucléaire (RMN). Ainsi, grâce à la sélection, la teneur en huile de la graine de tournesol est passée de 30 % à 60 % (ce qui est proche de la limite physiologique).

C'est un caractère très polygénique comme le montre une expérience de sélection récurrente réalisée aux États-Unis chez le maïs : après cent cycles de sélection sur ce seul caractère, la teneur en huile du grain est passée de 5 % environ à plus de 20 %, ce qui est une teneur comparable à celle de certains oléagineux (figure 9.1). Cependant, en raison d'une liaison négative entre la teneur en huile et le rendement en matière sèche, cette amélioration spectaculaire s'est faite aux dépens du rendement en grain. Le matériel expérimental ainsi obtenu a été utilisé pour créer des variétés à la fois riches en huile et suffisamment productives.

Chez le colza, la teneur en huile de la graine est également liée négativement avec le rendement en grain, mais aussi avec la teneur en protéines. Plus généralement, quelle que soit l'espèce, il existe une liaison négative entre teneur en huile et rendement. Pour obtenir un bon compromis entre les deux paramètres, il est alors préférable de sélectionner sur le rendement en huile, en maintenant éventuellement une contrainte pour une teneur minimale en huile.

Qualité des huiles alimentaires

Les différents acides gras et leurs effets sur la santé humaine

Les lipides (huiles ou graisses) sont formés par des triglycérides, qui sont des esters de glycérol et d'acides gras. Ces derniers peuvent être saturés (cas des acides palmitique et stéarique), si leur structure ne comporte aucune double liaison entre deux atomes de carbone, ou insaturés (mono-insaturés comme l'acide oléique, qui est un acide gras oméga 9[144], di-insaturés comme l'acide linoléique, qui est un oméga 6, tri-insaturés comme l'acide α-linolénique, qui est un oméga 3...), s'ils possèdent au moins une double liaison.

Les acides gras jouent un rôle important au niveau nutritionnel. Le régime alimentaire crétois, favorisant la présence d'acide oléique aux dépens des acides gras saturés, a montré tout son intérêt pour éviter des accidents cardiovasculaires. Les nutritionnistes recommandent donc d'utiliser dans notre alimentation des huiles végétales contenant des acides gras polyinsaturés, et riches en acide oléique. Les acides gras dits essentiels (car non synthétisés par l'homme), comme les acides linoléique et α-linolénique (souvent simplement appelé acide linolénique), doivent être présents dans la nourriture. Chez les nouveau-nés, les acides gras polyinsaturés, comme l'acide α-linolénique, sont indispensables au bon développement du système nerveux central, de la fonction rénale, du cerveau et de la rétine.

Pour l'assaisonnement des salades, il faut proscrire les acides gras saturés et leur préférer les acides gras mono- et polyinsaturés. Pour la friture, il ne faut pas plus de 2 % d'acides gras polyinsaturés et pas d'acide palmitique ; l'acide oléique, mono-insaturé, est favorable car il est stable à haute température. Pour la margarine, il faut rechercher la richesse en acides stéarique[145] et oléique. L'acide α-linolénique entraîne une faible stabilité des huiles à haute température[146] et une mauvaise odeur (ce qu'on appelle la *room odor*). Du point de vue du cholestérol, l'acide linoléique est utile car il en réduit le taux ; l'acide oléique est sans effet et l'acide laurique le favorise. Or cet acide gras est présent dans les tourteaux de soja donnés aux bovins, et il s'accumule dans le lait et la viande. Il faudrait donc des sojas pauvres en acide laurique.

---

144. Ainsi dénommé car la double liaison de la chaîne carbonée de l'acide gras est située entre les carbones 9 et 10, si l'on compte les atomes de carbone en partant de l'extrémité opposée au carboxyle. Pour un acide gras oméga 6, la double liaison se trouve entre les carbones 6 et 7, et pour un acide gras oméga 3, entre les carbones 3 et 4.

145. Il a été fait appel à l'acide stéarique (acide gras saturé) pour avoir une margarine suffisamment ferme à température ambiante. Aujourd'hui, il y a d'autres procédés pour obtenir cette caractéristique, sans utiliser d'acide stéarique.

146. L'instabilité thermique des huiles correspond à leur dégradation, au-delà de 150 °C ; elle conduit à des composés toxiques.

La composition des huiles végétales est très variable selon les espèces (tableau 9.1) et cette variabilité est encore plus grande si l'on tient compte des mutants qui ont été obtenus. L'huile de colza, avant 1978, contenait environ 40 à 45 % d'acide érucique, un acide gras qui provoquerait des lésions du tissu cardiovasculaire, bien que cela n'ait jamais été prouvé de façon indiscutable. L'huile de tournesol est riche en acide linoléique. L'huile de lin est très riche en acide α-linolénique, tandis que les graines de soja sont relativement pauvres en cet acide (8 %) et les autres graines, encore plus pauvres.

Tableau 9.1. Teneur en huile des graines ou fruits de diverses plantes et composition moyenne en quelques acides gras des huiles correspondantes.

| Plante | Teneur en huile (%) | Composition de l'huile (%) | | | |
		Acide oléique oméga 9	Acide linoléique oméga 6	Acide α-linolénique oméga 3	Acide palmitique (saturé)
Tournesol[1]	48-55	14-20	65-70	trace	6
Maïs	3-5	26	55	1	11
Soja[1]	20	22-32	53	7-8	10
Lin	20-55	18-23	15-20	50-56	6
Colza[2]	35-47	62	22	10	4-5
Olivier	18	80	8	1	11
Arachide	40-50	45	32	-	10
Palmier	45-65	37-42	10	< 1	43
Cotonnier	18	17-25	50	1	22
Sésame	50-52	39-47	41	< 1	9

Les chiffres sont des ordres de grandeur. [1] Variétés non oléiques. [2] Variétés de colza améliorées, sans acide érucique, cultivées à partir de 1978.

Modification de la composition en acides gras de différentes huiles

La composition des huiles de différentes espèces a pu être modifiée par l'introduction de gènes qui ont été trouvés chez ces espèces (issus de mutations naturelles) ou ont été obtenus par des mutations artificielles.

Chez le colza, des variétés oléiques, produisant une huile ayant plus de 75 % d'acide oléique, intéressante pour sa stabilité à haute température, ont été obtenues grâce à la mutagénèse artificielle. La diminution de la teneur en acide α-linolénique a permis de réduire les odeurs émises à haute température. Contenant peu d'acides gras saturés, l'huile de colza est aujourd'hui l'huile d'assaisonnement la meilleure pour la santé. Pour la fabrication de margarine, des variétés conduisant à une huile riche en acide stéarique ont été obtenues grâce à la mutagénèse artificielle.

Pour l'utilisation en alimentation humaine de l'huile de colza, il a toutefois fallu éliminer l'acide érucique, potentiellement dangereux pour la santé. Deux gènes entraînant son absence ont été trouvés dans une population de colza de printemps cultivée au Canada. Grâce à l'identification des génotypes (aux locus concernés) par la chromatographie en phase gazeuse des acides gras, ces gènes ont pu être facilement introduits dans des variétés, par rétrocroisement. Cette introduction (en 1973) a entraîné une diminution des rendements, due à l'introduction d'autres gènes défavorables, par le rétrocroisement (p. 74). Les variétés dites 0-érucique (ne contenant pas d'acide érucique) proposées alors à l'agriculteur étaient peu nombreuses. Mais après plusieurs cycles de sélection sur du matériel 0-érucique, dans différents établissements de sélection, le rendement est revenu à son niveau initial puis a continué à progresser à la même vitesse qu'avant, et la diversité des variétés proposées à l'agriculteur a augmenté. La transgénèse dirigée, si elle avait pu être utilisée à l'époque, aurait permis de résoudre beaucoup plus rapidement le problème de l'introduction des gènes *0-érucique*.

Chez le tournesol, depuis 1976, des variétés oléiques produisant une huile à forte teneur en acide oléique (80 à 90 %) ont été obtenues par mutagénèse induite, en bloquant une enzyme qui transforme l'acide oléique en linoléique. L'utilisation des gènes *es1* et *es2* a permis d'augmenter la teneur en acide stéarique, qui était nécessaire pour fabriquer une margarine ferme (aujourd'hui, on sait fabriquer une margarine ferme sans acide stéarique) (Pérez-Vich *et al.*, 1999). Un mutant présentant une teneur de 40 % d'acide oléique associée à une teneur en acide stéarique supérieure à 12 % a été obtenu pour cet usage.

Chez le soja, des variétés à faibles teneurs en acide palmitique (saturé)[147] et en acide linolénique ont été obtenues par l'utilisation respectivement des gènes *fap1, fap2, fap3* et des gènes *fan1, fan2, fan3* (Lee *et al.*, 2008). Des variétés dites oléiques, produisant une huile contenant plus de 75 % d'acide oléique, ont été produites grâce à la mutagénèse induite. Par la transgénèse, on a pu produire un soja oléique, dont l'huile contient 85 % d'acide oléique (au lieu de 25 % dans les variétés non améliorées) et peu d'acides gras polyinsaturés (α-linolénique et linoléique), sans qu'il y ait d'effet négatif sur les caractères agronomiques. Il devient aussi envisageable de produire, grâce à la transgénèse, une huile qui puisse se conserver assez longtemps et être stable pendant la friture sans avoir subi des traitements d'hydrogénation, qui augmentent les risques cardiovasculaires.

L'augmentation de la teneur en acides gras indispensables est aussi possible par transgénèse. Ainsi, l'acide γ-linolénique, un acide gras de type oméga 6, qui joue un rôle dans les défenses immunitaires et qui est présent dans les graines de bourrache à assez forte concentration, a été produit chez le colza par transfert d'un gène de la bourrache codant pour une enzyme permettant sa synthèse. Des travaux de recherche sont aussi en cours pour accumuler dans la graine de colza des acides gras essentiels à très longue chaîne, comme l'acide arachidonique, qui sont bons pour la santé car ils tendent à diminuer le taux de cholestérol.

Qualité des tourteaux de colza

La graine de colza a, en plus de la production d'huile, une autre utilisation importante, à savoir la production de tourteaux destinés aux animaux. L'usage de ces

---

147. Elles ont été mises au point aux États-Unis pour éviter une surconsommation d'acide palmitique (liée à une surconsommation de produits contenant de l'huile de soja), qui est bon pour la santé en faible quantité, mais mauvais, en excès.

tourteaux, riches en protéines et assez équilibrés en acides aminés, permet de limiter l'importation de tourteaux de soja.

Toutefois, les graines des anciennes variétés de colza contenaient des glucosinolates, substances soufrées goîtrigènes (agissant sur la thyroïde) qui restent dans les tourteaux après extraction de l'huile. Pour valoriser ces tourteaux dans l'alimentation animale, il fallait donc, en plus de l'acide érucique, éliminer ces glucosinolates et mettre au point des variétés de colza 0-glucosinolates (dites double 0, car elles sont aussi 0-érucique), ce qui a pu être fait par l'introduction, par rétrocroisement, des gènes *0-glucosinolate* (trois gènes majeurs). Là encore, comme pour l'introduction des gènes *0-érucique,* la conséquence immédiate de cette introduction a été une diminution des rendements, due à l'introduction de gènes défavorables en même temps que les gènes *0-glucosinolate*. La transgénèse dirigée permettrait aujourd'hui de résoudre beaucoup plus rapidement, et de meilleure façon, le problème.

Facteurs antinutritionnels : la nature n'est pas toujours bonne !

Les légumineuses contiennent des facteurs toxiques, comme les inhibiteurs de trypsine[148] et les lectines (anticorps qui se combinent avec un antigène, ce qui conduit à un phénomène équivalent à une réaction immunologique). Ces toxines sont en général détruites à la cuisson. Le sorgho contient des tannins qui réduisent l'assimilation des protéines. La graine de ricin contient plusieurs phytotoxines (abrine, circine, erotine, robine) qui sont antigéniques. Les graines de cotonnier contiennent un fort pourcentage de gossypol qui est un antimétabolite. Diverses plantes utilisées par l'homme sont riches en alcaloïdes ; or la plupart des alcaloïdes sont toxiques pour les animaux comme pour l'homme, s'ils sont ingérés en grande quantité. On peut citer la nicotine chez le tabac, la morphine chez le pavot, la caféine chez le caféier, la strychnine chez la noix vomique, la quinine chez le quinquina, la capsaïcine chez les piments...

Chez les plantes destinées à l'alimentation animale, les facteurs antinutritionnels comme les terpènes, les stéroïdes et des alcaloïdes posent aussi des problèmes. On trouve des saponines chez la luzerne, des glucosides cyanogénétiques chez le sorgho à grain, l'herbe du Soudan (sorgho fourrager) et le trèfle blanc, des œstrogènes chez la luzerne et les trèfles, des coumarines chez le mélilot. Les glucosides cyanogénétiques du sorgho produisent dans le rumen des acides prussique et hydrocyanique, qui sont toxiques. Des tannins comme la sinapine et les saponines sont aussi présents dans les graines de colza.

La sélection peut permettre de limiter la présence de certains de ces facteurs antinutritionnels ; des travaux en ce sens portent sur la luzerne, le sorgho fourrager, le trèfle blanc, le cotonnier.

Teneur en vitamines : l'exemple de la teneur en vitamine A

La vitamine A est indispensable à la croissance et au bon fonctionnement de la vision chez l'homme. Elle est apportée par des aliments d'origine animale mais peut

---

148. Enzyme secrétée par le pancréas, jouant un rôle important dans la digestion des protéines.

aussi être synthétisée par l'homme à partir des carotènes (notamment du β-carotène, qui est la provitamine A la plus importante), dont les principales sources sont la carotte, la tomate, la patate douce et les épinards. La provitamine A est en particulier absente dans le riz. Or, dans le monde, le riz constitue la principale nourriture de près de quatre milliards d'hommes. Au moins 10 % de cette population risquent de manquer de vitamine A, et d'en subir les conséquences, en particulier la cécité. Chaque année, suite à une carence en vitamine A, 500 000 enfants deviennent ainsi aveugles, de façon irréversible. Face à une telle situation, différentes approches ont été, et sont toujours, tentées.

La première solution est d'essayer de développer des aliments plus riches en vitamine A. On peut enrichir les aliments traditionnels comme le sucre, l'huile, le blé, ou le riz, mais cela pose des problèmes technologiques, la vitamine A étant sensible à l'oxydation. On peut aussi promouvoir la consommation de produits animaux ou végétaux plus riches en vitamine ou en provitamine A, mais cela se heurte aux habitudes alimentaires et aussi aux traditions des agriculteurs, voire aux limites de ce qu'il est possible de produire. Quant à l'approche médicamenteuse, on en conçoit ses limites, car les distributions de vitamine A devraient être réalisées au moins deux à trois fois par an. La mise au point de variétés plus riches en provitamine A, pour les espèces déjà cultivées dans les pays concernés, apparaît donc comme une solution plus facile à mettre en œuvre que les autres solutions déjà tentées. Ainsi, la transgénèse pourrait être une voie d'amélioration rapide et applicable à différentes espèces.

Un riz transgénique riche en β-carotène a été mis au point (Potrykus, 2001) ; on le dénomme le riz doré (*Golden rice*), à cause de sa coloration due à la présence du carotène. Au total, cette transformation a nécessité l'introduction de quatre gènes qui proviennent d'une plante, le narcisse, et d'une bactérie, *Erwinia uredovora*. Mais l'amélioration de la teneur en β-carotène n'était pas suffisante. Une deuxième version de ce riz, mise au point par les chercheurs de la firme Syngenta, accumule 23 fois plus de provitamine A (soit 37 µg) que le prototype développé cinq ans plus tôt (Paine *et al.*, 2005). Ces progrès spectaculaires ont été obtenus en remplaçant le gène du narcisse par un gène codant pour la même enzyme, mais issu du maïs. Avec un tel progrès, il devient alors possible grâce à ce riz d'envisager de limiter fortement le risque de carence en vitamine A. Pour satisfaire les besoins, il suffirait en effet pour un enfant de deux à trois ans de consommer 72 g de ce nouveau riz par jour, ce qui devient assez réaliste. Ce riz doit être commercialisé aux Philippines en 2015.

▸▸ Qualité technologique ou industrielle

Qualités du blé tendre pour la panification

Le blé tendre a trois grandes utilisations : l'alimentation humaine, l'alimentation animale, l'amidonnerie-glutennerie.

En alimentation animale, le blé tendre constitue un apport protéique et énergétique. La teneur en protéines est très importante. Si le blé est destiné aux animaux monogastriques, il faut aussi agir sur la composition de ses protéines car, comme c'est le cas pour toutes les céréales, les protéines de blé sont pauvres en lysine, un acide aminé indispensable. Pour l'usage en amidonnerie-glutennerie, il faut un gluten de qualité, facile à extraire. Mais nous allons plus particulièrement insister ici sur les qualités du blé pour la fabrication du pain. Deux aspects de la valeur technologique sont à considérer : la valeur meunière et la valeur d'utilisation pour la boulangerie.

Valeur meunière

Les paramètres déterminant la valeur meunière sont le coût énergétique de fabrication de la farine et le rendement en farine. Les principaux caractères qui influencent cette valeur, et qui sont donc pris en compte au cours de la sélection, sont la proportion d'amande dans le grain (pouvant être diminuée par l'échaudage), la grosseur des grains (les gros grains permettant en général un taux d'extraction plus élevé), la dureté du grain et sa vitrosité, qui est très liée à la teneur en protéines (les blés les plus riches en protéines étant les plus vitreux).

Valeur d'utilisation pour la boulangerie

La valeur boulangère peut être définie comme l'aptitude d'un blé tendre à donner *du beau et bon pain*. Elle dépend de la teneur en protéines, de la force boulangère, et des propriétés fermentatives de la pâte.

Pour la panification, il faut une teneur minimale en protéines de 11 à 12 % dans le grain. En France, la teneur en protéines du blé tendre n'a pas fait l'objet d'un travail de sélection important : le but était simplement de ne pas descendre en-dessous des teneurs précédentes. Aujourd'hui, la diminution de la fumure azotée, se traduisant par des teneurs plus faibles, amène, au niveau des objectifs de sélection, à donner un poids plus fort à la teneur en protéines (p. 174).

La force boulangère correspond aux propriétés de cohésion, d'extensibilité et d'élasticité[149] de la pâte. Elle est liée à la présence du gluten, qui représente environ 75 % de la quantité des protéines du grain de blé tendre et est essentiellement formé de deux groupes de protéines, qui sont les gluténines[150], représentant 35 à 40 % de la quantité de gluten, et les gliadines[151], 40 à 50 %. Les gluténines sont plus particulièrement impliquées dans l'élasticité des pâtes et les gliadines, dans leur extensibilité. Cependant, les propriétés rhéologiques des pâtes sont largement influencées par le rapport entre gliadines et gluténines, qui dépend fortement des conditions agronomiques et climatiques durant la phase d'accumulation des réserves protéiques dans le grain. Cette forte sensibilité au milieu tend à « écraser » la variation génétique. Parmi les blés pouvant servir à la fabrication de pain, on distingue trois types ; ce sont, dans l'ordre de force boulangère croissante, les blés panifiables, les blés panifiables supérieurs et les blés améliorants, dits « de force ». Ces derniers sont à la fois plus riches en protéines et plus vitreux.

---

149. L'extensibilité caractérise l'aptitude d'une pâte à s'allonger ou à s'étendre sans se déchirer ; l'élasticité représente l'aptitude de la pâte à reprendre sa forme initiale après avoir été tirée.
150. Les gluténines font partie d'un ensemble de molécules appelées les glutélines, connues chez les autres céréales.
151. Ce terme désigne, parmi les molécules du groupe des prolamines (terme générique), celles qui sont caractéristiques du blé ; les prolamines se nomment avénines chez l'avoine, hordéines, chez l'orge, zéines, chez le maïs, sécalines, chez le seigle, rizines, chez le riz.

En plus de la mesure de la teneur en protéines, qui est un critère lié à la teneur en gluten, différents tests pour la valeur boulangère, appliqués ou applicables à différentes étapes de la sélection du blé tendre ont été développés (encadré 9.1). Ils permettent de sélectionner indirectement pour la qualité du gluten. Ils ont montré leur efficacité pour améliorer la valeur boulangère des blés tendres. Aujourd'hui, l'électrophorèse des gluténines et des gliadines est assez souvent réalisée au cours de la sélection ; elle permet de sélectionner directement les plantes portant les gènes favorables pour la qualité de ces protéines.

Encadré 9.1. Les outils de sélection pour la valeur boulangère.

L'alvéographe de Chopin est un appareil qui permet de mesurer les propriétés rhéologiques d'une pâte, c'est-à-dire la ténacité, l'extensibilité et l'élasticité[a]. Il fournit de bons indices de la qualité boulangère des farines pour la fabrication des pains dits de type français. Mais il demande 250 g de farine et ne peut donc être utilisé qu'en fin de sélection, quand on peut récolter suffisamment de grains d'un génotype en cours d'amélioration. C'est essentiellement l'application de ce test dès 1950 qui a permis une augmentation de près de 300 % de la force boulangère des blés.

Des indices dont l'estimation demande de plus faibles quantités de farine (de 3 à 15 g) sont utilisables dans les générations précoces de sélection, sur un grand nombre d'échantillons. Il s'agit de la teneur en protéines totales, du test de Pelshenke (mesure du temps nécessaire pour qu'une boule de pâte, trempée dans de l'eau à 32 °C, éclate), du test de Zéleny, ou indice de sédimentation (qui repose sur l'aptitude du gluten à gonfler en milieu aqueux et à coaguler dans un milieu acide contenant de l'iso-propanol ou en présence d'un détergent) et du test du micromixographe, appareil qui permet par pétrissage la mesure de l'élasticité, de la viscosité et de la résistance à l'extension d'une pâte.

L'électrophorèse des gluténines et des gliadines est un autre outil qui contribue à la génétique et la sélection de la qualité boulangère. En effet, certaines sous-unités gluténines à haut poids moléculaire jouent un rôle important ; la sous unité n° 2[b], codée par un gène situé sur le bras de chromosome 1AL[c], les n° 7 et 9, sur le chromosome 1BL, les n° 5 et 10, sur le chromosome 1DL, interviennent pour la force et la ténacité des pâtes tandis que la n° 1, sur le chromosome 1AL, et les n° 13, 16, 17 et 18, sur le chromosome 1BL, interviennent pour l'extensibilité des pâtes. Comme il est possible d'identifier chacune de ces sous-unités par la bande qu'elle constitue en électrophorèse, il est assez facile de les réunir dans un même génotype, par croisements. Les analyses peuvent être faites en grand nombre dès les premières étapes de la sélection et peuvent ne porter que sur une partie du grain (sans l'embryon).

[a] Une éprouvette standardisée de pâte est étendue assez finement et sous l'action d'une pression d'air une bulle de pâte est obtenue ; les trois paramètres, la ténacité (liée à la capacité d'absorption d'eau de la farine), l'extensibilité (liée à l'aptitude au gonflement de la pâte) et l'élasticité (équilibre entre ténacité et extensibilité) résultent de l'étude des courbes de variation de la pression dans la bulle jusqu'à son éclatement.

[b] Numéros standardisés des bandes d'électrophorèse qui leur correspondent.

[c] Le blé tendre est une espèce allopolyploïde, dont le génome est constitué de trois génomes juxtaposés, nommés *A*, *B* et *D*. Dans cette notation abrégée, le chiffre représente le numéro du chromosome (1 à 7), puis la lettre représente le génome (*A*, *B* ou *D*) et enfin L ou S précise s'il s'agit du bras long ou du bras court du chromosome.

Les propriétés fermentatives des pâtes sont dues au stock glucidique fermentescible préexistant, c'est-à-dire à la quantité d'amidon hydrolysable, ainsi qu'à l'importance des amylases, mais si les conditions de maturation du grain sont bonnes il n'y a en général pas de problème avec ces caractères. Ils ne sont donc pas beaucoup pris en compte dans la sélection en France, contrairement à ce qui se passe dans les pays où les étés sont froids et pluvieux (Canada ou Irlande, notamment).

Qualité des farines du point de vue de l'intolérance et l'allergie au gluten

En France, une part importante de la population (2 à 3 %), en augmentation, ne supporte pas le gluten. Plusieurs pathologies sont associées au gluten, allant de simples allergies digestives (troubles intestinaux, diarrhée) jusqu'à une intolérance digestive sévère (la toxicité du gluten se traduisant par une réaction auto-immune). Cette intolérance, qualifiée de maladie cœliaque, se traduit chez l'enfant par un retard de croissance et peut entraîner un cancer de l'intestin chez l'adulte. Ce sont certaines gliadines et gluténines qui sont à l'origine de ces troubles.

Dès 1972, les cytogénéticiens ont proposé d'éliminer une paire de chromosomes du blé tendre, supposée porteuse de gènes codant pour les gliadines entraînant cette intolérance, et de la remplacer par une paire homéologue appartenant à un autre génome du blé tendre. Malheureusement, les séquences protéiques responsables de la pathologie sont aussi codées par d'autres gènes, situés sur cinq autres paires chromosomiques. Il aurait donc fallu éliminer six paires de chromosomes ; un tel blé ne serait pas viable car il serait dépourvu de protéines de réserve (indispensables pour la germination du grain). De plus, un blé totalement sans gluten serait absolument impropre à la panification (Branlard, 2012).

Les variétés de blé tendre présentent une grande diversité génétique quant au nombre de sites reconnus par le système immunitaire humain sur leurs gliadines et leurs gluténines. Grâce à la sélection assistée par marqueurs il doit être possible de sélectionner des lignées dont les gliadines et les gluténines possèdent moins de ces sites, afin de diminuer l'immunotoxicité du gluten. La transgénèse est une autre piste actuellement explorée.

Qualités de l'orge de brasserie

Les deux grandes étapes de la production de la bière sont le maltage (production du malt à partir du grain d'orge) et le brassage. Le maltage comprend trois phases : le trempage du grain, la germination, et le touraillage (séchage par chauffage). Le résultat du maltage est la dégradation enzymatique des parois cellulaires des grains, principalement par les β-glucanases, et la synthèse d'enzymes, en particulier les amylases, qui permettent l'hydrolyse de l'amidon du grain en sucres fermentescibles. Le brassage consiste ensuite à mélanger du malt moulu avec de l'eau (et du houblon) ; le moût obtenu après filtration à chaud est riche en activités enzymatiques. Après hydrolyse de l'amidon en sucres fermentescibles, l'ensemencement du moût par une levure permet une fermentation alcoolique conduisant à la bière qualifiée de verte, qui doit encore subir une maturation au froid et une filtration.

Les caractéristiques morphologiques, physiques, chimiques et biochimiques des grains d'orge jouent un grand rôle dans le rendement des différentes étapes du processus. L'étape de trempage est facilitée si le grain s'imbibe rapidement et conduit à un malt désagrégé. L'absence de dormance et la présence de glumelles fines, à faible teneur en β-glucanes[152], sont favorables. Il faut aussi que les parois des cellules de l'albumen soient bien dégradées, par hydrolyse des β-glucanes. Les β-amylases et les β-glucanases étant fortement inactivées au cours des touraillages, qui sont effectués à une température supérieure à 55 °C (pouvant aller jusqu'à 110 °C), on recherche des orges présentant des formes thermostables de ces enzymes. On recherche aussi des variétés conduisant à un malt dont au moins 80 % de la matière sèche totale se retrouve solubilisée dans le moût au brassage.

La teneur en amidon est un autre élément essentiel de la qualité d'un malt. Pour cela, des enveloppes fines du grain et de faibles teneurs en protéines sont favorables ; cependant, il faut suffisamment de protéines solubles pour permettre la nutrition et la multiplication des levures. La grosseur du grain (estimée par un poids de mille grains élevé) est aussi favorable, car elle augmente le rapport entre albumen amylacé et enveloppes « pailleuses » du grain. Cependant, des grains trop gros ralentissent la vitesse d'imbibition, et donc le rendement industriel de la malterie.

Des appareils permettent de réaliser le maltage à une échelle réduite (on parle de micromaltage) et de déterminer ainsi les activités des enzymes clés sur un grand nombre de génotypes. La variabilité génétique des activités enzymatiques apparaît plus faible que celle de la composition chimique du grain. Elle a pu être augmentée par mutagénèse et transgénèse. Ainsi, par mutagénèse on a pu obtenir des génotypes d'orge produisant plus de lipoxygénases, enzymes hydrolysant les lipides du moût qui sont la cause de saveurs rances de la bière. Par transgénèse, des variétés ayant des β-glucanases thermostables et à activités plus élevées ont été mises au point, mais elles ne sont pas autorisées en Europe.

Il faut toutefois noter que les variétés européennes d'orge de printemps ont aujourd'hui un très bon niveau de qualité brassicole, qui ne laisse espérer que des marges d'amélioration assez modérées, alors que pour les orges d'hiver, qui ont un potentiel de rendement en grain supérieur, des progrès doivent être encore réalisés.

Qualité industrielle des huiles de colza

Pour une utilisation industrielle, les huiles de colza à forte teneur en acide érucique peuvent être utiles (pour le démoulage des plastiques, par exemple) ; des variétés produisant des huiles à 50 % d'acide érucique ont ainsi été obtenues. Pour les besoins de l'industrie (lipochimie ou carburants) la teneur en acide α-linolénique de certaines variétés a été augmentée ; la stabilité oxydative a été améliorée par l'augmentation de la teneur en acide oléique. Pour le biodiésel, l'amélioration de l'indice d'octane est réalisée par l'augmentation de la teneur en acide oléique. L'amélioration du point de figeage de l'huile a été obtenue par une diminution de la teneur en acides gras saturés et une augmentation de la teneur en acide α-linolénique.

---

152. Polymères de glucose, présents dans toutes les parois cellulaires végétales et qui représentent jusqu'à 75 % des parois de l'albumen.

›› Qualité des fruits et des légumes

La qualité des fruits ou des légumes-fruits (tels que la tomate) est complexe et recouvre différents aspects. D'abord, l'apparence visuelle (forme, couleur, brillance...) du produit est importante à considérer par le sélectionneur ; elle est très déterminée par le génotype. La texture (fermeté, consistance farineuse...) doit aussi être prise en considération ; elle est liée à la teneur en matière sèche et aux structures tissulaires et cellulaires des fruits. Parmi ces composantes, la fermeté peut être assez facilement mesurée au pénétromètre et elle est sélectionnable. La durée de conservation est très importante à considérer pour de nombreux fruits (pêche, pomme, poire, banane, melon, tomate), qui se ramollissent trop rapidement à maturité. Cette propriété est sous le contrôle d'une hormone végétale endogène, l'éthylène (voir ci-dessous).

La qualité organoleptique, déterminée par les saveurs (encadré 9.2) et les arômes, est évidemment essentielle mais elle est très influencée par des facteurs non génétiques et elle est très subjective. Les saveurs sont souvent sous contrôle génétique assez simple. Dans ce cas, le tri a lieu dès les premières étapes de la sélection. Quant aux arômes, ils sont pour la plupart très difficiles à sélectionner.

Compte tenu de la difficulté de la mesure de la qualité organoleptique, la sélection pour un tel critère intervient souvent vers la fin d'un processus de création variétale, sous forme de panels de dégustation. Toutefois, il existe quelques mesures objectives, comme la teneur en acides, en sucres, la richesse en composés aromatiques...

Encadré 9.2. Les bases chimiques de la saveur des légumes.

La saveur du piment est due à la pyrazine. Celle de la carotte est due à l'équilibre entre les sucres (glucose, sucrose et fructose) et certains terpénoïdes volatiles ; la saveur amère est due à l'isocoumarine. Chez le melon, la saveur est due en grande partie à la teneur en sucre. Chez la tomate, elle est le résultat d'une balance optimale entre les sucres (fructose et glucose) et certains acides (citrique et malique). Dans plusieurs situations, la mauvaise saveur est due à la présence de substances propres à l'espèce. Ainsi, la cucurbitacine est responsable de l'amertume chez le concombre et chez de nombreuses autres cucurbitacées ; l'allicine entraîne le caractère piquant de l'oignon, la capsaïcine, le goût pimenté des poivrons, la lactucine, l'amertume des chicorées...

Qualités de la pomme de terre

La pomme de terre est, avec les trois céréales majeures (blé, riz, maïs), une des quatre principales espèces qui nourrissent le monde (en 2013, en France, la consommation sous forme de légume était de 70 kg par habitant et par an, dont 45 kg en frais, le reste étant contenu dans des produits transformés pour l'alimentation). Elle est essentiellement utilisée comme légume mais elle est aussi utilisée dans l'industrie, pour son amidon. Nous ne considérons ici que sa qualité comme légume. Le consommateur demande d'abord une forme régulière du tubercule et une peau lisse. En

France, il demande plutôt une chair jaune, alors que le consommateur anglais préfère une chair blanche. Il existe aussi des colorations roses ou violettes, qui peuvent être recherchées. Les gènes de coloration sont assez bien connus.

La pomme de terre peut présenter trois défauts essentiels selon l'usage qu'il en est fait en cuisine : d'une part, pour les pommes vapeur, l'éclatement à la cuisson et le noircissement après cuisson[153] et, d'autre part, pour les frites, l'absorption de l'huile au cours de la friture, qui se traduit par une coloration foncée, pas très appétissante. Ces caractères sont plus ou moins héritables et peuvent faire l'objet d'une sélection négative. Les variétés destinées à la cuisson à l'eau, comme la BF 15, doivent avoir une teneur modérée en matière sèche (18 à 21 %) ; le tubercule se délite alors peu à la cuisson. Des tests de dégustation peuvent être réalisés pour l'utilisation en pomme vapeur.

Pour la friture, il faut au contraire des variétés contenant plus de matière sèche, entre 21 et 24 %. Au cours de la cuisson à haute température dans l'huile les sucres réducteurs et les acides aminés présents dans le tubercule conduisent à des composés de coloration brune, qui nuisent à l'aspect et au goût ; pour éviter cela, la teneur en glucose et en fructose doit être la plus faible possible. Pour apprécier l'aptitude des variétés candidates, le sélectionneur réalise des tests de « fritabilité » sur un grand nombre de petits échantillons.

Qualités de la tomate

La tomate est le légume le plus consommé dans le monde ; la consommation mondiale annuelle s'élève à plus de 150 millions de tonnes, elle est de 23 kg par habitant et par an en France, dont 13 en frais. Elle est cultivée dans tous les pays, pratiquement sous toutes les latitudes. Les fruits sont destinés à la consommation de frais ou à la transformation. Nous considérons ici les critères de qualité pour la consommation de fruits frais.

Aspect du fruit (couleur, forme, fermeté…)

Pour la couleur, des mutants sont connus, conférant au fruit un épiderme ou une chair de couleur variée (jaune, orange, vert…) ; si l'épiderme est incolore et la chair, rouge, les fruits paraissent alors roses. L'homogénéité de la couleur sur l'ensemble du fruit est un critère important ; elle est en grande partie déterminée par un gène contrôlant la présence ou l'absence d'un collet vert avant maturité. En ce qui concerne la forme, en France, il y a une préférence pour les fruits bien ronds, légèrement aplatis. Une partie du marché est cependant occupée par des fruits longs et par des tomates cerises. Plusieurs gènes contrôlant la forme et la taille du fruit ont été identifiés. La fermeté est un critère de sélection, plus aux États-Unis qu'en France, important pour la résistance aux chocs (pour le transport) et apprécié soit à l'aide d'un pénétromètre, soit par pression manuelle.

---

153. Le délitement à la cuisson est un caractère assez complexe, lié à la teneur en amidon, à la taille des cellules et à la résistance des parois cellulaires ; le noircissement à la cuisson est essentiellement lié au rapport entre acide chlorogénique et acide citrique dans le tubercule.

Durée de conservation

Il existe deux types de fruits : les fruits climactériques (melon, pêche, poire...) et les fruits non climactériques (fraise, raisin, cerise, agrumes...). Chez les premiers, qui peuvent être récoltés avant qu'ils soient parvenus à maturité, la maturation s'accompagne de production d'éthylène, qui provoque l'hydrolyse des parois cellulaires et le ramollissement du fruit. Les fruits non climactériques ne sont pas sensibles à l'éthylène et ne peuvent mûrir que sur la plante.

La plupart des variétés de tomates ont des fruits climactériques ; toutefois, deux mutants monogéniques conduisent à des fruits non climactériques et confèrent à la tomate une longue conservation. Il s'agit des mutants *rin* (*ripening inhibitor*) et *nor* (*non ripening*). Les fruits des plantes homozygotes pour l'allèle mutant *rin* ou pour l'allèle mutant *nor* sont non climactériques. La production d'éthylène, le ramollissement du fruit et le développement des arômes sont bloqués. On peut les conserver longtemps, ils restent jaunes et très fermes. Les fruits de plantes hétérozygotes pour l'allèle *nor* se conservent moins longtemps (quelques semaines), et le développement de la couleur rouge est lent et incomplet. Chez les hétérozygotes pour l'allèle *rin*, la couleur rouge est correcte, et la durée de conservation est améliorée. Ces mutants sont toutefois moins utilisés aujourd'hui par les sélectionneurs car ils sont associés à des défauts de qualité gustative. La transgénèse peut aussi apporter des solutions à cette question (voir ci-dessous).

Qualité gustative

La qualité gustative de la tomate consommée en frais dépend essentiellement d'un certain équilibre entre la teneur en sucres et l'acidité. La teneur en sucres solubles (surtout le fructose et le glucose) peut être mesurée assez facilement au réfractomètre. L'acidité est liée aux teneurs en acides citrique et malique. En ce qui concerne l'arôme, plus de 150 composés volatiles y participent ; parmi eux, une trentaine joue un rôle majeur, et sont liés au métabolisme des acides aminés, des composés phénoliques et des caroténoïdes. Des études cherchent à établir des correspondances entre la présence de ces composés, des sucres et des acides et les résultats de dégustation. Grâce à toutes ces études un indice de saveur a été établi par le Centre technique interprofessionnel des fruits et des légumes (CTIFL) ; il permet de caractériser les variétés en fin de sélection, mais peut aussi être utilisé en cours de sélection.

Les marqueurs moléculaires sont des outils assez puissants pour améliorer l'efficacité de la sélection pour la qualité ; ils permettent en effet de réunir assez facilement dans un même génotype des zones chromosomiques ou des gènes favorables pour différents critères de qualité, et ceci, sans réévaluation du matériel, une fois établies les relations entre les marqueurs moléculaires et les caractères.

Absence de pépins dans les fruits et légumes

La plupart des variétés de concombre cultivées aujourd'hui sont parthénocarpiques, c'est-à-dire que leurs fruits se développent sans qu'il y ait eu fécondation. En effet, les concombres issus de variétés non parthénocarpiques sont remplis de graines et ont un goût amer. La parthénocarpie utilisée dans ce cas est facultative, puisqu'en présence de pollen la fécondation a lieu. Les lignées parthénocarpiques sont produites à partir de plantes femelles traitées au nitrate d'argent, ce qui fait apparaître des étamines et permet l'autofécondation.

La pastèque contenant des pépins n'est pas attractive pour certains consommateurs. La quasi-absence de pépins est obtenue par la culture de plantes triploïdes (p. 71), à tendance parthénocarpique. D'autres fruits sans pépins, comme la mandarine et le citron vert (lime), et même la banane, sont obtenus grâce à la triploïdie.

Une plus longue conservation des fruits grâce à la transgénèse

Des enzymes intervenant au cours de la maturation des fruits climactériques ont été prises pour cibles dans les essais de transgénèse, afin d'en limiter les effets défavorables sur l'aptitude à la conservation du fruit. Les fruits deviennent alors non climactériques. Chez les plantes transformées, un apport exogène d'éthylène permet à la maturation de repartir, ce qui permet de la contrôler parfaitement dans le temps. Un prototype de melon transgénique, avec ce type de transformation, avait été développé par l'entreprise Limagrain ; la production d'éthylène y était divisée par cent. À noter toutefois que, pour ce caractère, un résultat équivalent a pu être obtenu par la sélection classique, par croisement avec une espèce apparentée, identifiée en Afrique dans la boucle du Niger, centre d'origine du melon cultivé.

Une autre cible de la transgénèse a été un gène codant pour une enzyme impliquée dans le ramollissement du fruit, puisqu'elle digère la pectine des parois des cellules du fruit. C'est ce gène qui a été inactivé dans la première tomate transgénique de Calgene (Theologis *et al.*, 1993) aux États-Unis (variété FlavrSavr). Les résultats ont bien montré une nette augmentation de la durée de conservation, mais aussi la possibilité d'une récolte plus tardive, après expression des arômes dans le fruit. Cependant, la variété ainsi obtenue n'a eu aucun succès car le géniteur de départ était de mauvaise qualité ; c'était en effet une tomate de culture de plein champ destinée à la conserve (ce mauvais choix de géniteur a desservi la cause des légumes transgéniques, voire des plantes transgéniques).

▸▸ Qualité sanitaire

La qualité sanitaire des produits alimentaires est désormais très réglementée dans de nombreux pays, après les différentes crises alimentaires qui s'y sont produites. L'absence, dans les produits végétaux, de pesticides, de mycotoxines ou d'autres substances dangereuses dépend en partie des itinéraires techniques et des conditions climatiques. Cependant l'amélioration des plantes peut y contribuer assez fortement, en créant des variétés résistantes aux maladies ou à d'autres agresseurs (insectes), qui limitent les traitements pesticides destinés à protéger la culture. Il en résulte des produits plus sains. Nous ne considérons ici que le cas des mycotoxines. Dans ce cas, la réalité du risque sanitaire est régulièrement illustrée par le retrait du commerce de lots de produits à base de maïs, issus d'agriculture biologique ou non, parce qu'ils présentaient des taux de mycotoxines trop élevés.

Origine et nature des mycotoxines

Les mycotoxines sont des substances produites par des champignons des genres *Fusarium*, *Penicillium*, ou *Aspergillus*, qui peuvent attaquer les épis des céréales à paille et ceux du maïs, et contaminer les grains. Ces substances sont dangereuses pour l'homme et les animaux (encadré 9.3). Les conditions environnementales défavorables augmentent les risques de leur présence sur les produits récoltés. Ainsi, 2012, année de sécheresse aux États-Unis, a été dans ce pays très favorable à la présence de mycotoxines dans le maïs. Chez cette espèce elles sont souvent la conséquence des attaques de pyrales. Des champignons du genre *Fusarium* se développent dans les galeries creusées par les larves dans les épis et, à la récolte, les mycotoxines se trouvent donc répandues à la surface des grains. Chez le blé, ces champignons se développent plutôt en année humide. Tout cela explique une réglementation très forte.

Encadré 9.3. Les principales mycotoxines et leurs effets.

Les mycotoxines qui posent le plus de problèmes sont essentiellement des trichothécènes, le déoxynivalénol (DON), les zéaralénones, les fumonisines, et les moniliformines. Les trichothécènes provoquent des nécroses de la peau et suppriment les réactions immunitaires. Ils entraînent un refus des aliments (anorexie), des vomissements, une diminution des leucocytes, des affections nerveuses. Les zéaralénones sont des analogues des œstrogènes ; chez les porcins elles diminuent la fertilité des truies, entraînent des avortements, féminisent les verrats... Les fumonisines, présentes surtout chez le maïs, provoquent des cancers de l'œsophage ou du foie, des œdèmes pulmonaires, des problèmes rénaux. Les moniliformines, également présentes surtout chez le maïs, peuvent provoquer des troubles respiratoires accompagnés de cyanose, coma et mort rapide. Chez les animaux élevés pour la production de viande (poulets, porcins, bovins), la présence de ces mycotoxines dans leur alimentation peut se traduire par un ralentissement très fort de leur croissance.

Sélection pour diminuer la présence de mycotoxines

Chez le blé tendre, des programmes de sélection pour la résistance aux fusarioses ont été entrepris, afin de limiter la présence de mycotoxines dans les grains. Il apparaît une grande variabilité de résistance et de nombreuses zones chromosomiques sont impliquées. Les sources de résistances (présentes dans la variété Sumai 3 et ses dérivés) viennent de pays à climat pluvieux pendant l'épiaison et le remplissage du grain, comme la Chine ; elles ont aussi été trouvées chez certains blés sauvages allotétraploïdes. Pour l'orge, de nombreux génotypes chinois sont porteurs de résistances.

Chez le maïs, c'est la résistance à la pyrale qui peut limiter les risques de développement des champignons du genre *Fusarium*. Malheureusement, cette résistance n'existe que rarement dans les variétés conventionnelles (non transgéniques), ou elle est très difficile à utiliser (p. 144). En revanche les variétés transgéniques apportent une solution ; la quantité de mycotoxines est divisée par un facteur cinq à dix entre les variétés conventionnelles et les variétés transgéniques résistantes à la pyrale cultivées dans les mêmes conditions environnementales (Folcher *et al.*, 2010).

D'une façon générale, une plus grande sécurité sanitaire est attendue des produits dérivés des plantes transgéniques résistantes à différents agresseurs que des produits issus de variétés non transgéniques et, en particulier, des produits de l'agriculture biologique, qui refuse à la fois les traitements chimiques et les variétés transgéniques.

▸▸ Les variétés modernes sont-elles de plus mauvaise qualité ?

Nous avons vu que la qualité est une préoccupation du sélectionneur pour de nombreuses espèces. Il est clair qu'il y a eu un progrès dans la qualité des blés pour la boulangerie, dans la qualité des orges pour la brasserie, dans la qualité des huiles de colza et de tournesol. Cependant, pour les fruits et les légumes, les progrès apportés par la sélection ne sont pas toujours perceptibles par le consommateur, surtout pour la qualité organoleptique.

S'il existe bien une composante génétique de la qualité organoleptique des fruits, son expression est fortement influencée par des facteurs non génétiques tels que les conditions de production, l'internationalisation des échanges, la production à contre-saison et la durée des transports. La production en serre chauffée, en conditions artificielles, d'éclairage notamment, n'est pas favorable à l'expression des arômes. Ensuite, l'utilisation plus importante de la fertilisation azotée et de l'irrigation, qui entraîne une croissance rapide du fruit, n'est pas très favorable à la qualité organoleptique. Mais c'est surtout la récolte avant la maturité qui constitue un problème. Le choix de variétés à bonne tenue pendant le transport, pour faciliter celui-ci, peut aussi être aux dépens de la qualité.

Ensuite, s'ajoutent toutes les opérations entre la récolte et la commercialisation, qui comprennent une conservation au froid plus ou moins longue et, finalement, un déclenchement des processus de maturation par apport d'éthylène. Toutes ces opérations ne sont guère favorables à l'expression de caractères de qualité organoleptique. Mais ce ne sont pas les variétés qui sont devenues de qualité médiocre. Si l'on veut des fruits de bonne qualité, il faut qu'ils soient récoltés à maturité et consommés peu après, ce qui exclut par exemple d'avoir des tomates toute l'année ! Il faut donc favoriser les fruits issus de circuits courts, du producteur au consommateur. Ainsi, les Amap (Associations pour le maintien d'une agriculture paysanne), souvent situées près des villes, offrent des fruits de bonne qualité gustative grâce à une récolte à maturité et à des circuits courts de commercialisation.

Chapitre 10

Quelles espèces et quelles variétés pour la diversité des agricultures ?

La diversification des espèces et des variétés cultivées est nécessaire pour développer une agriculture conciliant productivité et respect de l'environnement. En effet, la diminution des intrants, le recours à des rotations plus longues ou à des systèmes de culture plus complexes que ceux utilisés actuellement demandent des espèces variées et, pour chacune de ces espèces, des variétés adaptées à leur utilisation. Cette diversification peut être favorisée par l'apparition de nouveaux usages des plantes, offrant de nouveaux débouchés pour les agriculteurs (les usages non alimentaires pour l'énergie, et la production de produits pharmaceutiques ou d'arômes, par exemple). De plus, à côté d'une agriculture productive respectueuse de l'environnement, il peut y avoir d'autres agricultures utilisant moins d'intrants, mais moins productives, faisant appel à une plus grande diversité d'espèces que l'agriculture intensifiée. Quelles espèces et quelles variétés faut-il pour ces types d'agricultures, dont fait partie l'agriculture biologique ?

▸▸ Quelles espèces de grande culture pour des systèmes économes en intrants ?

La mise en œuvre des systèmes de culture économes en intrants demande des espèces adaptées (Huyghe, 2012) ; on peut citer en particulier :
– les légumineuses, en cultures pures ou en associations (ce qui pourra demander des travaux sur l'aptitude à l'association), pour réaliser des économies d'azote, et augmenter la fertilité des sols et la production de protéines ; aujourd'hui, dans les plaines de cultures céréalières, il n'y a plus guère de rotations incluant des légumineuses car le pois protéagineux, qui était un excellent précédent du blé, est malheureusement trop sensible à certaines maladies (comme la pourriture racinaire du pois due à *Aphanomyces*) qui compromettent sa productivité ; la mise au point de plantes résistantes serait une solution, mais elle semble impossible par les voies de l'amélioration conventionnelle ; il faudrait avoir recours à la transgénèse ;
– les espèces assurant la couverture du sol pendant l'interculture, telles que les Cipan (cultures intermédiaires pièges à nitrates) ; il faut alors sélectionner pour augmenter leur capacité d'absorption des nitrates ;
– les espèces ayant un effet toxique sur certains pathogènes du sol ; certaines Brassicacées produisent des glucosinolates qui se transforment en isothiocyanates, ayant

un effet fongicide ; d'autres espèces peuvent avoir un effet nématicide (action contre les nématodes), molluscicide (contre les limaces) ou herbicide (plantes à effet allélopathique, Delabays *et al.*, 1998) ; certaines de ces plantes pourraient alors être utilisées dans la rotation ou en association avec d'autres plantes ;

– les espèces favorisant la solubilisation du phosphore minéral ; à moyen terme, voire à long terme, il se posera en effet le problème de la raréfaction des ressources en phosphore, car les ressources fossiles en phosphore soluble s'épuisent ; le phosphore est bien présent dans nos sols en Europe, mais il est sous forme minérale insoluble ; certaines espèces, comme des graminées du genre *Elymus* ou le lupin (Braum et Helmke, 1995), qui sont aptes à solubiliser ce phosphore minéral grâce à la sécrétion, dans la rhizosphère, d'acides organiques (acide citrique, chez le lupin), pourraient être utilisées dans la rotation et permettraient alors de satisfaire les besoins des plantes qui les suivraient, ou seraient cultivées en associations (Cu *et al.*, 2005) ;

– les espèces plus économes en eau, comme le sorgho, qui seront mieux adaptées au changement climatique.

Ces espèces peuvent intéresser différents types d'agricultures, et en particulier l'agriculture biologique. On observe en effet une diversité plus grande des espèces en agriculture biologique, où sont cultivés le seigle, l'avoine, le sarrasin, le millet, l'épeautre, l'alpiste…

▸▸ Quelles variétés pour des agricultures économes en intrants ?

La réduction des intrants demande-t-elle des variétés particulières ?

Nous considérons ici le cas d'une agriculture qui fait appel de façon raisonnée aux différents intrants, notamment les engrais chimiques et les herbicides, et non le cas de l'agriculture biologique, qui n'utilise pas du tout d'engrais chimiques et d'herbicides. Pour avoir une agriculture respectueuse de l'environnement on peut en effet chercher à réduire les apports azotés, l'irrigation (pour économiser l'eau) et les apports de fongicides, voire d'insecticides, sans que cela ait un effet trop négatif sur le rendement. Pour cela, il faut des variétés économes en intrants, et donc, toujours, des variétés résistantes aux maladies et aux insectes et valorisant bien l'eau et l'azote. Pour améliorer la résistance aux insectes et limiter ainsi l'utilisation des insecticides, nous l'avons déjà souligné, la seule voie est celle des variétés transgéniques (chapitre 7). Pour la valorisation de l'eau et de l'azote une sélection conventionnelle, ne faisant pas appel à la transgénèse, est possible (chapitre 8).

Cependant, il faut remarquer que pour les plantes de grande culture, en particulier pour le blé tendre et le maïs, il y a en général une assez bonne corrélation entre le rendement d'une variété cultivée à assez forts niveaux d'intrants et le rendement de cette même variété, cultivée avec 20 à 30 % d'intrants en moins (azote, eau, ou fongicides) (figure 10.1). Il en résulte que, généralement, les variétés qui sont les meilleures en système dit intensif, restent aussi parmi les meilleures en systèmes économes en intrants. Cela est la conséquence du fait que la sélection sur le rendement à un niveau d'intrants donné conduit à retenir les variétés valorisant bien ces intrants.

Cependant, si l'objectif est d'identifier les variétés les mieux adaptées à des faibles niveaux d'intrants, une première sélection peut être réalisée à assez forts niveaux d'intrants, où l'héritabilité est plus forte, avant de terminer par une évaluation à faibles niveaux d'intrants.

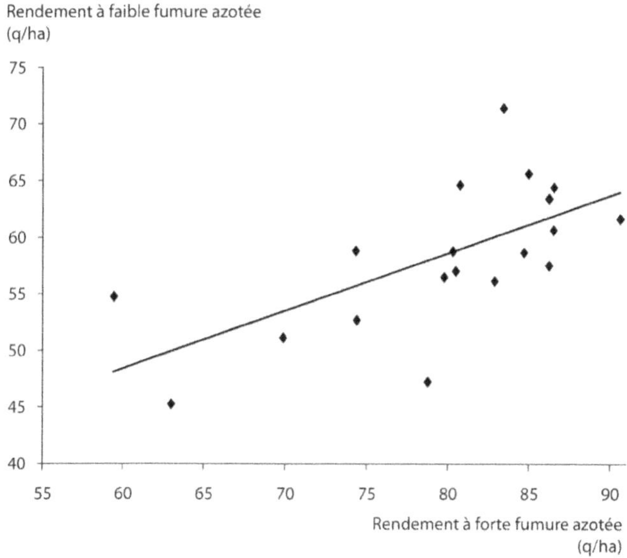

Figure 10.1. Relation entre le rendement de variétés de blé tendre cultivées à faible dose d'azote et leur rendement à forte dose d'azote (d'après Le Gouis, communication personnelle et Le Gouis *et al.*, 2000).

Le coefficient de corrélation entre le rendement à forte fumure azotée et le rendement à faible fumure azotée est de 0,65 (ce qui est significatif du point de vue statistique, mais pas très élevé).

L'agriculture biologique demande-t-elle des variétés particulières ?

L'agriculture biologique est une forme d'agriculture qui exclut l'utilisation d'intrants (engrais et produits phytosanitaires, en particulier) issus de synthèses chimiques. Elle n'utilise pas de fongicides autres que le sulfate de cuivre, le soufre et le bicarbonate de potassium, pas d'insecticides non naturels, pas d'herbicides, mais utilise le phosphate ferrique comme molluscicide. Certains intrants de l'agriculture non biologique sont remplacés par des substances naturelles, d'origine organique, animale ou végétale. Cette forme d'agriculture se veut sans danger pour la santé humaine et plus respectueuse de l'environnement. Il faut cependant noter que certains produits utilisés, comme le sulfate de cuivre et les broyats de capitules de pyrèthres (composacées dont le capitule est riche en pyréthrine), sont néanmoins toxiques pour l'homme et peuvent avoir un impact négatif sur l'environnement (Le Buanec, 2012)[154]. Enfin, l'agriculture biologique exclut l'utilisation des variétés transgéniques.

Du point de vue agronomique, l'association entre agriculture et élevage est propice à la mise en œuvre de l'agriculture biologique, car elle permet d'avoir recours à une fumure organique, source d'azote. L'introduction de rotations longues permet une certaine maîtrise des adventices, des maladies ou des insectes ravageurs des plantes et un maintien de la fertilité des sols ; la présence de légumineuses dans ces rotations, ou dans des cultures en mélange, permet d'augmenter les sources d'azote naturel pour les espèces qui suivent ou pour les espèces associées.

Les semences et les plants utilisés par l'agriculture biologique doivent être biologiques. Une semence biologique est définie comme une semence dont le porte-graines a été produit conformément aux règles de l'agriculture biologique pendant au moins une génération. Il faut donc une production particulière des semences et des plants pour l'agriculture biologique.

Il se pose alors la question de savoir si pour ce type d'agriculture il faut des variétés spécialisées, sachant qu'aujourd'hui la plupart des variétés utilisées par l'agriculture biologique sont des variétés qui ont été mises au point pour une agriculture plus intensifiée. Il n'y a en effet guère de sélection spécifique pour l'agriculture biologique, essentiellement parce que pour un sélectionneur ce secteur représente un faible marché (ainsi, pour les céréales, en France, on note un seul sélectionneur travaillant pour l'agriculture biologique). Il en résulte que les espèces qualifiées de mineures, comme le sarrasin, l'alpiste, ou le millet, parfois utilisées en agriculture biologique mais non utilisées (ou guère) en agriculture intensifiée, ne font l'objet d'aucune sélection.

On peut aussi se demander s'il faut des types de variétés particuliers pour l'agriculture biologique et, en particulier, s'il vaut mieux des variétés génétiquement homogènes ou, au contraire, des variétés hétérogènes.

Critères de sélection pour l'agriculture biologique

Compte tenu de leurs modes de culture, les variétés pour l'agriculture biologique doivent avoir différents types d'adaptation, en particulier :
– une adaptation à de faibles niveaux de fertilisation azotée et une efficacité d'utilisation de l'azote élevée ;
– une tolérance, ou une résistance, à de multiples types d'agresseurs (microorganismes, insectes), qui soit stable ;
– une adaptation à la culture en association, l'association d'espèces étant une pratique assez courante en agriculture biologique (concernant 14 % des cultures), pour des raisons agronomiques et environnementales (réduction des traitements fongicides) ;
– une adaptation au mélange de variétés d'une même espèce (technique pratiquée pour les céréales) ;

---

154. Le sulfate de cuivre entraîne chez l'homme une corrosion de la peau, des lésions oculaires, des problèmes digestifs et il est très toxique pour la faune aquatique ; les pyréthrines sont dangereuses pour les jeunes enfants et les femmes enceintes, et ont l'inconvénient de tous les insecticides, à savoir qu'elles tuent les insectes non cibles.

– une compétitivité élevée à l'égard des adventices ;
– plus toutes les autres caractéristiques d'adaptation au milieu physique telles que la tolérance à la sécheresse, la tolérance au froid…

Parmi ces critères de sélection, on retrouve donc des critères généraux, qui doivent être également considérés dans le cadre d'une agriculture plus productive. L'effort de sélection fait en vue de mieux valoriser les intrants devrait donc pouvoir être valorisé pour tous les types d'agricultures.

La relation entre le rendement d'une variété en agriculture intensifiée et son rendement en agriculture biologique est variable selon les espèces. La corrélation est assez faible dans le cas du blé tendre (Le Campion *et al.*, 2014). Pour les céréales à paille, des variétés mieux adaptées aux conditions de culture de l'agriculture biologique peuvent donc être développées par une sélection pour le rendement dans les conditions caractéristiques de ce type d'agriculture. Une évaluation des variétés à bas niveaux d'intrants (c'est-à-dire sans fongicides ni régulateur de croissance, et à faible fumure azotée), mais avec désherbage chimique, ce qui est un milieu beaucoup plus répétable que les conditions de l'agriculture biologique, peut toutefois être assez efficace pour réaliser une première sélection (Le Campion *et al.*, 2014), mais il faut ensuite terminer par une sélection dans les conditions de l'agriculture biologique.

En revanche, pour le maïs grain et le maïs fourrage, la relation entre les rendements en agriculture intensifiée et ceux en agriculture biologique est en général élevée et une sélection spécifique ne se justifie pas. Pour les espèces fourragères pérennes (graminées fourragères, luzerne, trèfle violet, trèfle blanc) rien ne justifie non plus une sélection spécifique pour l'agriculture biologique ; la sélection sur l'aptitude à l'association peut se révéler intéressante pour une agriculture intensifiée, également. Pour les plantes maraîchères, les critères essentiels de sélection sont les résistances aux maladies, voire la qualité, et ils sont identiques pour tous les types de production envisagée ; il n'y a donc pas lieu d'envisager une sélection spécifique pour l'agriculture biologique.

La non-utilisation des herbicides conduit à rechercher différents caractères, assez spécifiques aux variétés cultivées en agriculture biologique, afin de limiter le développement des adventices. Il y a d'abord la résistance à la compétition de ces adventices. Chez les céréales à paille, cette tolérance apparaît très liée au développement en hauteur, alors que la sélection pour le modèle intensifié d'agriculture, intégrant une assez forte fumure azotée, a au contraire conduit à diminuer la hauteur, par l'utilisation de gènes de demi-nanisme. Un port étalé des feuilles pourrait également être favorable à la tolérance aux adventices. En revanche, un tallage important n'est pas suffisant pour limiter le développement des adventices. De plus, le recours au désherbage mécanique des céréales doit conduire à rechercher des plantes bien ancrées au sol (Rolland *et al.*, 2012). Enfin, d'une façon plus générale, chez différentes espèces, l'utilisation des phénomènes d'allélopathie (exsudation, par certaines plantes, de substances présentant un effet herbicide) et, éventuellement, l'utilisation d'associations entre espèces ou entre variétés peuvent aider à limiter le développement des adventices.

Pour le blé tendre, quand il est cultivé sans apport d'engrais minéral azoté, en agriculture biologique, la faible disponibilité en azote au moment de la montaison va se traduire par de faibles teneurs en protéines du grain, ce qui est préjudiciable à la qualité boulangère. Pour l'agriculture biologique, il faudrait donc des variétés à teneur en protéines plus élevée, mais cela devient aussi un critère important pour l'agriculture intensifiée, surtout avec l'effet attendu du changement climatique sur ce caractère (p. 15). Pour une agriculture à bas niveaux d'intrants azotés, le problème est différent, car un apport tardif d'azote, à la montaison, est possible.

Le type de variétés pour l'agriculture biologique doit-il être différent ?

Cette question renvoie à celle concernant le type de variétés en fonction du type d'agriculture, déjà envisagée (p. 32). Faut-il des variétés génétiquement homogènes ou des variétés hétérogènes ? La réponse est claire sur un plan technique car compte tenu des rendements réalisés, l'avantage d'une régularité des productions, obtenue grâce à des populations hétérogènes, ne compense pas la perte de potentiel de rendement liée à l'usage de variétés hétérogènes plutôt que de variétés homogènes. D'autre part, parmi ces dernières, les variétés hybrides apportent toujours un avantage par rapport aux lignées ou aux populations dont elles peuvent être issues. D'ailleurs, dans certaines situations, l'agriculture biologique demande des variétés homogènes, que ce soit des lignées ou des hybrides (Ghaouti *et al.*, 2008). Et, comme dans d'autres types d'agricultures, l'association de variétés homogènes, bien choisies, peut présenter un grand intérêt, par exemple, dans le cas du blé, pour limiter le développement de certaines maladies.

Pourquoi exclure les variétés transgéniques résistantes aux maladies et aux insectes ?

Les variétés transgéniques, quelles qu'elles soient, sont interdites pour l'agriculture biologique. Cette exclusion *a priori* fait apparaître une certaine contradiction. En effet, le refus d'utiliser des insecticides ou des fongicides risque d'entraîner des problèmes de qualité sanitaire des produits récoltés plus graves que ceux causés par les traces de pesticides sur les produits de l'agriculture non biologique. De plus, des pertes importantes de récolte sont attendues en cas de fortes attaques, qui ne pourraient pas être contrôlées vu le mode de conduite des cultures. Des variétés génétiquement résistantes seraient donc encore plus intéressantes pour ce type d'agriculture que pour l'agriculture non biologique. Du point de vue technique et scientifique, comme nous l'avons déjà vu, les variétés transgéniques sont bien des outils à utiliser, avec d'autres, pour produire en utilisant moins d'intrants et en respectant l'environnement.

Ainsi, la résistance transgénique aux insectes est un moyen pour diminuer l'utilisation d'insecticides, dangereux pour l'homme et l'environnement. De plus, nous avons vu p. 189 qu'elle permet, chez le maïs, d'obtenir des grains contenant beaucoup moins de mycotoxines, très dangereuses pour la santé de l'homme et des animaux. En agriculture biologique, les pyrales font aussi des dégâts et le bacille de Thuringe (*Bacillus thuringiensis*) est utilisé pour protéger les cultures, mais il a une efficacité limitée. Alors pourquoi ne pas accepter les variétés végétales transgéniques qui produisent la toxine de ce bacille ? Pour d'autres plantes que le maïs susceptibles de subir des dégâts d'insectes, l'agriculture biologique utilise les pyréthrines, des insecticides naturels, mais assez toxiques pour l'homme et détruisant tous les insectes, alors qu'elle pourrait recourir à des plantes transgéniques résistantes, sans danger pour l'homme, et n'agissant que sur l'insecte cible. D'une façon plus générale, lorsque les résistances aux insectes et aux virus n'existent pas naturellement (dans le patrimoine génétique de l'espèce), les variétés transgéniques pour ces caractères sont, ou seraient, un moyen non seulement de mieux protéger la culture, mais aussi de récolter des produits de plus grande qualité sanitaire, qu'on pourrait qualifier de « super-bio ».

Le refus des biotechnologies par l'agriculture biologique est d'autant plus difficile à comprendre sur des bases scientifiques que la variété de blé Renan, la plus utilisée en agriculture biologique encore aujourd'hui, est issue de processus biotechnologiques très sophistiqués. Ils visaient à transférer les gènes de résistance à diverses maladies et aux nématodes qui font l'intérêt de cette variété (p. 76) et ils ont entraîné des modifications du génome beaucoup plus importantes que ce qu'aurait fait la transgénèse. Il en est de même des variétés rustiques plus récentes, comme Hendriks et Skerzzo, inscrites au catalogue des variétés en 2013.

▸▸ Contribution de l'amélioration génétique à la diversité des agricultures

L'évolution de la demande sociétale conduit en fait à donner un rôle de plus en plus important à la génétique, pour concilier économie d'intrants, respect de l'environnement et performances agronomiques. Du point de vue de l'amélioration des plantes, il est nécessaire d'adapter les variétés aux types d'agricultures. D'ailleurs, en France, l'inscription au catalogue des variétés prend de plus en plus en considération les adaptations spécifiques à certaines conditions de culture (sécheresse, bas niveaux d'intrants…) alors que jusqu'à maintenant les décisions étaient souvent prises sur la base de la moyenne des performances dans les différents milieux de test. Cependant, pour tous les types d'agricultures, il faut des variétés résistantes aux maladies et aux insectes (caractères qui deviennent prioritaires), compétitives par rapport aux adventices, tolérantes à la sécheresse et demandant peu d'azote.

La diversification des types d'agricultures passe aussi par la diversification des espèces cultivées. L'agriculture biologique fait appel à des espèces mineures (épeautre, millet, sarrasin, alpiste...), qui sont dites orphelines car elles ne sont pas sélectionnées. Il se pose alors le problème du maintien de la diversité de ces espèces et de leur sélection. Celle-ci n'est sans doute pas suffisamment rentable (marché insuffisant) pour attirer un établissement de sélection privé. Il reste alors comme solution la sélection effectuée par l'agriculteur avec la participation de la recherche publique, c'est-à-dire la sélection dite participative (p. 49).

Quatrième partie

En guise de conclusion

Chapitre 11

Quel bilan peut-on faire de l'amélioration des plantes ?

▸▸ Les plantes améliorées sont toujours naturelles

L'amélioration des plantes a toujours été du génie génétique

L'amélioration conventionnelle des plantes, celle excluant toute transgénèse, fait essentiellement appel au croisement, qui grâce à la méiose permet des recombinaisons entre les apports génétiques des parents, et à la sélection, qui retient des plantes réunissant plus de gènes favorables que n'en avait chacun des parents. Au final, la variété créée, constituée par un seul génotype ou par un groupe de génotypes, doit contenir le maximum de gènes favorables. Par l'alternance de croisement et de sélection pendant un grand nombre de cycles, le sélectionneur imite ce qui se passe dans la nature et qui est à la base de l'évolution des plantes. Les plantes améliorées sont donc tout aussi naturelles, ou pas plus artificielles, que celles domestiquées par l'homme il y a 10 000 ans. C'est à cette époque que certaines d'entre elles sont devenues dépendantes de l'homme pour leur survic. La sélection d'aujourd'hui ne fait que prolonger leur domestication.

Les différentes méthodes et les divers outils de l'amélioration des plantes présentés dans cet ouvrage montrent bien que fondamentalement l'amélioration des plantes est, et a toujours été, du génie génétique au sens large[155]. À l'aide de ces différents outils, le sélectionneur modifie les informations génétiques portées par les plantes, pour augmenter les qualités de celles-ci et faire en sorte qu'elles répondent mieux aux besoins de l'agriculture et des utilisateurs. Au fur et à mesure du progrès dans les connaissances, la panoplie des outils à la disposition du sélectionneur s'est enrichie. On peut constater qu'il y a eu une évolution remarquable des outils permettant de mieux apprécier la variation génétique et de mieux l'utiliser dans un intervalle de temps plus court, voire même d'en créer une nouvelle. En fait, grâce au progrès des connaissances, l'évolution des outils a été telle qu'ils permettent d'agir à des niveaux de plus en plus fins, de la population jusqu'au gène, en passant par l'individu, la cellule, et les génomes nucléaire et cytoplasmique (figure 11.1).

Grâce aux études de génomique (identification de gènes et utilisation de marqueurs de ces gènes), la création de variétés devient de plus en plus dirigée, et elle est

---

155. Au sens restreint, le génie génétique correspond à la transgénèse.

soumise à de moins en moins d'aléas puisque l'effet imprévisible du milieu sur les caractères quantitatifs est plus ou moins supprimé, que la recombinaison entre gènes peut être contrôlée, et l'introduction de gènes, dirigée... Après avoir été aveugle, empirique et très statistique, la sélection devient une véritable construction de génotypes. L'intégration, dans cette démarche, de la mutagénèse dirigée et de la transgénèse ciblée accentue cette évolution de la sélection. Avec ces deux derniers outils, les biotechnologies apportent une variabilité génétique nouvelle, et donc la possibilité d'obtenir des variétés possédant des caractères complètement nouveaux, intéressants pour une agriculture durable. Toutes les variétés actuelles peuvent être qualifiées de biotechnologiques, au sens où sont intervenues, à un moment de leur développement, des méthodes relevant des biotechnologies.

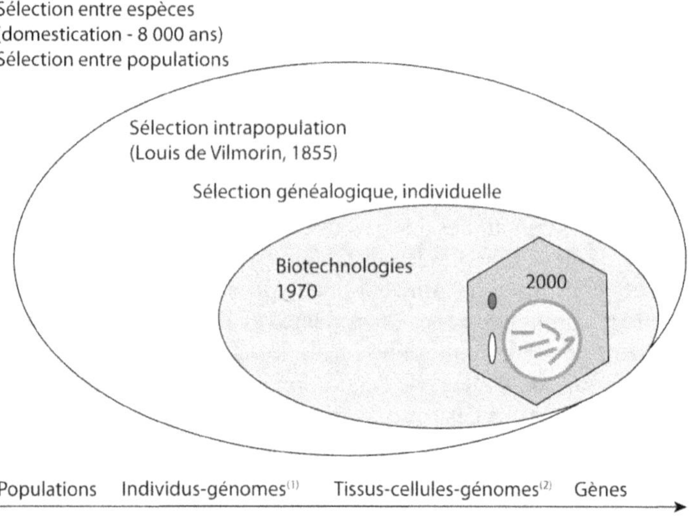

Figure 11.1. Évolution du niveau d'action des outils à la disposition du sélectionneur, depuis la domestication jusqu'aux biotechnologies et à la transgénèse, en particulier.

(1) Génomes manipulés globalement, par duplication (création d'autopolyploïdes) ou par juxtaposition de génomes (création d'allopolyploïdes). (2) Génomes modifiés localement par transgénèse.

Cependant, il n'y a pas de remise en cause des schémas établis il y a maintenant plus d'un siècle, pour la sélection de lignées chez les autogames, ou bientôt un siècle, pour la sélection des hybrides à grande échelle. Tous les outils issus des biotechnologies sont toujours à situer dans une stratégie générale d'amélioration du matériel végétal et de création de variétés, qui ne change pas vraiment. Il y a un passage continu entre les techniques qualifiées de traditionnelles, ne faisant appel qu'à la reproduction sexuée, et celles dérivées de la biologie moléculaire.

Tous les outils présentés sont complémentaires les uns des autres et c'est leur combinaison optimale avec la sélection conventionnelle, non transgénique, qui permettra d'avoir le progrès génétique maximal par unité de temps, et une réponse plus rapide aux demandes des utilisateurs de variétés, en particulier pour les besoins d'une agriculture durable. Des progrès importants sont possibles par l'utilisation de tous ces outils. Ainsi, la sélection ne devient pas plus réductionniste ; elle garde son caractère holistique, puisqu'il s'agit de modifier une plante de la façon la plus équilibrée possible, ce qui impose de considérer simultanément de nombreux caractères pour s'assurer que les modifications de quelques caractères ne se traduisent pas par des réponses défavorables sur d'autres caractères.

Une nouvelle ère pour l'amélioration des plantes

En conclusion, les biotechnologies ont ouvert une ère nouvelle pour l'amélioration des plantes. La domestication s'est faite dans une première étape, qui peut être considérée comme l'ère de pré-amélioration des plantes. La sélection généalogique sur le phénotype, à partir du milieu du XIXe siècle, a marqué l'ère de l'amélioration des plantes dirigée, qui se prolonge jusqu'à nos jours et durera sans doute encore longtemps. Mais, aujourd'hui, suite au développement des outils issus de la génomique, des marqueurs moléculaires, de la mutagénèse dirigée et de la transgénèse ciblée, c'est bien l'ère de la sélection génotypique, ou génomique, qui s'ouvre en parallèle. Cela correspond à un véritable changement de paradigme de la sélection et de la création de variétés en amélioration des plantes.

▶▶ Les variétés actuelles de plantes de grande culture sont plus rustiques

Parmi les défenseurs de l'agriculture biologique ou des semences paysannes[156] nombreux sont ceux qui critiquent les variétés actuelles des plantes de grande culture, pour diverses raisons :
– elles seraient plus sensibles aux maladies, et provoqueraient donc une augmentation de la consommation de fongicides ;
– elles demanderaient plus de fumure azotée, et provoqueraient donc l'augmentation de l'utilisation d'engrais azotés minéraux et la pollution par les nitrates ;
– elles consommeraient plus d'eau en été ;
– elles seraient plus sensibles aux variations du milieu et ne seraient adaptées qu'à un milieu assez stable, contrôlé ;
– elles seraient uniquement adaptées à un système d'agriculture intensif.

Cependant, ces critiques, pour la plupart, ne correspondent pas aux faits et sont même, pour certaines d'entre elles, à l'inverse de ceux-ci.

Les variétés actuelles, plus résistantes aux maladies, demandent moins de fongicides

Prenons l'exemple de la culture du blé, qui peut être à l'origine de la critique sur l'augmentation de la consommation de fongicides. Différentes expériences ont

---

156. Sélectionnées et reproduites à la ferme.

bien montré que le progrès génétique est plus important en culture sans fongicides qu'en culture avec fongicides, du fait de l'amélioration de la résistance aux maladies (figure 11.2). L'amélioration des plantes cherche en effet à réunir dans une même variété le maximum de gènes de résistances ; chez le blé, les résistances aux rouilles jaune, noire, ou brune, la résistance au piétin-verse, et la résistance au mildiou viennent d'espèces sauvages et n'existent pas chez les vieilles variétés. De plus, le sélectionneur, grâce au marquage moléculaire, a maintenant accès à des résistances plus quantitatives, polygéniques, qui sont plus stables que les résistances monogéniques.

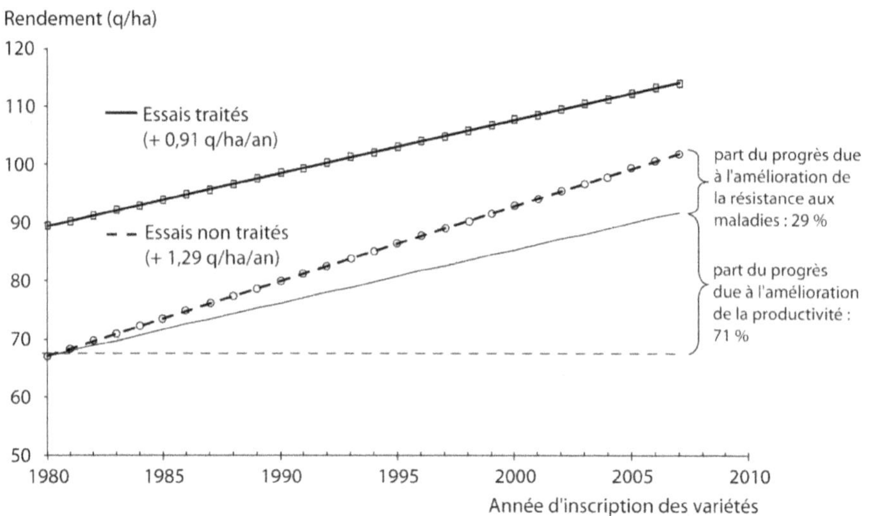

Figure 11.2. Progrès génétique chez le blé tendre, cultivé avec traitements fongicides ou sans traitements fongicides.

Quand la culture est conduite sans traitements fongicides le progrès est plus rapide, du fait de la diminution régulière de la perte de rendement due aux maladies : dans ces conditions, on peut dire que 29 % du progrès est dû à l'amélioration de la résistance et 71 %, à l'amélioration du potentiel de rendement (en l'absence de maladies), en supposant ces deux sources de progrès additives. La figure a été établie d'après les données du réseau blé de l'Inra (Oury *et al.*, 2012 et Oury, communication personnelle). Chaque point correspond au rendement moyen d'une variété représentative d'une époque (caractérisée par l'année de son inscription au catalogue des variétés) mais tous les tests de rendement ont été faits la même année, dans des conditions quasi identiques (exception faite du traitement par les fongicides).

Les variétés actuelles de blé réunissent donc différentes sources de résistance, ce qui contribue à la diminution de la consommation de fongicides. Cette diminution est effectivement constatée récemment pour les céréales, puisqu'un hectare de céréales recevait 2,9 kg de fongicides en 1986, et 0,55 kg en 2003 (Rameil et Bernard, 2005) mais elle est largement due au changement de molécules. Néanmoins, c'est bien la recherche de résistances aux maladies qui permettra de réduire très significativement, sans perte importante de rendement, l'utilisation de fongicides et de réaliser les objectifs du plan Ecophyto 2018.

Les variétés actuelles valorisent mieux l'azote

Les variétés actuelles étant plus productives, comme il est impossible d'avoir une production de matière sèche sans apport d'azote, il est logique qu'elles consomment au total plus d'azote. Mais, à production de matière sèche égale, la consommation d'azote des variétés actuelles n'est pas supérieure à celle des plus anciennes, elle est même inférieure, du fait de l'amélioration de l'efficacité d'utilisation de l'azote. L'exemple le plus net est celui de la culture de la betterave, pour laquelle la combinaison des techniques culturales et de l'amélioration génétique a permis de diviser pratiquement par deux la quantité d'azote apportée à l'hectare, alors que le rendement continue d'augmenter régulièrement (figure 11.3).

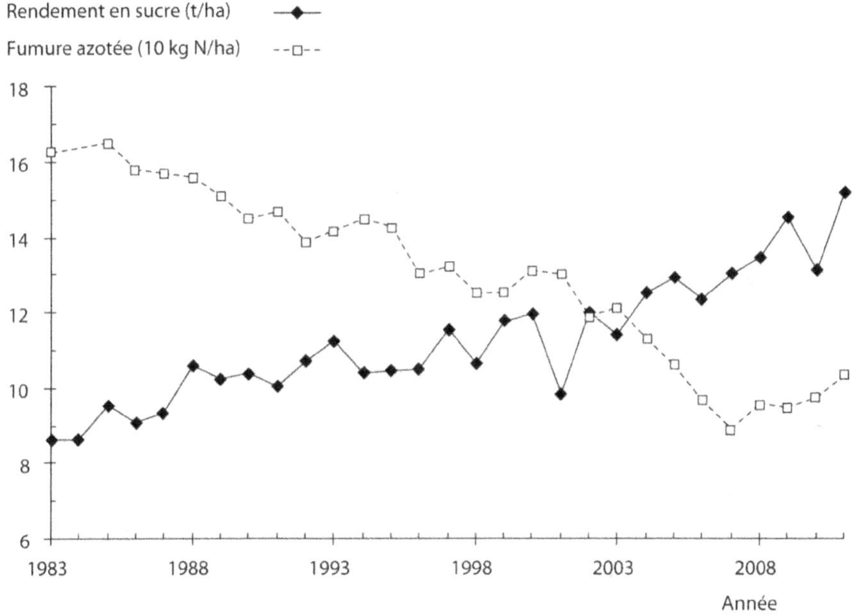

Figure 11.3. Évolution des rendements en sucre et de la fumure azotée chez la betterave (d'après les données de l'Institut technique de la betterave).

Chez le blé, le progrès génétique est certes plus important à forte fumure azotée qu'à faible fumure azotée, mais à faible fumure azotée il y a un progrès significatif, dû à la sélection à forte fumure ; les variétés actuelles ne sont donc pas uniquement adaptées aux fortes fumures. Cela signifie bien que l'amélioration génétique a augmenté l'efficacité d'utilisation de l'azote par les plantes, mesurée par la quantité de matière sèche produite par kg d'azote disponible (figure 8.2, voir p. 166). Toutefois, en sélectionnant directement à faible fumure azotée, il est probable que l'on mettrait au point des variétés plus performantes dans cette condition que les variétés sélectionnées à forte fumure.

En conséquence des évolutions des techniques culturales et de l'amélioration des plantes, en France, la consommation totale d'azote minéral a été multipliée par un facteur cinq environ, entre 1960 et 1990, mais à partir de 1990 elle a diminué de 25 % environ (données de l'Unifa[157]).

Les variétés actuelles de maïs valorisent mieux l'eau

Les variétés actuelles des plantes de culture estivale, comme le maïs, consomment-elles plus d'eau ? Oui, sans aucun doute, puisqu'elles produisent plus de grain et de biomasse que les anciennes variétés. Cependant, elles demandent moins d'eau pour une même quantité de matière sèche produite. Ainsi, que ce soit en France ou aux États-Unis, les résultats sont les mêmes, en ce qui concerne le maïs : la supériorité des variétés actuelles, constatée en culture irriguée, est également valable en culture non irriguée (figure 8.1, p. 155). La progression des rendements en culture non irriguée est parallèle à celle des rendements en culture irriguée et les variétés actuelles résistent mieux au stress hydrique que les anciennes variétés. Ainsi, en 2013, malgré un stress hydrique très fort aux États-Unis, les variétés actuelles ont permis des rendements supérieurs à ceux des bonnes variétés de 1985. Là encore, il est probable qu'en sélectionnant directement en conditions de sécheresse, on pourrait mettre au point des variétés plus performantes pour ces conditions.

En conclusion, les variétés actuelles sont plus résilientes

Les variétés actuelles ne sont pas plus sensibles aux variations du milieu que ne le sont les anciennes variétés, au contraire. Chez le maïs, l'amélioration des rendements due au progrès génétique a été beaucoup plus forte en conditions défavorables[158] (+ 0,9 q/ha/an) qu'en conditions favorables (+ 0,5 q/ha/an) (Derieux *et al.*, 1987). Cela résulte d'une adaptation du maïs à différents types de stress susceptibles de survenir au cours de la vie de la plante (stress hydrique, stress thermique provoqué par de hautes températures ou de basses températures…). Il a été montré que ces adaptations se traduisaient par une plus longue durée de vie des feuilles. Chez le blé, l'accumulation de différents types de résistances aux maladies (monogéniques ou polygéniques, plus stables), associée aussi à une meilleure tolérance au stress hydrique, se traduit par une plus grande régularité des performances des variétés actuelles. D'une façon plus générale, l'amélioration de la productivité peut être vue comme la résultante d'une série d'adaptations à différents milieux, ce qui entraîne que non seulement les variétés actuelles sont plus productives mais qu'elles ont aussi des performances plus régulières lorsque le milieu, au sens large (physique ou biotique), varie.

En conclusion, les variétés actuelles sont plus rustiques que les variétés anciennes. Elles sont adaptées à des conditions plus variées et valorisent mieux les intrants. Cela ne signifie pas toutefois que les meilleures variétés en conditions de culture intensives seront toujours les meilleures en conditions peu intensives, mais elles ne sont pas nécessairement les moins bonnes.

---

157. Union des industries de la fertilisation.

158. Le caractère favorable ou défavorable étant défini par rapport au niveau moyen de productivité des lieux ou conditions de culture.

▸▸ Les plantes transgéniques peuvent apporter beaucoup à une agriculture durable

Nous avons vu le bénéfice que certaines plantes transgéniques peuvent apporter à différents types d'agricultures, à la santé du consommateur et à la protection de l'environnement. Les plantes transgéniques apparaissent comme un moyen pour mieux respecter l'environnement, par la création de variétés demandant moins d'intrants, car plus résistantes aux maladies et aux insectes et valorisant bien l'azote du sol, quelle qu'en soit l'origine (azote de l'engrais minéral ou azote provenant de la minéralisation de la matière organique). De plus, la transgénèse peut permettre de mettre au point assez rapidement des variétés adaptées aux conséquences du changement climatique, des variétés plus économes en eau, par exemple. Enfin, certaines variétés transgéniques peuvent aussi permettre d'avoir des produits de meilleure qualité sanitaire et nutritionnelle, mieux adaptés aux attentes du consommateur et à la demande des industries agroalimentaires. Alors, compte tenu de l'absence de risques avérés pour la santé, notre société ne pourrait-elle pas trouver une solution pour que les variétés transgéniques présentant un intérêt pour l'agriculteur, l'environnement et le consommateur, puissent être cultivées ? Il y va de l'avenir et de la compétitivité de nos établissements de sélection et de notre agriculture.

▸▸ L'amélioration des plantes a répondu, et répond, à une demande

L'amélioration des plantes est-elle responsable de l'intensification de l'agriculture et des impacts négatifs sur l'environnement qui lui sont associés ? Nous avons vu que l'amélioration génétique des plantes n'a fait que répondre à une demande. Il n'y a sans doute que très peu de cas, s'il y en a, pour les plantes de grande culture, où le sélectionneur a imposé un type de variétés, ou une variété, présentant des caractères non désirés par les agriculteurs ou désavantageux pour eux. En effet, le sélectionneur crée une variété pour répondre (ou anticiper) à une demande de l'agriculteur, de l'industriel qui transforme le produit récolté ou du consommateur, voire, au-delà, à une demande de la société pour des variétés permettant un meilleur respect de l'environnement. De plus, l'agriculteur reste libre d'accepter ou non l'innovation variétale.

Ainsi, après la deuxième guerre mondiale, en France, il fallait augmenter la production agricole, pour que notre pays devienne autosuffisant en produits alimentaires. La politique agricole mise en place a donc encouragé une certaine intensification, passant par une utilisation plus massive des intrants (de la fumure azotée et des fongicides, en particulier), et ce, avant que les variétés adaptées à ces nouvelles conditions de culture soient développées. De plus, l'investissement dans l'amélioration des plantes s'est traduit, comme nous l'avons vu précédemment, par des variétés qui, précisément, permettent de mieux respecter l'environnement, par des variétés plus résistantes aux maladies et valorisant mieux la fumure azotée, donc permettant des économies de fongicides et de fumure azotée.

Ce n'est donc pas l'amélioration des plantes qui est responsable de l'augmentation des quantités de fongicides utilisées, au contraire. D'ailleurs, cette augmentation est désormais une contre-vérité puisque la quantité de fongicides utilisés en France a diminué de 48 % entre 2001 et 2011 (Bernard, communication personnelle et données de l'UIPP[159]). La mise au point de molécules plus actives, ayant un meilleur profil écotoxicologique, combinée à une lutte raisonnée est la principale explication de cette diminution. Cependant, l'amélioration de la résistance génétique des plantes aux agresseurs et en particulier aux maladies, a joué un rôle non négligeable dans cette diminution.

L'amélioration des plantes peut en fait être un outil très efficace pour mettre au point des variétés pour tous les types d'agricultures (systèmes de culture), présentant différents degrés d'intensification et d'utilisation des intrants.

▶▶ Depuis 50 ans, la diversité génétique des variétés à la disposition de l'agriculteur est conservée

Évolution de la diversité des plantes cultivées, de la domestication jusqu'au début de la sélection dirigée

Dans le monde, plus de cent espèces végétales sont aujourd'hui cultivées, mais douze seulement contribuent à produire 70 % de la nourriture de l'homme et seulement trois (riz, blé, maïs) produisent 55 % des calories consommées. La domestication n'a en effet retenu qu'un nombre limité d'espèces et quelques espèces ont encore été abandonnées au moment de la mise en place d'une sélection dirigée. Chez les espèces de grande culture, ce sont essentiellement des raisons économiques, notamment la recherche par l'agriculteur de la meilleure marge à l'hectare, qui expliquent la simplification des systèmes de culture, impliquant peu d'espèces ; avec ce critère économique, seulement quelques espèces sont suffisamment adaptées à une zone et à des conditions de culture données.

La diversité au sein d'une espèce peut être mesurée par différents critères tels que la diversité phénotypique, l'apparentement, ou la diversité moléculaire (indice de Nei[160], qui est le plus utilisé pour les études de diversité génétique).

Pour chaque espèce cultivée, la diversité génétique présente dans une parcelle donnée a diminué depuis la domestication. C'est cette première action de l'homme, il y a environ 10 000 ans, qui a fait perdre le plus de diversité génétique au sein de chacune des espèces cultivées. On estime en moyenne cette perte à 30 %, mais chez le blé, selon les génomes (A, B ou D), on a perdu entre 60 et 80 % de la diversité génétique présente chez les espèces ancêtres (Gallais, 2013b).

---

159. Union des industries de la protection des plantes.

160. Au niveau d'un ensemble de lignées, l'indice de Nei représente la probabilité moyenne, sur l'ensemble des locus marqueurs considérés, de trouver des allèles différents chez deux lignées prises au hasard. Il donne une information qui peut être assez différente de celle fournie par le nombre moyen d'allèles par locus (Gallais, 2012). Bien qu'il soit souvent choisi pour caractériser la diversité génétique intervariétale, il est insuffisant. Il faudrait aussi considérer la nature des allèles présents.

Ensuite, la perte de diversité s'est poursuivie, du fait de la diminution du nombre de populations différentes cultivées et du fait de la culture de populations de plus en plus homogènes, au fur et à mesure de la sélection naturelle et artificielle des plantes les plus adaptées à la culture et aux besoins de l'homme. Jusqu'au développement de la sélection dirigée, les populations cultivées avaient toutefois conservé une certaine hétérogénéité génétique, mais elles n'étaient pas très variables dans le temps et dans l'espace. La mise en œuvre d'une sélection dirigée (à partir des travaux de Louis de Vilmorin) et le développement de variétés à base génétique étroite ont conduit à des populations cultivées homogènes, puisque souvent réduites à un génotype.

Cependant, du point de vue de la biodiversité, il ne suffit pas de considérer seulement la diversité génétique à l'intérieur d'un champ. En effet, la diversité à l'intérieur de chaque population a fait place à une diversité à une autre échelle spatiale, entre les différents champs, qui est liée à la diversité des variétés proposées aux agriculteurs, et à une diversité dans le temps, qui est liée au renouvellement des variétés. Cette évolution permet de faire coexister diversité génétique et performances agronomiques optimales, qui sont normalement opposées. De plus, l'agriculteur peut toujours reconstituer une hétérogénéité génétique dans son champ, en cultivant en association différentes variétés.

Évolution de la diversité génétique des variétés sur les 50 dernières années

L'analyse de la diversité génétique à la disposition de l'agriculteur montre bien une diminution de la diversité au sein de chaque variété quand on passe des variétés-populations aux variétés réduites à un seul génotype (lignées ou variétés hybrides simples), mais depuis le développement de ces variétés à base génétique étroite il n'y a pas eu de diminution nette ou forte de la diversité génétique existant entre les différentes variétés à la disposition de l'agriculteur (Gallais, 2013b, figure 11.4). Selon les espèces, on observe une variation de cette diversité, des phases de diminution étant suivies d'une ré-augmentation puis d'une certaine stabilité[161].

Les phases de diminution de la diversité génétique correspondent à l'introduction dans les nouvelles variétés de gènes majeurs, à effets forts (par exemple, les gènes de demi-nanisme chez les céréales, introduits au moment de la révolution verte, les gènes *0-érucique* ou *0-glucosinolates* chez le colza, le gène de monogermie chez la betterave). En effet, juste après l'introduction de ces gènes, apportant des caractères très intéressants pour l'agriculteur et l'utilisateur, le nombre de variétés qui en étaient porteuses était très réduit (une ou deux, qui étaient apparentées, issues d'un seul établissement de sélection). Mais par la suite les gènes intéressants ont été utilisés par différents établissements de sélection, et intégrés dans de nouvelles variétés. Il en est résulté une diversification des variétés, et le retour à une diversité proche de celle qui existait avant l'introduction des gènes. Le développement d'une variété très innovante a souvent la même dynamique ; une perte de la diversité cultivée est observée au début, puis la diversification des variétés cultivées, favorisée

---

161. Il y a toutefois une tendance plus régulière à une diminution lente chez une plante comme le maïs, mais l'indice de diversité est encore assez élevé.

par la diversité des établissements de sélection, réapparaît au bout d'un temps plus ou moins long. Ce fut le cas avec la création des premiers hybrides précoces de maïs qui avaient tous un parent commun, la lignée F2, développée par l'Inra.

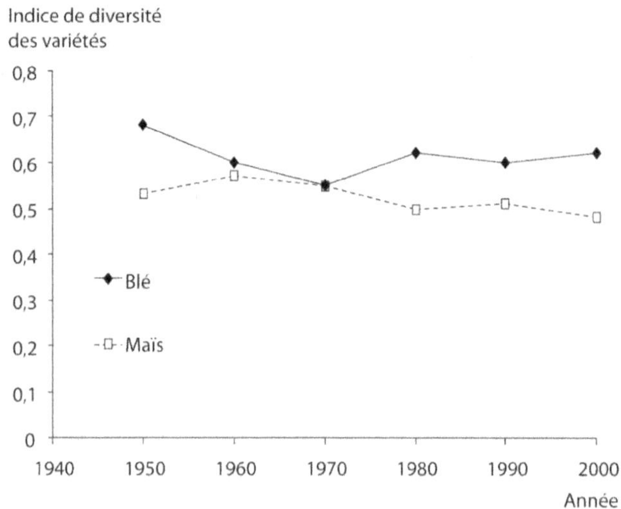

Figure 11.4. Évolution de la diversité génétique des variétés de blé et de maïs à la disposition de l'agriculteur, entre 1950 et 2000 (d'après Goffaux *et al.*, 2011, pour le blé, et Feng *et al.*, 2006, pour le maïs).

La diversité est mesurée par l'indice de Nei.

De plus le turn-over des variétés permet un renouvellement tous les quatre à six ans. Le risque pathologique (contournement des résistances par un parasite) est ainsi limité. On reproche parfois à l'amélioration centralisée des plantes d'entraîner une perte de diversité génétique des variétés à la disposition de l'agriculteur, du fait qu'elle favoriserait les variétés à large aire d'adaptation (à adaptation générale). Cela ne correspond pas à la réalité (p. 54). En fait, aujourd'hui, il y a de plus en plus de variétés présentant des adaptations régionales ; leur inscription au catalogue est même favorisée. Enfin, il est évident que la sélection a éliminé de nombreux gènes défavorables, comme ceux conférant la sensibilité à certains virus ou la sensibilité au froid ; cela ne peut pas être considéré comme une perte de diversité génétique pour l'agriculteur ! L'amélioration des plantes, par la création de variétés présentant des caractéristiques variées, a joué, et joue, un rôle positif dans le maintien de la diversité génétique utile des plantes cultivées.

L'absence de diminution, ou la lente diminution, de la diversité génétique des variétés à la disposition de l'agriculteur depuis que le sélectionneur développe des variétés à base étroite s'explique par le fait que la variabilité génétique utilisée par le sélectionneur ne représente qu'une faible partie de la variabilité génétique utilisable (15 %, selon Tanksley and McCouch, 1997). En fait, le sélectionneur introduit en permanence dans son matériel de départ de nouveaux matériels. Il y a nécessairement à certains locus une perte d'allèles par la sélection, en particulier d'allèles défavorables, mais il y a en permanence introduction de nouveaux allèles.

Il y a cependant, à moyen ou long terme, un risque de diminution de la diversité génétique des variétés à la disposition de l'agriculteur. Ce risque a deux origines. D'abord, lorsqu'un géniteur de très bonne valeur agronomique est obtenu, le sélectionneur l'utilise dans de nombreux croisements de départ ou comme parent des variétés hybrides ; ainsi, les variétés lignées d'un établissement seront apparentées et ses variétés hybrides pourront même être demi-sœurs. Mais, si le nombre de sélectionneurs indépendants est assez élevé, cela n'aura guère de conséquence sur la diversité des variétés proposées à l'agriculteur. Comme nous l'avons déjà signalé, le risque le plus important est celui de la perte de diversité des établissements de sélection, due à la concentration des entreprises.

****

Si l'on fait le bilan de l'apport de l'amélioration des plantes à l'agriculture, on ne peut que constater qu'elle a été d'une grande efficacité, et qu'elle a répondu, et répond, à des demandes de l'agriculture, des industries agroalimentaires, des consommateurs et de la société. Elle peut encore continuer à apporter beaucoup, en répondant à différentes demandes, dès que les objectifs de sélection seront bien définis, et ce, d'autant plus que, maintenant, elle a, ou peut avoir, à sa disposition des outils très puissants pour mieux utiliser la variabilité génétique et aller plus vite dans la création de variétés. Elle peut en particulier développer des variétés pour des agricultures durables, suffisamment productives, économes en eau et en intrants, adaptées au changement climatique et conduisant à des productions de qualité.

Annexe

Quelques notions de génétique et d'amélioration des plantes pour mieux comprendre

Le but de cette annexe est d'introduire, de façon concise, certains termes et concepts couramment utilisés par le généticien et le sélectionneur de plantes. Les définitions des principaux termes sont également reprises dans le glossaire, à la fin de l'ouvrage.

▸▸ Notions de génétique

Les constituants cellulaires et leur rôle

Les organismes vivants, animaux ou végétaux, sont constitués de millions de cellules, véritables briques élémentaires qui constituent leurs tissus et leurs organes. Chaque cellule renferme un **noyau** et d'autres organites, nombreux, parmi lesquels figurent les mitochondries et les plastes (ces derniers étant spécifiques aux plantes). Les **mitochondries** jouent un rôle essentiel dans la respiration et, chez les plantes, des plastes importants, appelés **chloroplastes**, sont le siège de l'activité photosynthétique. Dans le noyau, et dans chacun de ces organites, se trouve de l'ADN (acide désoxyribonucléique), support des informations pour le pilotage du fonctionnement des cellules et le déterminisme des caractères.

L'ADN du noyau est organisé en unités indépendantes, appelées **chromosomes**. Chez les espèces diploïdes, ou à fonctionnement diploïde, les chromosomes sont eux-mêmes organisés en paires indépendantes dont le nombre est caractéristique d'une espèce ou d'un groupe d'espèces apparentées. Les chromosomes d'une paire sont dits **homologues**, car ils ont la même structure, avec la même séquence de gènes ; pour chaque paire, l'un des chromosomes vient du parent mâle, l'autre vient du parent femelle. Pour le passage d'une génération à une autre, à l'issue d'un processus de division cellulaire particulier (la **méiose**), il se forme des cellules reproductrices, les **gamètes**, qui ne contiennent qu'un chromosome de chaque paire : elles sont dites haploïdes (figure A). Chaque chromosome d'un gamète résulte en fait de recombinaisons (**crossing-overs**) ayant lieu à la méiose entre les chromatides de deux chromosomes homologues d'une paire. Chez les plantes diploïdes, le gamète mâle correspond à une cellule haploïde[162] issue du pollen et le gamète femelle, à une cellule haploïde contenue dans l'ovule. À la fécondation, la fusion d'un gamète mâle et d'un gamète femelle, tous les deux haploïdes, donne alors une nouvelle cellule diploïde, la cellule œuf, contenant le nombre total de chromosomes qui est la caractéristique de l'espèce. À partir de cette cellule, après de nombreuses divisions appelées mitoses, est formé un organisme constitué de différents organes, dont chacun est spécialisé dans une fonction, mais toutes les cellules, de tous les organes, ont la même information génétique nucléaire, contenue dans l'ADN du noyau.

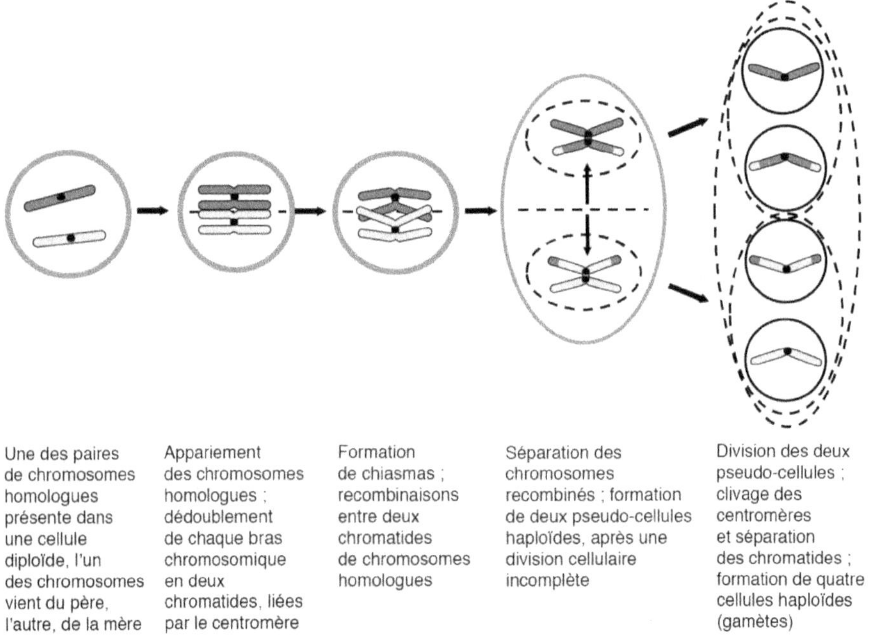

Une des paires de chromosomes homologues présente dans une cellule diploïde, l'un des chromosomes vient du père, l'autre, de la mère	Appariement des chromosomes homologues ; dédoublement de chaque bras chromosomique en deux chromatides, liées par le centromère	Formation de chiasmas ; recombinaisons entre deux chromatides de chromosomes homologues	Séparation des chromosomes recombinés ; formation de deux pseudo-cellules haploïdes, après une division cellulaire incomplète	Division des deux pseudo-cellules ; clivage des centromères et séparation des chromatides ; formation de quatre cellules haploïdes (gamètes)

Figure A. Schéma de la méiose, conduisant à la formation des gamètes, chez une espèce diploïde.

L'ADN des mitochondries, ou celui des chloroplastes, contient beaucoup moins d'information génétique que celui du noyau. Il est organisé en un seul chromosome, copié en un grand nombre d'exemplaires par cellule. Sa transmission à la descendance est en général maternelle, mais certaines plantes (les Gymnospermes, par exemple) font exception à cette règle.

---

162. Cellule n'ayant qu'un seul exemplaire de chaque groupe d'homologie.

Gènes et allèles

Un gène est une séquence d'ADN qui contient l'information génétique codant pour la synthèse d'ARN (acide ribonucléique). Cet ARN peut ensuite être traduit en une protéine déterminant une fonction ou un caractère (voir ci-dessous), mais ce n'est pas toujours le cas. On distingue deux types de gènes : les gènes de structure, qui codent pour des protéines, et les gènes de régulation, qui contrôlent l'expression des gènes de structure, *via* des protéines ou des ARN. Cependant, des gènes de structure peuvent aussi être des gènes de régulation.

Chaque gène occupe une position précise, appelée **locus**, sur un chromosome. Tous les individus d'une même espèce ont les mêmes gènes, c'est-à-dire le même ensemble de fonctions, mais pour un gène donné, l'information génétique peut varier plus ou moins d'un individu à l'autre. Ainsi, au sein d'une espèce où le caractère « couleur de fleur » (blanche ou rouge, par exemple) serait contrôlé par un seul gène, selon les plantes considérées, c'est l'information « couleur blanche » ou, au contraire, l'information « couleur rouge » qui sera présente sur le locus. Ces variantes de l'information pour une fonction donnée, à un locus donné, sont appelées des **allèles**. Si, dans un ensemble de génotypes étudiés (c'est-à-dire une population), il y a plusieurs allèles possibles sur un locus on dit que celui-ci est **polymorphe**. C'est la diversité des allèles qui est à la base de la variabilité génétique utilisée en sélection. Dans le cas de bi-allélisme (deux allèles à un locus) on note souvent l'un des allèles par A et l'autre par a.

Génotype, homozygotie et hétérozygotie, dominance et récessivité

Un génotype est l'arrangement des allèles d'un individu à un ensemble de locus, en tenant compte de leur liaison. Par extension, dans une population de grande taille se reproduisant en fécondation croisée et ayant un grand nombre de locus polymorphes, le génotype est souvent assimilé à l'individu.

À un locus donné, chez une espèce diploïde, si les deux gènes homologues représentent la même information génétique (le même allèle), le génotype est dit **homozygote** ; si les deux informations sont différentes, donc s'il y a deux allèles, le génotype est dit **hétérozygote**.

Chez un génotype diploïde hétérozygote, si l'effet de l'un des allèles masque l'effet de l'autre allèle, on parle de **dominance**. L'allèle dont l'effet est masqué est dit récessif ; l'autre allèle est dit dominant.

Passage du gène au caractère

Un gène code généralement pour une protéine (certains gènes de régulation ne codent que pour des ARN). Ce codage est formé par la succession sur la molécule d'ADN de quatre désoxyribonucléotides, constitués chacun d'une base organique azotée (A pour Adénine, T, pour Thymine, C pour Cytosine, G pour Guanine) associée à un sucre pentose (le désoxyribose) et à l'acide phosphorique. Ces désoxyribonucléotides constituent en quelque sorte un alphabet à quatre lettres, qui s'assemblent pour former des mots de trois lettres. Ainsi, de façon simplifiée, un triplet de nucléotides code pour l'un des 21 acides aminés possibles, qui sont les constituants élémentaires des protéines. Ce code est universel, de la bactérie à l'éléphant ou des microorganismes à l'homme. La lecture de la séquence d'ADN, appelée **transcription**, se fait par une enzyme qui transcrit l'information sous forme d'une chaîne d'acide ribonucléique, l'ARN messager ou ARNm. La chaîne d'ARN est formée par la séquence correspondante des ribonucléotides de l'ADN, l'uracyle (U) remplaçant la thymine (T). Après maturation, c'est-à-dire élimination des zones non codantes, les ARNm migrent dans le cytoplasme, où ils vont être traduits en une séquence d'acides aminés formant le polypeptide, puis la protéine codée par le gène, par l'intermédiaire d'une machinerie nucléoprotéique, les ribosomes ; c'est le processus de **traduction**.

►► Notions de génétique quantitative

Le phénotype d'un génotype (ou d'un individu) correspond à ce qui est vu, observé ou mesuré sur ce génotype (ou cet individu), dans les conditions de milieu où il se trouve et à un niveau d'observation donné.

Caractères qualitatifs et caractères quantitatifs

Deux types de caractères peuvent être distingués :
– les caractères qualitatifs, dont la variation est discontinue, comme le caractère ridé ou lisse du petit pois, la couleur des fleurs pour certaines espèces, ou la résistance à certaines maladies ; la correspondance entre un phénotype et un ou des génotypes est sans ambiguïté ; ces caractères sont généralement déterminés par un nombre réduit de gènes (un ou deux) et sont assez peu affectés par le milieu ; leur ségrégation est visible dans une F_2 (première génération issue de l'autofécondation des plantes provenant d'un croisement) ;
– les caractères quantitatifs, dont la variation est continue, comme la hauteur d'une plante, la longueur de ses feuilles ou le diamètre de ses fruits, ou le rendement en grain d'une céréale ; la correspondance entre phénotype et génotype est statistique ; ces caractères sont le plus souvent déterminés par un grand nombre de gènes (ils sont qualifiés de polygéniques) et sont affectés par le milieu ; leur ségrégation en F_2 se traduit par une augmentation de la variation qui apparaît continue.

Valeur phénotypique et valeur génotypique

Pour un caractère donné, la valeur phénotypique représente l'état (pour un caractère qualitatif) ou la mesure (pour un caractère quantitatif) de ce caractère de l'individu dans un milieu donné. Elle est le résultat des effets des gènes et du milieu. Pour un caractère quantitatif, la valeur d'un génotype, ou valeur génotypique, est une valeur théorique (abstraite), qui peut être considérée comme la valeur moyenne d'un grand nombre de répétitions de ce génotype. Le degré de correspondance entre la valeur phénotypique et la valeur génotypique représente l'**héritabilité** (au sens large).

Phénomène d'hétérosis

Lorsque l'on croise deux individus ou deux lignées d'une même espèce, on peut souvent constater de l'hétérosis sur certains caractères quantitatifs, c'est-à-dire la supériorité de la descendance obtenue (génération F_1) par rapport au meilleur parent (en génétique quantitative, on mesure l'hétérosis comme la supériorité de la F_1 par rapport à la moyenne des deux parents). C'est un phénomène assez général chez les organismes vivants, de la levure à l'homme, en passant par les plantes et les animaux, observé surtout pour des caractères génétiquement complexes. Pour de tels caractères, l'hétérosis est en moyenne d'autant plus fort que les individus croisés sont plus distants génétiquement. Il a pour corollaire la perte de vigueur, ou **dépression de consanguinité**, constatée après un croisement entre individus apparentés. Chez les plantes, l'hétérosis est assez fortement lié au système de reproduction ; il est beaucoup plus important chez les plantes allogames que chez les plantes autogames.

Deux grands mécanismes relevant de la complémentation des apports génétiques peuvent l'expliquer ; ce sont la complémentation entre allèles, ou superdominance, et la complémentation entre locus pour des gènes dominants favorables.

Mécanisme de la superdominance

À un locus, la superdominance correspond à la supériorité de l'hétérozygote par rapport au meilleur homozygote. Dans le cas où le locus peut être occupé par deux allèles, A et a, cela signifie que la valeur de l'hétérozygote Aa est supérieure à celle de l'homozygote AA et à celle de l'homozygote aa. La superdominance est le résultat de la complémentation entre deux allèles. Il n'y a toutefois que peu de résultats expérimentaux montrant son existence. Elle existe seulement à certains locus et dans certaines conditions.

Mécanisme de la dominance des gènes favorables

Dans l'hypothèse de la dominance des gènes favorables, l'hétérosis est le résultat de la complémentation des apports génétiques des parents en gènes dominants favorables. Par exemple, si les allèles A et a peuvent se trouver à un locus et les allèles B et b, à un autre locus, en croisant deux parents complémentaires $AAbb$ et $aaBB$ on obtient le double hétérozygote $AaBb$, qui est supérieur aux parents $AAbb$ et $aaBB$. En effet, en donnant une valeur à chaque génotype, à chaque locus (par exemple, pour simplifier, une valeur de 4 pour les génotypes AA, Aa, BB, et Bb et une valeur de 2 pour aa et bb), s'il y a additivité des effets des locus (c'est-à-dire s'il n'y pas d'épistasie), la valeur de chacun des parents est de 6 et la valeur du résultat de leur croisement est de 8.

Ce mécanisme apparaît très fréquent. Il explique la grande différence entre les plantes autogames et les plantes allogames.

Hétérosis infixable et hétérosis fixable

Si l'hétérosis est dû au mécanisme de la superdominance il est impossible d'obtenir un homozygote aussi performant que l'hétérozygote (le meilleur génotype devra être hétérozygote pour le ou les locus manifestant de la superdominance) ; on dit dans ce cas que l'hétérosis est infixable. Au contraire, si l'hétérosis est dû au mécanisme de la dominance, il est en théorie possible d'obtenir un génotype homozygote de même valeur que la F_1, puisque, si l'on reprend l'exemple précédent, à deux locus, *AABB* a la même valeur que *AaBb*. L'hétérosis est alors qualifié de fixable. Cependant, dès que le nombre de locus en cause augmente, la probabilité de fixation devient vite très faible. Ainsi, en pratique, pour un caractère complexe, quels que soient les mécanismes en cause, dominance ou superdominance, l'hétérosis apparaît comme infixable.

Pour plus de détails sur le phénomène d'hétérosis, nous invitons le lecteur à consulter notre ouvrage *Hétérosis et variétés hybrides en amélioration des plantes* (Gallais, 2011).

Références bibliographiques

A

Alexandratos N., Bruinsma J., 2012. *World agriculture towards 2030/2050: the 2012 revision*. ESA working paper, 12-03, FAO, Rome, 147 p.

An D.G.; Su J., Liu Q., Zhu Y., Tong Y., Li J., Jing R., Li B., Li Z., 2006. Mapping QTLs for nitrogen uptake in relation to early growth of wheat (*Triticum aestivum*). *Plant and Soil*, 284, 74-84.

Anglade P., Barrière Y., Beckert M., Boyat A., Derieux M., Gallais A., Giauffret C., Hébert Y. ; Pollacsek M., 1992. Le maïs. *In : Amélioration des espèces végétales cultivées. Objectifs et critères de sélection* (A. Gallais, H. Bannerot, eds), Inra Éditions, Paris, 89-124.

B

Beale M.H., Birkett M.A., Bruce T.J.A., Chamberlain K., Field L.M., Huttly A.K., Martin J.L., Parker R., Phillips A.L., Pickett J.A., Prosser I.M., Shewry P.R., Smart L.E., Wadhams L.J., Woodcock C.M., Zhang Y., 2006. Aphid alarm pheromone produced by transgenic plants affects aphid and parasitoid behavior. *Proceedings of the National Academy of Sciences*, 103(27), 10509-10513.

Beatty P.H., Good A.G., 2011. Future prospects for cereals that fix nitrogen. *Science*, 333, 416-417.

Bernard J.-L., 2014. Méthodes alternatives et complémentaires en protection des cultures : quelles pistes pour la protection contre les insectes ravageurs ? Communication à l'académie d'Agriculture le 9/4/2014, <http://academie-agriculture.fr/seances/insectes-ravageurs-en-agriculture-et-methodes-innovantes-pour-leur-maitrise?090414> (consulté le 11 mars 2015).

Bertin P., Gallais A., 2000. Physiological and genetic basis of nitrogen use efficiency in maize. I. Agrophysiological results. *Maydica*, 45, 53-66.

Bétin M., Mansat P, 1984. Sélection du ray-grass d'Italie (*Lolium multiflorum* Lam.) pour la résistance à la rouille couronnée (*Puccinia coronata* Corda). Résultats de croisements entre populations améliorées en conditions artificielles, conséquences. *Comptes rendus des séances de l'académie d'Agriculture de France*, 70(5), 595-601.

Blakeslee A.F., Avery A.G., Cartledge J.L., 1938. Induction of polyploid in *Datura* and other plants by treatment with colchicine. *Genetics*, 23, 140-141.

Bloom A.J., Burger M., Kimball B.A., Pinter P.J., 2014. Nitrate assimilation is inhibited by elevated CO_2 in field-grown wheat. *Nature Climate Change*, 4, 477–480.

Bonny S., 2012. Les semences transgéniques dans le monde : importance, marché, acteurs et prix. *In : La protection économique et juridique du végétal* (S. Blondel, S. Lambert-Wiber, C. Maréchal, eds), Economica, 260 p.

Boulaine J., 1992. *Histoire de l'agronomie en France*. Tec-Doc Lavoisier, Paris, 392 p.

Brancourt-Hulmel M., Doussinault G., Lecomte C., Bérard P., Le Buanec B., Trottet M., 2003. Genetic improvement of agronomic traits of winter wheat cultivars released in France from 1946 to 1992. *Crop Science*, 43, 37-45.

Branlard G., 2012. La qualité du gluten : variations de sa composition et de ses propriétés. *Médecine & Nutrition*, 48, 21-25.

Brauer E.K., Rochon A., Bi Y.M., Bozzo G.G., Rothstein S.J., Shelp B., 2011. Reappraisal of nitrogen use efficiency in rice overexpressing glutamine synthetase 1. *Physiologia Plantarum*, 141, 361-372.

Braum S.M., Helmke P.A., 1995. White lupin utilizes soil phosphorus that is unavailable to soybean. *Plant Soil*, 176, 95-100.

Bruce W.B., Edmeades G.O., Barker T.C., 2002. Molecular and physiological approaches to maize improvement for drought tolerance. *Journal of Experimental Botany*, 53, 13-25.

C

Campos H., Cooper M., Habben J.E., Edmeades G.O., Schussler J.R., 2004. Improving drought tolerance in maize: a view from industry. *Field Crops Research*, 90, 19-34.

Cassman K.G., Grassini P., van Wart J., 2010. Crop yield potential, yield trends, and global food security in a changing climate. *In: Hand-*

book of Climate Change and Agroecosystems. Impacts, Adaptation, and Mitigation (D. Hillel, C. Rosenzweig, eds), ICP Series on Climate Change Impacts, Adaptation, and Mitigation, World Scientific Publishing, 37-51.

Castiglioni P., Warner D., Bensen R.J., Anstrom D.C., Harrison J., Stoecker M., Abad M., Kumar G., Salvador S., D'Ordine R., Navarro S., Back S., Fernandes M., Targolli J., Dasgupta S., Bonin C., Luethy M.H., Heard J.E., 2008. Bacterial RNA Chaperones Confer Abiotic Stress Tolerance in Plants and Improved Grain Yield in Maize under Water-Limited Conditions. *Plant Physiology,* 147, 446-455.

Ceccarelli S., 2012. *Plant breeding with farmers – a technical manual.* Icarda, Aleppo, Syria, 126 p.

Ceccarelli S., Grando S., 2009. Participatory plant breeding in cereals. *In: Cereals. Handbook on Plant Breeding* (M.J. Carena, ed.), Springer, New York, 395-414.

Charrier A., Bernard M., 1981. Hybridation interspécifique et amélioration des plantes. III. Amphiploïdes et formes introgressives. *Comptes rendus de l'académie d'Agriculture de France*, 12, 1025-1040.

Chaufaux J., Seguin M., Swanson J.J., Bourguet D., Siegfried B.D., 2001. Chronic Exposure of the European Corn Borer (Lepidoptera: Crambidae) to Cry1Ab *Bacillus thuringiensis* Toxin, *Journal of Economic Entomology*, 94, 1564-1570.

Condon A.G., Richards R.A., Rebetzke G.J., Farquhar G.D., 2002. Improving intrinsic water-use efficiency and crop yield. *Crop Science*, 42, 122-131.

Coque M., Gallais A., 2007. Genetic variability for nitrogen use efficiency in a set of maize hybrids. *Maydica*, 52, 383-397.

Cormier F. Faure S, Dubreuil P, Heumez E, Beauchêne K, Lafarge S, Praud S, Le Gouis J., 2013. A multi-environmental study of recent breeding progress on nitrogen use efficiency in wheat (*Triticum aestivum* L.). *Theoretical and Applied Genetics*, 126(12), 3035-3048.

Covshoff S., Hibberd J.M., 2012. Integrating C4 photosynthesis into C3 crops to increase yield potential. *Current Opinion in Biotechnology,* 23, 209-214.

Crismani N., Girard C., Mercier R., 2012. Tinkering with meiosis. *Journal of Experimental Botany*, 64, 55-65.

Cu S.T.T., Hutson J., Schuller K.A., 2005. Mixed culture of wheat with white lupin improves the growth and phosphorus nutrition of the wheat. *Plant and Soil*, 272, 143-151.

D

de Dorlodot S. Forster B., Pagès L., Price A., Tuberosa R., Draye X., 2007. Root system architecture: opportunities and constraints for genetic improvement of crops. *Trends in Plant Science*, 12, 474-481.

Delabays N., Ançay A., Mermillod G., 1998. Recherches d'espèces végétales à propriétés allélopathiques. *Revue suisse de viticulture, arboriculture, horticulture.* 6, 383-387.

Derieux M., Darrigrand M., Gallais A., Barrière Y., Bloc D., Montalant Y., 1987. Estimation du progrès génétique réalisé chez le maïs grain en France entre 1950 et 1985. *Agronomie*, 7, 1-11.

de Vallavieille-Pope C., Belhaj Fraj M., Mille B., Meynard J.M., 2006. Les associations de variétés : accroître la biodiversité pour mieux maîtriser les maladies. *Dossier de l'environnement de l'Inra*, 20, 101-109.

de Vilmorin L., 1856. Note sur la création d'une nouvelle race de betterave à sucre. Considérations sur l'hérédité des végétaux. *Comptes rendus de l'académie des Sciences*, XLIII 18, 871-874.

Dixon R. Cheng Q., Shen G.-F., Day A., Dowson-Day M., 1997. Nif gene transfer and expression in chloroplast: prospects and problems. *Plant Soil*, 194, 193-203.

Djennane S., Quilleré I., Leydecker M.-T., Meyer C., Chauvin J.E., 2004. Expression of a deregulated tobacco nitrate reductase gene in potato increases biomass production and decreases nitrate concentration in all organs. *Planta*, 219, 884-893.

Donald C.M., 1968. The breeding of crop ideotypes. *Euphytica*, 17, 385-403.

Dudley J.W., Lambert R.J., 2004. 100 generations of selection for oil and protein in maize. *Plant Breeding Reviews*, 24 (Part I), 79-110.

Duvick D.N., 2005. The contribution of breeding to yield advances in maize (*Zea mays* L.). *Advances in Agronomy*, 86, 83-145.

F

Farquhar G.D., Richards R.A., 1984. Isotopic composition of plant carbon correlates with water use efficiency of wheat genotypes. *Australian Journal of Plant Physiology*, 11, 539-552.

Feng L., Sebastian S., Smith S., Cooper M., 2006. Temporal trends in SSR alleles frequencies associated with long-term selection for yield of maize. *Maydica*, 51, 293-300.

Fitzgerald D., 1986. Tradition and innovation in agriculture: a comparison of public and private development of hybrid corn. *In: The Agricultural Scientific Enterprise. A System in Transition* (L. Busch, W.B. Lacy, eds), Westview Press, Boulder, Colorado, 175-185.

Flor H.H., 1956. The complementary genic systems in flax and flax rust. *Advances in Genetics*, 8, 29-54.

Flor H.H., 1971. Current status of the gene-for-gene concept. *Annual Review of Phytopathology* 9, 275–296.

Folcher L., Delos M., Marengue E., Jarry M., Weissenberger A., Eychenne N., Regnault-Roger C., 2010. Lower mycotoxin levels in Bt maize grain. *Agronomy for Sustainable Development*, 30, 711-719.

G

Gale M.D., Youssefian S., 1985. Dwarfing genes in wheat. *In: Progress in plant breeding. 1. Plant Breeding* (G.E. Russell, ed.), Butterworth & Co, London, 1-35.

Gallais A., 2009a. *Hétérosis et variétés hybrides en amélioration des plantes*. Éditions Quæ, Versailles, 356 p.

Gallais A., 2009b. Justification des variétés hybrides en amélioration des plantes. *Le sélectionneur français*, 60, 109-116.

Gallais A., 2010. Homogénéité *vs* hétérogénéité et performances des structures variétales en amélioration des plantes. *Le sélectionneur français*, 61, 61-74.

Gallais A., 2011. *Méthodes de création de variétés en amélioration des plantes*. Éditions Quæ, Versailles, 280 p.

Gallais A., 2012. Évolution des rendements du maïs grain en France, en Europe et aux USA. Analyse des causes de ralentissement de la progression : économie d'intrants, changement climatique, limite physiologique. *Comptes rendus de l'académie d'Agriculture de France, séance du 30 mai 2012.*

Gallais A., 2013a. *De la domestication à la transgénèse. Évolution des outils pour l'amélioration des plantes*. Éditions Quæ, Versailles, 175 p.

Gallais A., 2013b. Évolution de la diversité génétique des plantes cultivées. *Comptes Rendus Académie d'Agriculture de France*, séance du 23 janvier 2013, <http://www.academie-agriculture.fr/seances/mesure-et-evolution-de-la-diversite-genetique-des-plantes-cultivees-et-des-animaux> (consulté le 11 mars 2015).

Gallais A., Coque M., 2005. Genetic variation and selection for nitrogen use efficiency in maize: A synthesis. *Maydica*, 50, 531-537.

Gallais A., Coque M., Bertin P., 2007. Response to selection of a maize population for adaptation at high or low nitrogen fertilization. *Maydica*, 53, 21-28.

Gallais A., Gate P., Oury F.-X, 2010. Un ralentissement dans la progression des rendements chez plusieurs plantes de grande culture, en particulier chez les céréales à paille. *Comptes rendus de l'académie d'Agriculture de France*, séance du 5 mai 2010.

Gallais A., Ricroch A., 2006. *Plantes transgéniques : faits et enjeux*. Éditions Quæ, Versailles, 284 p.

Gard A.K., Kim J.K., Owens T.G., Ranwala A.P., Choi Y.D., Kochian L.V., Wu R.J., 2002. Trehalose accumulation in rice plants confers high tolerance levels to different abiotic stresses. *Proceedings of the National Academy of Sciences*, 99, 15898-15903.

Gaufichon L., Prioul J.L., Bachelier B., 2010. Quelles sont les perspectives d'amélioration génétique de plantes cultivées tolérantes à la sécheresse ? Fondation pour l'agriculture et la ruralité dans le monde (Farm), Paris, 60 p.

Gavaudan P., Gavaudan N., 1938. Mécanisme d'action de la colchicine sur la caryocinèse des végétaux. *Comptes rendus de la société de Biologie*, 128, 714-716.

Geffroy V., Sévignac M., De Oliveira J.-C., Fouilloux G., Skroch P., Thoquet P., Gepts P., Langin T., Dron M., 2000. Inheritance of partial resistance against *Colletotrichum lindemuthianum* in *Phaseolus vulgaris* and co-localization of quantitative trait loci with genes involved in specific resistance. *Molecular Plant-Microbe Interactions*, 13, 287-296.

Ghaouti L., Vogt-Kaute W., Link W., 2008. Development of locally adapted faba bean cultivars for organic conditions in Germany through a participatory breeding approach. *Euphytica*, 162, 257-268.

Glover D.V., 1992. Corn-protein genetics, breeding, and value in foods and feeds. *In:*

Quality Protein Maize (E.T. Mertz, ed), American Association of Cereal Chemists, St Paul, MN, 49-78.

Goffaux R., Goldringer I., Bonneuil C., Montalent P., Bonnin I., 2011. Quels indicateurs pour suivre la diversité génétique des plantes cultivées ? Le cas du blé tendre cultivé en France depuis un siècle. Rapport de la Fondation pour la recherche sur la biodiversité (FRB), Série Expertise et Synthèse, 44 p, <http://www.fondationbiodiversite.fr/les-programmes-frb/synthese-sur-les-indicateurs-de-biodiversite-cultivee> (consulté le 11 mars 2015).

Good A.G., Johnson S.J., De Pauw M., Carroll R.T., Savodiv N., Vidmar J., Lu Z., Taylor G., Stroeher V., 2007. Engineering nitrogen use efficiency with alanine aminotransferase. *Canadian Journal of Botany*, 85, 252-262.

H

Habash D.Z., Massiah A.J., Rong H.L., Wallsgrove R.M., Leigh R.A., 2001. The role of cytosolic glutamine synthetase in wheat. *Annals of Applied Biology*, 138, 83-89.

Häusler R., Hirsch H.J., Kreuzaler F., Peterhänsel C., 2002. Overexpression of C4-cycle enzymes in transgenic C3 plants: a biotechnological approach to improve C3 photosynthesis. *Journal of Experimental Botany*, 53, 591-607.

Haussmann B.I.G. *et al.*, 2000. Yield and yield stability of four populations types of grain sorghum in a semi-arid area of Kenya. *Crop Science*, 40, 319-329.

Hervé Y., 1997. La qualité des produits végétaux : possibilités et limites d'intervention du sélectionneur. *Le Sélectionneur français*, 48, 3-14.

Hetrick B.A.D., Wilson G.W.T., Cox T.S., 1992. Mycorhizal dependence of modern wheat cultivars and ancestors: a synthesis. *Canadian Journal of Botany*, 71, 512-518.

Hirel B., Gallais A., 2013. Améliorer l'efficacité d'utilisation de l'azote chez les plantes cultivées. Compte rendu du groupe de travail de l'académie d'Agriculture de France sur le potentiel de la science pour l'avenir de l'agriculture, 15 p. <http://www.academie-agriculture.fr/publications/groupes-de-reflexion> (consulté le 11 mars 2015).

Huyghe C., 2012. Quelle contribution de l'amélioration des plantes à une agriculture durable, économe en ressources ? *Le sélectionneur français*, 63, 3-12.

I

IAEA (International Atomic Energy Agency), 2012. Plant Breeding and Genetics. <http://www-naweb.iaea.org/nafa/pbg/index.html> (consulté le 11 mars 2015).

J

Jahier J., 1982. Utilisation d'hybrides interspécifiques dans l'amélioration du blé – Perspectives. *Le Sélectionneur Français*, 30, 5-12.

Jensen N.F., 1952. Intra-varietal diversification in oat breeding. *Agronomy Journal*, 44, 30-34.

K

Ku M.S.B., 2000. Metabolically modified rice exhibits superior photosynthesis and yield. *I.S.B. News Report*, May, 4-5.

Ku M.S.B., Agarie S., Nomura M., Fukayama H., Tsuchida H., Ono K., Hirose S., Toki S., Miyao M;, Matsuoka M., 1999. High level expression of maize phosphoenolpyruvate-carboxylase in transgenic rice plants. *Nature Biotechnology*, 17, 76-80.

L

Lançon J., Gallais A., vom Brocke K., Vaksmann M., Sekloka E., Hocde H., Djaboutou M., 2005. Quelles structures variétales pour la sélection participative ? *Actes de l'atelier de recherche 14-18 mars 2005*, Cotonou, Bénin, Cirad, Inrab. Coopération Française, Montpellier, France.

Laval K., 2014. Incertitudes sur le climat. Communication à l'académie d'Agriculture de France le 26/3/2014. <http://www.academie-agriculture.fr/seances/seance-libre-13?260314> (consulté le 11 mars2015).

Le Boulc'h V., David J., Brabant P., de Vallavieille-Pope C., 1994. Dynamic conservation of variability : responses of wheat populations in different selective forces including powdery mildew. *Genetics Selection Evolution*, 26, S221-S240.

Le Buanec B., 2012. *Le tout bio est-il possible ?* Éditions Quæ, Versailles, 240 p.

Le Campion A., Oury F.-X., Morlais J.-Y., Walczak P., Bataillon P., Gardet O., Gilles S., Pichard A., Rolland B., 2014. Is low input management a good selection environment to screen winter wheat genotypes adapted to organic farming? *Euphytica*, 199, 41-56.

Le Gouis J., 2012. Quels caractères et quels outils pour améliorer l'efficacité d'utilisation de l'azote par le blé tendre ? *Le sélectionneur français*, 63, 37-46.

Le Gouis J., Beghin D., Heumez E., Pluchard P., 2000. Genetic differences for nitrogen uptake and nitrogen utilisation efficiencies in winter wheat. *European Journal of Agronomy*, 12, 163-173.

Le Gouis J., Pluchard P., 1996. Genetic variation for nitrogen use efficiency in winter wheat (*Triticum aestivum* L.). *Euphytica*, 92, 221-224.

Le Gouis, J., Gaju O., Hubbart S., Allard V., Orford S., Heumez H., Bogard M., Griffiths S., Wingen L.U., Semenov M., Martre P., Snape J., Foulkes J. , 2010. Genetic improvement for increased nitrogen use efficiency in wheat. *Aspects of Applied Biology*, 105, 151-162.

Lee J.D., Bilyeu K.D., Shannon J.G., 2008. Genetics and breeding for modified fatty acid profile in soybean seed oil. *Journal of Crop Science and Biotechnology*, 10, 201-210.

Lemaire, G., Gastal, F., 1997. N-uptake and distribution in plant canopies. *In: Diagnosis of the nitrogen status in crops (G. Lemaire, ed.)*, Verlag, Berlin-Heidelberg, 3-43.

Lobell D.B., Schlenker W., Costa-Roberts J., 2011. Climate trends and global crop production since 1980. *Science*, 333, 616-620.

M

Maïa M., 1967. Obtention de blés tendres résistants au piétin-verse par croisements interspécifiques blés × *Aegilops*. *Comptes rendus de l'académie d'Agriculture de France*, 53, 149-154.

Mertz E.T., Bates L.S., Nelson O.E., 1964. Mutant gene that changes protein composition and increases lysine content of maize endosperm. *Science*, 145, 279-280.

Molvig L., Tabe L.M., Eggum B.O., Moore A.E., Graig S., Spencer D., Higgins T.J.V., 1997. Enhanced methionine levels and increased nutritive value of seeds of transgenic lupins (*Lupinus angustifolius* L.) expressing a sunflower seed albumin gene. *Proceedings of the National Academy of Sciences USA*, 94, 8393-8398.

Morot-Gaudry J.F., 2009. *Biologie végétale, nutrition et métabolisme*. Dunod, Paris, 216 p.

N

Neveu A., 2014. *Retour des pénuries alimentaires. Un nouveau défi : nourrir 9,5 milliards de personnes en 2050*. Éditions France Agricole, Paris, 129 p.

O

Oury F.-X., Godin C., 2007. Yield and grain protein concentration in bread wheat: how to use the negative relationship between the two characters to identify favourable genotypes? *Euphytica* 157, 45-57.

Oury F.X., Godin, C., Mailliard, A., Chassin, A., Gardet, O., Giraud, A., Heumez, E., Morlais, J.-Y., Rolland, B., Rousset, M., Trottet, M., Charmet, G., 2012. A study of the genetic progress due to selection reveals a negative effect of climate change on bread wheat yield in France. *European Journal of Agronomy*, 40, 28-38.

P

Paillard S., Treyer S., Dorin B., 2010. *Agrimonde. Scénarios et défis pour nourrir le monde en 2050*, éditions Quæ, Versailles, 295 p.

Paine J.A., Shipton C.A., Chaggar S., Howells R. M., Kennedy M.J., Vernon G., Wright S.Y., Hinchliffe E., Adams J.L., Silverstone Drake R., 2005. Improving the nutritional value of Golden rice through increased pro-vitamin A content. *Nature Biotechnology*, 23, 482-487.

Pérez-Vich B., Garcés R., Fernández-Martínez J.M., 1999. Genetic control of high stearic acid content in the seed oil of sunflower mutant Cas-3. *Theoretical and Applied Genetics*, 99: 663-669.

Potrykus I., 2001. Golden rice and beyond. *Plant Physiology*, 125, 1157-1161.

Q

Quétier F. 2011. Modes d'obtention des variétés tolérantes aux herbicides. *In : Évaluation scientifique collective. Variétés végétales tolérantes aux herbicides*, Rapport Inra-CNRS, 43-74.

Quilléré I., Dufosse C., Roux Y., Foyer C.H., Caboche M., Morot-Gaudry J.F., 1994. The effects of deregulation of nr gene expression on growth and nitrogen metabolism of *Nicotiana plumbaginifolia* plants. *Journal of Experimental Botany*, 278, 1205-1211.

R

Rameil V., Bernard J.L., 2005. Évolution de la consommation de produits phytosanitaires : exemples du cuivre et du soufre, des fongicides vigne et céréales. *Phytoma*, 584, 18-25.

Rebetzke G.J., Condon A.G., Richards R.A., Farquhar G.D., 2002. Selection for reduced carbon isotope discrimination increases aerial biomass and grain yield of rainfed bread wheat. *Crop Science*, 42, 739-745.

Ribaut J.M., Banziger M., Betran J., Jiang C., Edmeades G.O., Dreher K., Hoisington D., 2002. Use of molecular markers in plant breeding: drought tolerance improvement in tropical maize. *In: Quantitative Genetics, Genomics, and Plant breeding* (M.S. Kang, ed.). CABI Publishing, Wallingford, UK, 85-99.

Ribaut J.M., Jiang C., Gonzalez-de-Leon D., Edmeades G.O., Hoisington D.A., 1997. Identification of quantitative trait loci under drought conditions in tropical maize. 2. Yield components and marker-assisted selection strategies. *Theoretical and Applied Genetic*, 94, 887-896.

Robson M.J. 1982. The growth and carbon economy of selection lines of *Lolium perenne* cv S23 with different rates of dark respiration. *Annals of Botany*, 49:321-329.

Rolland B., Le Campion A., Oury F.-X., 2012. Pourquoi sélectionner de nouvelles variétés de blé tendre adaptées à l'agriculture biologique. *Courrier de l'environnement de l'Inra*, 62, 71-85.

S

Saalbach I., Waddell D., Schieder O., Muntz K., 1995. Stable expression of the sulfur-rich 2S-albumin gene in transgenic *Vicia narbonensis* increases the methionine content of the seeds. *Journal of Plant Physiology*, 145, 674-681.

Sadras V.O., Lawson C., Montoro A., 2012. Photosynthetic traits in Australian wheat varieties released between 1958 and 2007. *Field Crops Research*, 134, 19-29.

Saugier B. 2013. Production végétale et ressources naturelles : vers une agriculture plus écologique. Groupe de travail de l'académie d'Agriculture de France Potentiel de la science pour l'avenir de l'agriculture, 22 p., <http://www.academie-agriculture.fr/publications/groupes-de-reflexion> (consulté le 11 mars 2015).

Shrawat A.K., Carroll R.T., DePauw M., Taylor G.J., Good A.G., 2008. Genetic engineering of improved nitrogen use efficiency in rice by the tissue-specific expression of alanine aminotransferase. *Plant Biotechnology Journal*, 6, 722-732.

Shull G.H., 1908. The composition of a field of maize. *American Breeders Association Report*, IV, 296-301.

T

Tanksley S.D., McCouch S.R., 1997. Seed banks and molecular maps: unlocking genetic potential from the wild. *Science*, 277, 1063-1066.

Tardieu F., 2012. Tolérance des plantes à la sécheresse, des solutions existent dans la nature. *Biofutur*, 330, 42-46.

Tardieu F., Tuberosa R., 2010. Dissecting and modelling of abiotic stress tolerance in plants. *Current Opinion in Plant Biology*, 13, 206-212.

Thabuis A., 2002. Construction de résistance polygénique assistée par marqueurs. Application à la résistance quantitative du piment (*Capsicum annuum*) à *Phytophthora capsicii*, thèse de doctorat de l'Ina PG, 196 p.

Theologis A., Oeller P. W., Wong L.-M., Rottmann W. H., Gantz D. M., 1993. Use of a tomato mutant constructed with reverse genetics to study fruit ripening, a complex developmental process. *Developmental Genetics*, 14, 282–295.

Tilman D., 1999. Global environmental impacts of agricultural expansion: the need for sustainable and efficient practices. *Proceedings of the National Academy of Sciences*, 96, 5995-6000.

Tilman D., Cassman K.G., Matson P.A., Naylor R., Polasky S., 2002. Agricultural sustainability and intensive production practices. *Nature*, 418, 671-677.

Trouche G., Aguirre Acuña S., Castro Briones B., Gutiérrez Palacios N.D., Lançon J., 2011. Comparing decentralized participatory breeding with on-station conventional sorghum breeding in Nicaragua: 1. Agronomic performance. *Field Crop Research*, 121, 19-28.

Tuberosa R., Salvi S., Sanguineti M.C., Landi P., Maccaferri M., Conti S., 2002. Mapping QTLs regulating morpho-physiological traits and yield: case studies, shortcomings and perspectives in drought-stressed maize. *Annals of Botany*, 89, 941-963.

U

Uauy C., Distelfeld A., Fahima T., Blechl A., Dubcovsky J., 2006. A NAC gene regulating senescence improves grain protein, zinc, and iron content in wheat. *Science*, 314, 1298-1301.

V

Vaksmann M., Kouressy M., Chantereau J., Bazile D., Sagnard F., Touré A., Sanogo O., Diawara G., Danté A., 2008. Utilisation de la diversité génétique des sorghos locaux du Mali. *Cahiers Agricultures*, 17, 140-145.

Vaksmann M., Traore S.B., Niangado O., 1996. Le photopériodisme des sorghos africains. *Agriculture et Développement*, 9, 13-18.

van der Plank J.E., 1963. *Plant diseases: epidemics and control*. Academic Press, University of Minnesota, 349 p.

Virlouvet L., Jacquemot M.P., Gerentes D., Corti H., Bouton S., Gilard F., Valot B., Trouverie J., Tcherkez G., Falque M., Damerval C., Rogowsky P., Perez P., Noctor G., Zivy M., Coursol S., 2011. The ZmASR1 protein influences branched-chain amino acid biosynthesis and maintains kernel yield in maize under water-limited conditions, *Plant Physiology*, 157, 917-936.

vom Brocke K., Trouche G., Weltzien E., Barro-Kondombo C.P., Gozé E., Chantereau J., 2010. Participatory variety development for sorghum in Burkina-Faso: Farmers' selection and farmers' criteria. *Field Crops Research*, 119, 183-194.

W

Wang Y, Ying J, Kuzma M, Chalifoux M, Sample A, McArthur C, Uchacz T, Sarvas C, Wan J, Dennis DT, McCourt P, Huang Y., 2005. Molecular tailoring of farnesylation for plant drought tolerance and yield protection. *The Plant Journal*, 43, 413-424.

Welcker C., 2012. Adaptation du maïs au déficit hydrique : défis et pistes pour la sélection. *Le sélectionneur français*, 63, 25-35.

Whitcombe J.R., Joshi A., 1996. Formal participatory approaches for varietal breeding and selection and linkages to the formal see sector. *In: Participatory Plant Breeding* (P Eyzaguirre, M. Iwanaga, eds), International Plant Research Institute, Rome, 57-65.

Wilson D., Jones J.G., 1982. Effect of selection for dark respiration of mature leaves of *Lolium perenne* and its effect on growth of young plants in simulated swards. *Annals of Botany*, 49, 303-312.

Wyss C.S., Czyzewicz J.R., Below F.E., 1991. Source-sink control of grain composition in maize strains divergently selected for protein concentration. *Crop Science*, 31: 761-766.

Y

Yamagishi N., Kishigami R., Yoshikawa N., 2014. Reduced generation time of apple seedlings to within a year by means of a plant virus vector: a new plant-breeding technique with no transmission of genetic modification to the next generation. *Plant Biotechnology Journal*, 12, 60-68.

Young N.D., Tanksley S.D., 1989. RFLP analysis of the size of the chromosomal segments retained around the *Tm-2* locus of tomato during back-cross breeding. *Theoretical and Applied Genetics*, 77, 353-359.

Z

Zhu X.G, Long S.P., Ort R.D., 2010. Improving photosynthetic efficiency for greater yield. *Annual Review of Plant Biology*, 61, 235-261.

Zhu X.G., Long S.P., Ort R.D., 2008. What is the maximum efficiency with which photosynthesis can convert solar energy into biomass? *Current Opinion in Biotechnology*, 19, 153–159.

Glossaire

Allèles : gènes homologues présents à un même locus et ayant la même fonction, mais avec des effets différents. Des gènes non allèles, ou gènes non homologues, sont situés sur des locus différents.

Allélopathie : effet d'une plante d'une espèce sur une plante d'une autre espèce, par l'intermédiaire de substances chimiques exsudées par les racines, ou volatilisées, ou libérées par décomposition des résidus des plantes.

Allogamie : système de reproduction à fécondation croisée (entre deux individus différents). Par exemple, le maïs et le tournesol sont allogames.

Allopolyploïdie : état d'un génome formé par la juxtaposition de plusieurs génomes diploïdes différents. Par exemple, le colza, contenant deux génomes, est un allotétraploïde, le blé tendre, contenant trois génomes, est allohexaploïde.

Aptitude générale à la combinaison (AGC) : valeur moyenne des descendants d'un génotype croisé avec un grand nombre de génotypes, en particulier avec ceux de la population à laquelle il appartient.

Auto-approvisionnement : pour un agriculteur, fait d'utiliser comme semences une partie des grains qu'il a lui-même récoltés.

Autofécondation : système de reproduction par graine par lequel une plante se reproduit avec elle-même.

Autogamie : système de reproduction par autofécondation. Par exemple, le blé et la tomate sont autogames.

Autotétraploïdie : état d'un génome formé de quatre exemplaires d'un même génome haploïde de base. Des plantes sont naturellement autotétraploïdes, par exemple le poireau, la luzerne, le dactyle… On crée aussi des autotétraploïdes par doublement du nombre chromosomique d'un individu diploïde.

Autopolyploïdie : état d'un génome formé de plusieurs exemplaires d'un même génome haploïde de base. Des plantes sont naturellement autopolyploïdes ; ainsi le poireau est autotétraploïde, la fléole des prés est autohexaploïde.

Back-cross : **rétrocroisement**.

Carte génétique : représentation graphique de l'arrangement des gènes ou des marqueurs moléculaires d'un génome en tenant compte de leurs distances génétiques. Pour le génome nucléaire, elle représente les groupes de liaison, c'est-à-dire les chromosomes.

Caractère qualitatif : caractère oligogénique (contrôlé par un faible nombre de gènes) à variation discontinue, dont la ségrégation est visible dans une F_2.

Caractère quantitatif : caractère à variation continue, souvent contrôlé par de nombreux gènes et influencé par le milieu.

CentiMorgan (cM) : unité de mesure de la distance entre deux locus, correspondant pour les petites distances (moins de dix centiMorgans) à la probabilité de recombinaison. Un centiMorgan est la distance entre deux gènes telle qu'il existe une probabilité de 1 % qu'une recombinaison intervienne entre les deux locus au cours d'une méiose.

Chromosome : structure nucléoprotéique correspondant à un ensemble de gènes liés sur une même molécule d'ADN.

Chloroplaste : organite cytoplasmique contenant de l'ADN, spécifique aux plantes, et siège de la photosynthèse.

Clone : copie obtenue par multiplication végétative d'une plante (c'est-à-dire d'un génotype)

Consanguinité : reproduction entre individus apparentés.

Croisement : reproduction sexuée de deux plantes, l'une prise comme mâle, l'autre prise comme femelle ; on peut aussi parler d'hybridation.

Crossing-over : recombinaison survenant à la méiose entre deux chromatides de deux chromosomes homologues.

Déséquilibre de liaison : association des gènes non allèles ne se faisant pas au hasard dans une population. Il y a déséquilibre de liaison si les locus des gènes considérés se trouvent sur un même chromosome mais il peut y avoir déséquilibre sans qu'il y ait de liaison physique entre les locus.

Diploïdie : état d'une cellule qui possède deux génomes élémentaires haploïdes homologues, qui s'apparient à la méiose, et dans laquelle les chromosomes vont donc par paires. Une plante d'une espèce diploïde est une plante dont toutes les cellules sont diploïdes, sauf les gamètes, qui sont haploïdes.

Disjonction : à la méiose, séparation, dans différents gamètes, des différents allèles qui étaient réunis dans les cellules-mères hétérozygotes des gamètes. L'union des gamètes deux à deux après la fécondation conduit à une ségrégation génotypique.

Distance génétique : en génétique formelle, distance entre deux locus liés, mesurée en centiMorgans ; en génétique des populations, mesure du degré de dissemblance génétique entre deux populations ou deux espèces.

Dominance : à un locus, chez un génotype hétérozygote, masquage de l'effet d'un allèle (qualifié de récessif) par l'effet de l'autre allèle (qualifié de dominant).

Enzyme : protéine qui catalyse une réaction biochimique.

Épistasie : interaction entre gènes non homologues.

Equilibre de liaison : association au hasard des gènes non allèles dans une population.

F1, F2... : la F_1 (F pour *filial*) est la génération qui résulte du croisement de deux parents (des individus ou, le plus souvent, des lignées). La F_2 est la génération obtenue par autofécondation de la F_1 (ou par reproduction en isolement de la F_1). Les générations suivantes obtenues par autofécondation sont notées F_3, F_4...

Famille : ensemble d'individus apparentés de même type, descendants par exemple de l'autofécondation ou de la fécondation libre d'une plante, ou du croisement de deux plantes (familles d'individus pleins-frères).

Fardeau génétique : ensemble des allèles défavorables portés par les individus d'une population et qui se maintiennent dans la population par un équilibre entre mutation et sélection. Chez les plantes allogames, ces allèles récessifs défavorables sont masqués à l'état hétérozygote.

Fixation : développement de l'état homozygote à de nombreux locus, signifiant l'absence de ségrégations. On parle de fixation d'une lignée ; on parle aussi de fixation de l'hétérosis, pour signifier l'obtention de lignées aussi bonnes que les hybrides.

Gamète : cellule reproductrice résultant de la méiose. Chez les plantes, le gamète mâle est contenu dans le pollen, le gamète femelle dans l'ovule. La méiose divisant le nombre chromosomique par deux, chez les organismes diploïdes, les gamètes sont haploïdes.

Gène : séquence d'ADN codant pour un ARN, qui peut ensuite être traduit en protéine.

Gène majeur : gène à effets forts, déterminant un caractère qualitatif, dont la ségrégation est visible en F_2.

Génome : au sens large, ensemble des gènes d'une espèce ; au sens restreint, ensemble des gènes d'un individu (synonyme dans ce cas de génotype). L'ensemble des chromosomes caractéristiques de l'espèce, si chacun de ces chromosomes est présent en un seul exemplaire, constitue le génome élémentaire haploïde. L'ensemble des chromosomes représentés chacun par deux exemplaires constitue le génome élémentaire diploïde.

Génomique : science qui étudie l'organisation et le fonctionnement de l'ensemble des gènes constituant le génome.

Génotype : au sens large, ensemble des gènes d'un individu ; au sens restreint, ensemble des gènes d'un individu à un ou quelques locus particuliers.

Génotypage : action de génotyper, c'est-à-dire de déterminer le génotype pour des marqueurs moléculaires.

Haploïdie : état d'une cellule contenant un seul exemplaire de chaque chromosome caractéristique de son espèce. Les gamètes d'un individu diploïde sont haploïdes.

Haplodiploïdisation : système artificiel de reproduction qui consiste à régénérer un individu à partir de cellules haploïdes (mâles ou femelles) puis à doubler le nombre chromosomique, ce qui conduit à un individu diploïde complètement homozygote.

Héritabilité : au sens large, degré de correspondance entre la valeur phénotypique et la valeur génotypique ; au sens étroit, transmission d'une génération à une autre.

Hétérosis : phénomène de supériorité du produit d'un croisement par rapport à ses parents ; en génétique quantitative, on le mesure par la différence entre la valeur de la F_1 et la valeur moyenne des parents.

Hétérozygote : état d'un génotype polyploïde présentant au moins deux allèles différents à un locus (par exemple, *Aa*, pour un génotype diploïde).

Homéologue, homéologie : des chromosomes sont dits homéologues s'ils ont la même structure, portent les mêmes locus, mais ne s'apparient pas à la méiose.

Homologue, homologie : caractérise des gènes, des chromosomes ou des génomes. Des gènes homologues sont des gènes qui sont situés au même locus, sur des chromosomes différents, mais homologues ; ils ont donc la même fonction. Des gènes non homologues, appelés gènes non allèles, sont situés sur des locus différents. Des chromosomes homologues sont des chromosomes qui s'apparient, ou peuvent s'apparier, au moment de la méiose et qui ont les mêmes locus (ceux-ci étant définis comme les classes de gènes homologues, ou groupes d'homologie).

Homozygote : état d'un génotype portant sur un locus le même allèle en plusieurs exemplaires (par exemple, pour un diploïde : *AA* ou *aa*).

Hybride : résultat d'un croisement.

Hybride double : résultat du croisement de deux hybrides simples.

Hybride simple : résultat du croisement de deux lignées non apparentées.

Hybride trois-voies : résultat du croisement d'un hybride simple et d'une lignée.

Indice de récolte : rapport entre la masse de la partie de la plante qui est récoltée et la biomasse de la plante ; pour une plante produisant des grains, c'est la proportion de la masse de grains dans la biomasse aérienne.

Intensité de sélection : paramètre lié la proportion d'individus sélectionnés (plus cette proportion est faible plus l'intensité est forte) ; elle dépend de la différence entre la moyenne des valeurs phénotypiques des individus sélectionnés et la moyenne des valeurs de tous les individus candidats à la sélection.

Intercroisement : en sélection récurrente, interfécondation, le plus au hasard possible, des unités sélectionnées.

Isogénicité : deux génotypes sont dits isogéniques s'ils portent les mêmes allèles à tous les locus ; le résultat d'un programme de rétrocroisement devrait être une lignée isogénique au parent receveur sauf pour le locus du gène introgressé, mais ce n'est jamais le cas, on parle alors de quasi-isogénicité.

Lignée, lignée pure : ensemble d'individus homozygotes à tous leurs locus, tous identiques entre eux, et qui par autofécondation se reproduisent donc de façon identique à eux-mêmes.

Locus : position d'un gène sur le génome, ou classe des gènes homologues. À un locus il y a généralement plusieurs allèles possibles.

Marqueur moléculaire : sorte d'étiquette sur la chaîne d'ADN, qui peut être révélée au laboratoire après extraction de l'ADN et traitement par des outils de la biologie moléculaire.

Méiose : division des cellules-mères des gamètes, qui conduit chez les espèces diploïdes à des cellules haploïdes (les gamètes), contenant un seul exemplaire de chaque chromosome.

Mitose : division des cellules somatiques, qui conduit à deux cellules possédant le même ensemble chromosomique que la cellule de départ.

Multiplication végétative : clonage, reproduction à l'identique d'une plante à partir d'organes végétatifs (racines, tiges, feuilles).

Mutagénèse : au sens strict (employé dans cet ouvrage), induction de modifications dans la séquence des bases d'un gène. Au sens large, c'est l'induction de nouveaux caractères par des modifications héréditaires du génome, qui peuvent être de nature très différente (changement du nombre de chromosomes, délétions ou translocation de fragments chromosomiques et modifications de la séquence des bases au sein d'un gène).

Panmixie : système de reproduction dans une population de grande taille dans laquelle la rencontre des gamètes mâles et femelles se fait au hasard, sans sélection (ni sur les zygotes, ni sur les gamètes), et sans mutation ni migration.

Parent donneur : dans la méthode du *back-cross,* ou rétrocroisement, parent qui est le donneur de l'allèle à transférer.

Parent receveur : dans la méthode du *back-cross,* ou rétrocroisement, parent qui est le receveur de l'allèle à transférer (on parle aussi de parent récurrent).

Phénotype : le phénotype d'un individu correspond à ce qui est vu, observé ou mesuré sur cet individu, dans les conditions de milieu où il se trouve, et à un niveau d'observation donné. Pour un caractère donné, le phénotype est le résultat de l'interaction entre le génotype et le milieu.

Phénotypage : action de phénotyper, c'est-à-dire d'évaluer la valeur phénotypique.

Plasmide : chez les bactéries, petite molécule d'ADN circulaire, indépendante du génome principal, douée d'une autonomie de réplication.

Ploïdie (niveau de) : nombre de génomes élémentaires haploïdes présents dans le noyau cellulaire.

Polycross : en amélioration des plantes allogames, dispositif d'intercroisement naturel de *n* plantes, soit pour apprécier l'aptitude générale à la combinaison d'une plante avec les *n*-1 autres (la probabilité d'autofécondation étant très faible), soit comme étape de départ pour la création d'une variété synthétique.

Polyploïdie : état du génome formé par la présence de plusieurs exemplaires d'un même génome élémentaire haploïde (on parle d'autopolyploïdie) ou par la juxtaposition de plusieurs génomes diploïdes (on parle d'allopolyploïdie). Voir aussi autopolyploïdie et allopolyploïdie.

QTL (*Quantitative Trait Loci*) : au sens strict, locus impliqué dans la variation d'un caractère quantitatif ; au sens large, zone chromosomique contenant un locus impliqué dans la variation d'un caractère quantitatif.

Récessif (allèle) : à un locus, chez un génotype hétérozygote, un allèle *a* est dit récessif si son effet est masqué par l'effet de l'autre allèle *A* (qualifié de dominant).

Rendement : en agriculture, quantité récoltée (grain, biomasse, racines, tubercules) par unité de surface.

Rétrocroisement (ou *back-cross*) : nouveau croisement d'un individu issu de croisement, avec l'un des parents du croisement initial.

Ségrégation : apparition de plusieurs classes de phénotypes dans la descendance en autofécondation d'un génotype hétérozygote sur un ou plusieurs locus.

Sélection assistée par marqueurs : toute forme de sélection qui fait intervenir au cours de son application les marqueurs moléculaires. Les principales applications des marqueurs en sélection sont le marquage des gènes ou le marquage de segments chromosomiques.

Sélection familiale : sélection dans laquelle les unités de sélection sont des familles (familles de demi-frères, familles de pleins-frères, familles issues d'autofécondation…)

Sélection généalogique : sélection s'opérant le plus souvent à partir d'une population résultant du croisement de deux lignées et intégrant le suivi des descendances au cours des générations d'autofécondation, dans le but de créer une nouvelle lignée.

Sélection génomique : forme de sélection assistée par marqueurs, qui fait intervenir un marquage très dense du génome, et dont le but est d'utiliser les effets de tous les QTL contribuant à la variation génétique, même ceux à effets très faibles.

Sélection massale : sélection dans laquelle les plantes retenues pour leur phénotype sont récoltées en mélange (en masse). On parle aussi de sélection phénotypique individuelle.

Sélection participative : sélection opérée avec la participation de l'agriculteur à différentes étapes.

Sélection récurrente : au sens restreint, sélection au sein de populations basée sur des cycles courts constitués chacun d'une sélection suivie de l'intercroisement des individus sélectionnés ; au sens large, toute forme de sélection, à cycle assez court, comprenant la réintroduction systématique du matériel résultant de sélection dans le matériel de départ.

Sélection sur descendances : sélection dans laquelle les plantes candidates sont évaluées pour la valeur de leur descendances (familles de demi-frères, familles issues d'autofécondation…).

Semences : grains destinés à être semés pour obtenir une récolte, à distinguer des grains utilisés pour la consommation.

Semences de ferme (semences fermières) : graines servant à l'auto-approvisionnement ; produites sur la ferme (à partir de semences de ferme ou à partir de semences commerciales), elles sont ensuite utilisées par l'agriculteur comme semences, pour produire la récolte suivante.

Semences paysannes : semences sélectionnées et reproduites à la ferme.

Superdominance : situation dans laquelle, à un locus, la valeur de l'hétérozygote est supérieure à celle du meilleur des deux parents homozygotes.

Testeur : génotype (lignée, hybride ou population) utilisé pour étudier la valeur en croisement d'un autre génotype.

Tétraploïde : utilisé dans cet ouvrage pour autotétraploïde ; se dit d'un génotype qui a quatre fois le génome élémentaire haploïde, obtenu par doublement chromosomique d'un diploïde.

Top-cross : plan de croisement entre un testeur et une série de génotypes candidats à la sélection, pour évaluer leur aptitude à la combinaison.

Transgénèse : transfert d'un gène dans un génome, par un processus ne relevant pas de la reproduction sexuée.

Transgène : construction génétique comprenant, outre la séquence codante d'un gène, un promoteur et une séquence de fin de lecture.

Valeur propre : ou valeur *per se*, valeur mesurée directement sur un génotype.

Variété (au sens du sélectionneur) : population artificielle, à base génétique plus ou moins étroite, reproductible et de caractéristiques agronomiques bien définies. Différents types de variétés sont créés : des lignées, chez les plantes autogames, des hybrides ou des variétés synthétiques, chez les plantes allogames.

Variété synthétique : population artificielle résultant de la multiplication pendant un nombre déterminé de générations de la descendance en fécondation libre d'un nombre limité de plantes sélectionnées.

Abréviations

ADN : acide désoxyribonucléique

ARN : acide ribonucléique

Cimmyt : *Centro internacional de mejoramiento de maiz y trigo*

Cirad : Centre de coopération internationale en recherche agronomique pour le développement

CO_2 : dioxyde de carbone (gaz carbonique)

CTPS : Comité technique permanent de la sélection

CVO : contribution volontaire obligatoire

DHS : distinction, homogénéité, stabilité

FAO : *Food and Agricultural Organization*

Géves : Groupement d'études des variétés et des semences

Gnis : Groupement national interprofessionnel des semences et plants

Icarda : *International Center for Agricultural Research in the Dry Areas*

Icrisat : *International Crops Research Institute for the Semi-Arid Tropics*

Inra : Institut national de la recherche agronomique

Irri : *International Rice Research Institute*

N : azote

PEPCase : phosphoénolpyruvate carboxylase

QTL : *Quantitative Trait Locus*

RuBisCo : ribulose-1,5-bisphosphate carboxylase/oxygénase

SOC : Service officiel de contrôle et de certification

UIPP : Union des industries pour la protection des plantes

Unifa : Union des industries de la fertilisation

Upov : Union pour la protection des obtentions végétales

Édition : Paule Lacroix

Mise en pages : Alter ego communication

Imprimé pour vous par Books on Demand (Allemagne)